新大话信息通信丛书

（第2版）

周康林 丁 奇◎著

人民邮电出版社

北 京

图书在版编目（CIP）数据

大话移动通信 / 周康林，丁奇著. -- 2版. -- 北京：
人民邮电出版社，2021.4
（新大话信息通信丛书）
ISBN 978-7-115-55368-3

Ⅰ. ①大… Ⅱ. ①周… ②丁… Ⅲ. ①移动通信－基
本知识 Ⅳ. ①TN929.5

中国版本图书馆CIP数据核字(2020)第229024号

内 容 提 要

本书是一本介绍移动通信的科普读物，在第 1 版的基础上，删除了过时的内容，并更新了相关的技术内容，完整地讲述了现有的主要移动通信技术，从 1G、2G、3G、4G 讲到 5G，帮助读者对移动通信的发展有清晰的认识。全书内容通俗易懂，行文力求轻松活泼，激发读者兴趣，重点增加了 5G 的内容，同时对第 1 版中 3G、4G 的内容进行了整合。

本书的主要读者为信息通信行业中的非技术部门的管理人员、前端的服务人员和销售人员，以及初入信息通信行业的非通信专业毕业的员工等，也可作为通信相关领域的培训教材。

- ◆ 著　　　　周康林　丁　奇
　　责任编辑　李　强
　　责任印制　陈　犇
- ◆ 人民邮电出版社出版发行　　北京市丰台区成寿寺路 11 号
　　邮编　100164　电子邮件　315@ptpress.com.cn
　　网址　https://www.ptpress.com.cn
　　北京九州迅驰传媒文化有限公司印刷
- ◆ 开本：800×1000　1/16
　　印张：21.5　　　　　　　　　2021 年 4 月第 2 版
　　字数：402 千字　　　　　　 2024 年 12 月北京第 13 次印刷

定价：99.80 元

读者服务热线：**(010)53913866**　印装质量热线：**(010)81055316**
反盗版热线：**(010)81055315**
广告经营许可证：京东市监广登字 20170147 号

前　言

通信的基本定义是：人与人之间通过某种行为或媒介进行的信息交流与传递。马克思说，人的本质是一切社会关系的总和。那么，通信就是把人与人、人与世界联系起来的技术。

如果要用一个具象化的事物来比拟通信，什么最合适呢？作者认为用"桥梁"与"纽带"来形容通信技术再贴切不过了。最初，人的生活空间和活动范围是有限的，生命的长度也是有限的，通信技术让"无数的远方，无数的人们"和我们产生了联系。现代通信技术的发展，极大地压缩了时间的长度和空间的距离，让我们能够每时每刻、自由随心地与世界进行信息交互，汲取和分享来自不同文明、不同个体的智慧与经验。通信技术拓展了人类生命的深度与广度，丰富了生命的内涵。

从这个角度而言，通信是非常神奇且浪漫的一件事。本书希望在充分介绍移动通信的基本架构之余，将移动通信的神奇、浪漫与精彩展示给各位读者朋友。

但是大家也都知道，移动通信的专业知识是如此之繁多、冗杂，作者看见放在案头几尺高的移动通信专业图书都不禁咋舌。而且书中的内容又如此枯燥，无论是偏向基础理论层面的"信号与系统""通信原理"，还是偏向应用层面的"LTE 技术""NR 技术"，要读懂都不是一件容易的事情。况且，移动通信各个知识点之间的联系也常常是初学者困惑的问题，移动通信技术好比高楼大厦，想要自己系统地搭建知识架构，非常困难。

移动通信应该怎么学？学什么？按照什么顺序学？刚刚步入移动通信领域的初学者，大多数就像是沙漠中的一只骆驼或者是大海里的一叶孤舟，看着一望无垠的四周，眼睛里除了迷茫还是迷茫。我们初入移动通信领域的时候也感受到了同样的痛苦，于是便萌生了写下这本书的念头。

本书希望提供一份"军事地图"或者说是"探险指南"，主要面向初入移动通信领域，或者已有一定基础，希望进一步完善自己的移动通信知识架构的朋友，希望为大家解决学习移动通信知识的"How""What""Why"的问题。

第一，本书希望为大家解决"How"——"怎么学习移动通信知识"的问题。"How"关注的是宏观层面上的方法论与策略，这决定了我们学习的效率与深度。学习，就是不断扩展我们认知的边界，让新事物和我们已有的知识经验建立起联系。作者在本书中采用轻松诙谐的语言和大量类比，来帮助读者迅速建立新旧知识间的联系。同时，学习移动通信还需要具有很强的架构感，移动通信的世界如同路径错综复杂的迷宫，我们要随时自问"我在哪儿"，随时回顾每个局部和整体的联系、每个模块在系统中承担的功能，这样才不会迷失方向。

第二，本书希望为大家解决"What"——"学习哪些移动通信知识"的问题。移动通信知识蕴含着人类积累多年的智慧结晶，有着极大的信息量，想要一口吃成大胖子，一下子成为移动通信领域的专家是不可能的。初入移动通信之门，很多朋友都会因为不知道学哪些知识、从哪学起而头疼。如果全部学一遍，既耗费时间和精力又只能走马观花；如果弱水三千，只取一瓢，又不能俯瞰移动通信世界的全貌。本书希望给大家提供一条广度与深度兼具、理论与实践结合，并且符合学习认知规律的"游览路线"。

作者认为，对于刚刚接触移动通信技术的人而言，最好能够把一个实际的移动通信系统从基带到射频，从无线侧到交换侧完整通透地学习一遍，这样会对系统形成一个整体的概念，以后再遇到其他通信系统，就能举一反三、触类旁通。在本书中，作者选择的是全球使用最广泛、最成熟的移动通信系统——LTE 系统，以及最新的 NR 系统，一步一步剖析，让大家了解商业移动通信系统的"五脏六腑"。

第三，本书还希望为大家解决"Why"——"移动通信技术发展背后的原因与动力""为什么历史选择了某种技术路径与技术方案"的问题。要知道，整个现代通信系统并非是一蹴而就的，而是在不断的探索、实践、试错中发展起来的，经历了无数次的迭代过程。正所谓"读史明智，鉴往知来"，通过探寻移动通信的历史，我们能透过前人的视角，思考移动通信发展背后的动力，思考每个解决方案的成因，从而更深入、透彻地理解移动通信产业的发展规律。作者在很多章节内容的组织上，并没有采取先摆结论后进行解说的方式，而是和读者一起化身为"科学家"和"工程师"，先发现理论和工程上存在的问题，然后一起寻找解决的方案，力争做到让读者知其然知其所以然。

本书的完成得到很多人的帮助与支持，在此要感谢董小英教授、朱红老师为本书作推荐语，感谢戎珂、靳卫萍、董小玲、杨斌、杨华山、孙荣、黄前程、侯承钰等所有给予我关心和指导的师友。

由于作者水平有限，书中错误和不当之处在所难免，敬请广大读者和同行专家批评指正。大家可通过电子邮箱（zklthu@foxmail.com）和我们联系交流。希望与各位读者朋友们一起踏上快乐而充实的移动通信学习之旅！

作者

目 录

Chapter 1
第 1 章
走近现代通信

从本章开始，就让我们一同携手走进现代通信的精彩世界。我们常常在思考，通信技术相对于其他信息技术最大的区别是什么，通信技术对我们当今世界最大的贡献是什么，通信技术今后有多大的作为空间。思考后觉得，用"桥梁"与"纽带"来形容通信技术再贴切不过了。最初，人类的生活空间和活动范围是有限的，生命的长度也是有限的，通信技术让"无数的远方，无数的人们"和我们自己建立了联系。现代通信技术的发展，更是极大地压缩了时空，让我们能够每时每刻、自由随心地与世界进行信息交互，汲取和分享来自不同文明与不同个体的智慧与经验。从这个意义上说，通信技术实质上拓展了人类生命的深度与广度，丰富了生命的内涵。

现代通信更是一门追求极限的科学和艺术，随着5G的落地，将有更多令人惊叹的、重塑人类生活方式的应用产生。未来通信应用的天花板，只取决于我们想象力的极限。那么，是哪些因素塑造了现代通信的现状呢？在本章中，我们就来聊聊现代通信的前世今生与发展动力。

1.1 信息的本质和传播模式

在谈通信之前，我们需要先认识信息，因为信息是通信的对象，通信可以顾名思义地理解为"互通信息"。信息的特性与传播模式，从最基础的层面影响着通信技术的发展。

1.1.1 信息的定义

我们知道，物质、能量、信息是自然界的三大要素，就像是自然界的3个变化无穷的"词语"，正是这3个"词语"以不同的形式、不同的方式结合在了一起，组成了无数奇妙的"句子"，造就了精彩的世界。物质提供了构建物体形态的原料，能量提供了状态变化的动力，而信息则为万物赋予意义。

我们能够主观地体验到信息的重要性，但是，如果现在问信息究竟是什么，可能大家一时半会还真答不上来。

实际上，人类对信息作为独立资源的认知，以及信息理论的构建，是20世纪80年代才开始的，我们对信息的认识还远远不够。

信息是什么？那答案可就太广了，信息并不是深不可测、高高在上的东西，而是最为普遍的事物，我们可以以切身体验做出回答。仔细想想，我们生活的世界，无时无刻不充满着信息。现代人类最频繁的行为，就是和各种各样的信息打交道。我们目之所见、耳之所闻、触之所感、鼻之所嗅，都是信息。信息学奠基人香农提出的"信息是用来消除随机不确定性的东西"，是对信息最经典的定义。形象地说，就相当于一个黑盒子，在我们未打开它之前，里面的东西对于我们个人来说，是随机的、不确定的，当我们打开它时，就会发现到底"葫芦里卖了什么药"，藏的是"惊喜"还是"惊吓"，我们就由此消除了不确定性，获取了信息。

1.1.2　信息是如何传播的：从人体反射弧模型到"香农－韦弗模式"

我们刚才已经获取了信息的静态定义，那么信息是如何传播的呢？对于自然界的其他两个要素，物质是有形实体，它的运动是可知可感的，能量的耗散与聚集，我们也已经在物理学习的过程中了解了，而信息看不见摸不着，又没长脚，它是怎么在自然界中跑来跑去的呢？这其实是一个困扰人类多年的、不折不扣的难题。

同样，我们先从自身的体验进行思考，回过头想想：我们是如何感知信息和发出信息的？很容易得出结论，我们的身体就是和世界建立信息连接的核心枢纽。以反射弧模型为例（见图 1-1），我们用眼、耳、鼻、舌等各种感觉器官接收外界信息，这些感受器接收信息后会产生神经冲动，神经冲动沿着神经纤维进行传导，通过传入神经传达至神经中枢，经过分析处理后，神经中枢再发出神经冲动，并通过传出神经抵达效应器，做出相应的反应，即发出信息。有读者可能会问了，这么多生物知识和我们现在的主题——信息传播有什么关系呢？其实，人体的结构是非常精妙的，接下来你就会惊叹，人体的反射机制，和信息传播的经典模式有着很多相似之处呢！

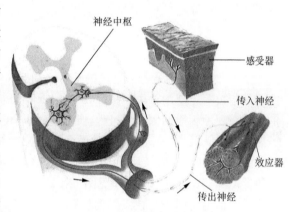

图 1-1　人体反射弧模型

言归正传，直到 1949 年，香农和韦弗为了精准描述电子通信过程而提出"香农－韦弗模式"，又被称为"传播过程的数学模式"，信息传播理论才被一步一步地构建起来（见图 1-2）。

"香农－韦弗模式"构建了一个直线单向的框架，描述了一般化的通信系统的信息传播过程。此模式包含了信源、发射器、信道、噪声、接收器、信宿 6 个部分。

这 6 个部分看似简单，实则暗藏玄机。通信系统说到底，就是以信息传播的"香农－韦弗模式"为基础而设计的。我们在全书中将反复提起这几个名词，因此，我们在这里"先睹为快"，对其进行一个直观的了解。

（1）信源与信宿：信源即信息的源头，是产生信息的实体；信宿即信息的归宿，是接收信息的实体。当我们引吭高歌或低声细语时，我们的发声系统就是语声信源；当我们阅读纸质图书或使用手机阅读时，图书和手机屏幕就是文字信源。同时，这两个概念也是相对的，在不同的场景下可以发生转换，例如，收音机接收电台信号时是信宿；发出节目声音时是信源，此时听收音机的人则成了信宿。

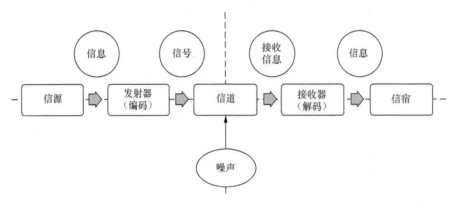

图 1-2　信息传播的"香农 - 韦弗模式"

（2）发射器与接收器：这里的发射器和接收器泛指能承担编码和译码功能的两类实体。编码是指按一定规则对从信源接收的原始信息进行处理重排的过程，而解码则是把接收的信号重新还原为原始信息的过程。编码和解码可以说互为逆过程，有点像我们收发快递的"打包"与"拆包"的过程。卫星是发射器，央视以及各大卫视的节目就是通过卫星向全国播送的；卫星电视接收器（也就是在农村地区常见的"天锅"），乃至"中国天眼"FAST 射电望远镜都是典型的接收器（见图 1-3）。

（3）信道与噪声：在发射器发射信号后、接收器接收信号前，信号所历经的路径就是信道。不同形式的信号和信道往往有着不同的特性，所以，需要按照彼此的"脾气"以及实际的需要，找到最为适合的两两匹配。例如，电磁波之于无线信道，光信号之于光缆，水下探测船舶的声呐之于海水。按照通信的信道标准，通信可以粗略分为有线通信和无线通信。而噪声，指的就是信号在信道中传播时其他的干扰

图 1-3　"中国天眼"FAST 射电望远镜

因素。例如，收听无线电台时的杂音，观看电视时的雪花点，都很可能是噪声导致的。而如何充分利用信道，如何消除噪声，是通信技术一直努力的方向。

（4）通信方式：通信方式分为双工、半双工和单工 3 种方式。简单地说，双工就是通信双方可以同时既作为信源又扮演信宿的角色；单工就是在通信的过程中，信源与信宿的角色不能互换，信源只能做信源，不能做信宿，信宿只能做信宿，不能做信源。生活中的广播电视就是单工通信的典型，永远是电视塔发射信号，电视机接收信号，但不能向电视塔发射信号，至少现在的家用电视机暂时还不能。当然，早上闹钟叫醒我们的过程也是单工通信的过程。

了解了信息的传播过程，我们就知道了通信技术最原始、最基础但也最为本质的规律，通信就是要为信息的传播和交换服务的！

1.1.3　人类发展的隐藏主线：信息的传播与交换

一本构思巧妙的小说，会有明线和暗线，明线清晰明了，贯穿全书，暗线则朦胧晦涩，让人难以捉摸，但却往往在背后起到推动整个故事情节发展的决定性作用。对于人类社会的发展，同样如此，主线可能是经济的发展、科技的进步、文明的兴衰，但作者认为暗线就是信息的传播与交换。

在当今，信息化已经成了世界不可阻挡的潮流与永恒的主题，我们的美好生活越来越依赖现代通信技术。相隔千里的人们通过通信技术完成即时沟通，不同国家的企业通过通信技术完成交易，不同国家之间也通过通信技术完成政治、经济、文化等层面的交流。

在 2020 年新型冠状病毒肺炎疫情的影响之下，线下教学停滞了很长时间，往日熙熙攘攘的校园变得空空如也，但正因为有了现代通信技术，我国上亿名大中小学生的学习才得以继续，通过视频会议软件，足不出户也可以学习老师分享的知识。正因为有了现代通信技术，教育资源匮乏地区的乡村孩子们也能实时观看来自教育发达地区的同步直播课程。

通信技术不仅仅改变着教育领域，还影响并决定着人类的生活方式与生存形态。

每一代通信技术的发展，代表着人类信息技术（Information Technology）整体的发展，也代表着人类社会乃至人类文明的进步。从古代的烽火狼烟到近代的航海旗语，从纸质的书信到即时通信软件，从击鼓传声到卫星通信，每迈出的一个脚印都是一个伟大的里程碑。下面就让我们看看通信技术的发展历程。

1.2　通信简史概览——历史的眼光，全局的视角

滚滚长江东逝水，浪花淘尽英雄……古往今来，无数风流人物轮番出场，又轮番谢幕，影响或改变了一个时代。对于通信技术而言，更是如此，不同的时代有着不同的通信技术，

各自占领统治地位，完成推动人类文明阶段性发展的使命，直到下一代通信技术的到来。

当我们谈论通信时，我们在谈论什么？不同的时代，不同的代际，有着不同的答案。我相信现代人类尤其是青少年，说起通信会提到5G、微信、物联网等热门词汇，但如果问19世纪70年代出生的人，他们可能会提到"小灵通"、电话亭、大哥大、BP机；如果问19世纪50年代出生的人，他们可能提到电报、接线员等。一代人有一代人的专属记忆，对于通信技术而言，也是如此。如果我们再把时间拉得更长一点，来玩玩时空穿越，穿越到唐宋的帝王宫阙，你也许就会听到"皇上，边境驿站五百里快马加急，有敌寇来犯，请出兵镇压"，在当时，驿站快马传书则是御用的紧急通信方式。

当时的人们，很难想象通信技术发展的日新月异，也很难想象通信技术对人类社会带来的改变。《兰亭序》里有句话说得很深刻，"后之视今，亦犹今之视昔"，我们这么看古人，未来的人们也会这么看我们，这是历史不变的规律，这说明未来的通信技术发展将会是更加充满想象空间的！

可能有朋友会问，既然知道了通信技术在不同的时代有着不同的内涵，通信技术更新换代又这么快，我们为什么还要了解通信的历史呢？我们说，读史可以使人明智，鉴以往可以知未来。这里的"史"不仅仅指政治经济文化意义上的历史，也包含技术史。技术的发展如同是一颗老树不断冒出新芽，了解整棵树的成长历程能帮助我们更好地理解技术路径选择的基本逻辑，更好地了解技术革新的背后动力，更好地找出滋养技术发展的外部养分。了解一定的通信发展史，相信大家一定能更好地掌握通信的本质，收获一种"历史的眼光"和"全局的视角"，站在更高的角度去看待甚至预测通信未来的发展。

1.2.1　通信发展的4个阶段

通信，即为信息的互通与交换，这从人类诞生之际就已经存在，甚至还存在于人类之外的灵长类等物种之中。

在本章我们将通信史大致划分成4个阶段。

（1）古代通信：以三千多年前的"烽火狼烟"时期为起点，一直到1837年莫尔斯发明第一台电磁式电报机为止。

（2）近代通信：1837年到20世纪20年代。以1837年莫尔斯发明第一台电磁式电报机为起点，通信插上了"电"的翅膀，一直延续到20世纪20年代移动通信的产生。

（3）现代通信：20世纪20年代到20世纪80年代。这期间，移动通信产生并逐渐成熟，通信进入可以"移动"的黄金发展时期。20世纪20年代，在短波几个频段上率先开发出专用移动通信系统，其代表是美国底特律市警察使用的车载无线电系统，标志着移动通信横空出世。

（4）当代通信：20 世纪 80 年代至今。1973 年，美国摩托罗拉工程师马丁·库帕（Martin Lawrence Cooper）发明了世界上第一部商业化手机；1986 年，第一代移动通信技术（1G）在美国芝加哥诞生，高速发展的当代通信阶段的序幕正式拉开。

1.2.2　古代通信：朴素而原始的信息传递方式

1. 最原始的通信方式——直接对话

我们知道，盘古开天地之前，天地是一片混沌。然而这并不意味着 1844 年莫尔斯向巴尔的摩发出人类历史上第一份电报之前，通信的世界也是一片混沌。可不要小瞧古代通信方式，在物质和能源极其有限的情况下实现一个基本的通信，可谓是体现了古代人民的无穷智慧。

如果"诡辩"的话，人和人之间的对话是最为原始的移动通信。

我们把人与人之间的对话和现代移动通信系统进行比较，就会发现诸多相似之处。说话的人可以看作"发射机"，听对方说话的人可以看作"接收机"，人和人之间采用的语言（汉语、英语乃至法语）可以看作"信源编码"，承载的物理媒介都是空气……，这些术语我们之后也会一一解释。

不同的是，人和人之间传递信号是通过声波而非电磁波。声波就传递这么远，也不需要进行"调制"，即使你想进行"调制"，你的声带和喉咙也不会答应，因为它们可没这功能。

另外，人和人之间交流也很少需要"信道编码"，因为你一般都能听清楚对方说话。即使偶尔你的"解码"出现问题（你没听清楚对方说话），你的大脑也比接收机要聪明得多，你根本不需要进行循环冗余校验（CRC，Cyclic Redundancy Check）就知道你接收的信息不完全、不充分、难以理解，然后你的大脑就丢弃这个信息包，并向发信方申请一个重传"我没听清楚，麻烦您再说一遍"，这可是收发信机在数据链路层上经典的检错和纠错机制。

2. 烽火狼烟——无加密无鉴权

想必大家都知道"烽火戏诸侯"的故事（见图 1-4），西周周幽王为博取妃子褒姒一笑，点燃烽火台发布虚假军情，戏弄了诸侯，后来又多次点燃烽火，导致失信于诸侯。后来犬戎攻破镐京，杀死周幽王，导致西周覆灭。这说明，至少在距

图 1-4　烽火戏诸侯

今约三千年的西周时期，"烽火狼烟"就已经成为一种常用的军事通信方式了。

烽火台作为古代的军情报警设施，通常建造在边疆易于相互瞭望的高岗、丘阜之上，

烽火台上有瞭望哨岗和燃烟放火的设备，烽火台下面就是士卒们居住守卫的房屋、牛羊马圈、仓库等建筑。烽火台白天燃烧的是狼粪，产生白烟，叫"燧"；晚上燃烧柴草，产生火光，叫"烽"。烽火台之间的距离一般约为10千米，守卫烽火台的士兵发现边境有敌人来犯时，立即在台上燃起烽火，邻台见到后也燃起烽火，一个传一个，最终传至边关的军事中枢部门。

值得注意的是，烽火台和现代通信系统有一个共同的概念，那就是"中继"。光信号会随着距离而衰减，所以每隔一段距离就要建一个烽火台，重新燃起狼烟，相当于把衰减的信号重新放大一次，只有这样，入侵的信号才能从遥远的雁门传到西汉王朝的心脏——长安。电磁信号在介质中传播，无论是五类双绞线还是电缆，抑或是空气，都会有衰减和能量损失，因此每隔一定的距离也同样需要中继。如果没有中继，信号衰减所带来的误码会使通信质量下降得令人难以接受。

就通信系统的稳健性和安全性而言，烽火台并不是百分之百值得信赖的。因为一连串烽火台组成的是一条单链，中间的节点或者说"中继基站"太多，如果其中一个点出现问题，那么整个系统的可靠性将难以得到保障，可能敌寇都已经大举入境了，这边的信息还没传完。《三国演义》中的关羽正是因此而丢掉的荆州，关羽水淹七军之后，兵锋直指宛、洛，为了应对徐晃带来的援军，被迫将荆州的预备队调往前线。这时候吕蒙及其士兵化妆成白衣商人，以躲雨为由进入了荆州防线的一个烽火台，结果荆州整个的预警系统就此失灵，吕蒙趁机攻占江陵，糜竺投降，关羽被迫败走麦城。

另外，烽火狼烟没有"加密"和"鉴权"的环节。烽火狼烟一燃起（见图1-5），敌人也能看到，敌人就会知道自己的入侵已被发现。而且，烽火狼烟可以说是以光作为信息传播的载体，以空气为信道，传播效率很受空气可见度的影响，晴空万里时也许能传百里，但乌云滚滚、电闪雷鸣时可能就会受到噪声的干扰而无法正常传输。

图1-5　烽火狼烟

此外，烽火狼烟还有一些致命缺陷，其成本高昂，路径固定且单一。最要命的还是烽火台能够传递的信息量实在是太少了。虽然狼烟的原理和旗语颇有几分相似，但是你无法控制狼烟的运动，无法把狼烟搞得像旗语一样千变万化，那就注定传递不了更多信息。

为了克服烽火狼烟通信传输信息量少、无加密的弊端，古代人民也展示出了无穷的智慧。据历史记载，烽火台的警戒信号后来发展出 6 种：蓬（蓬草）、表（树梢或布帛旗帜）、鼓、烟、苣火（用苇杆扎成的火炬）、积薪（高架木柴草垛）。根据不同信号的用法不同，以及信号之间的排列组合，烽火台能传递的信息就丰富了，这也可以理解成最为原始的"编码"。

虽然烽火狼烟是一种最为原始的通信方式，但在我国却一直沿用到明清时期，存在了数千年之久，可谓是通信系统的先驱。

3. 风筝、孔明灯、军鼓、号角与旗语——有加密无鉴权

（1）风筝与孔明灯

除了烽火狼烟这种大规模的广播式通信方式之外，古代还通过风筝、孔明灯等来传递信息。与烽火狼烟对比，风筝、孔明灯传递消息的共同特点是，不需要那么浩大的基础建设工程，并且隐蔽性更高，传递的信息多了"加密"这一环。表达的信息只要双方事先约定好，其他人就很难猜到了。

风筝，古称木鸢，源于两千多年前的春秋时期，相传"墨子为木鸢，三年而成，飞一日而败"，意思是墨子研究了三年，终于用木头制成了一只木鸟，但只飞了一天就坏了。墨子制造的这只"木鸟"就是中国最早的风筝（见图1-6）。风筝最早的出现可不是为了娱乐休闲的，而是出于军事侦察、地理测量的目的。

到南北朝时期，风筝开始正式成为传递信息的工具。据史书记载，"侯景之乱"时，侯景带领叛军将梁武帝围困于梁都建邺之中（如今南京），内外断绝，有人提议制作风筝，把古代皇帝的诏令系在风筝之中，让太子简文在太极殿外乘着西北风向外求援，但却被叛军发现而射落，不久后台城沦陷，梁朝从此也走向灭亡。当然也有成功的例子，唐朝的田悦率叛军围城，守将也同样利用风筝，顺利搬来了援兵。

图 1-6 墨子造风筝

孔明灯也有着同样的故事，相传五代时，有一个女子名叫莘七娘，她随丈夫打仗时曾用竹篾扎成方架、糊上纸、做成灯，底盘上放置松脂，点燃后，热空气将灯送上天空，用作军事联络信号。与风筝一样，孔明灯也能通过数量、颜色等变量来给信息编码，也能通过事先约定进行传递信息的加密，但同样没有"鉴权"的环节，无法鉴别接收者的身份。

（2）军鼓、号角与旗语

风筝与孔明灯，依然是使用光作为信息传递的载体，而军鼓和号角则是通过声波来传

递信息的。《周礼》有"中军以鼙令鼓，鼓人皆三鼓"的记录，诗人李贺也写过"角声满天秋色里，塞上燕脂凝夜紫。半卷红旗临易水，霜重鼓寒声不起。"短短四句诗，就包含了我国古代军事通信的角声、旗语、军鼓这3种方式。

人和人之间的对话在日常生活和交流中已经显得足够完善了，然而人的发声系统能发出的声波的能量是非常有限的，以至于对于稍远一点的距离就显得很无能为力。如果要进行稍微远一点的通信，比如说指挥军队战斗，那么光靠嗓子吆喝就不能解决问题了。

《孙子兵法》在第五篇《势篇》里有一句话——"孙子曰：凡制众如制寡，分数是也；斗众如斗寡，形名是也。"所谓分数，即是对部队进行编号，没有队列不成行伍。从现代通信来看，就是对一个系统中的各个单元进行编号，无论是手机终端还是收发信机，抑或是中心交换机，都得编号，没有编号，一个指令下去就不知道具体找谁，也就谈不上通信。所谓形名，指的就是旗语，用旗语指挥部队变阵和进行战斗。

将士卒整编成行伍队列，以旗语指挥队伍列阵和变阵，闻鼓则进，闻金则退，这就基本组成了一支军队指挥某次战斗的相对完善的通信系统。这个通信系统相比于人和人之间的对话，有了长足的进步，无论是鼓点声还是敲击金镝的声音，其覆盖范围显然比人和人之间的对话要大得多。

1684年英国人罗伯特·虎克（Robert Hooke）开始通过在海船桅杆上悬挂明显的符号来通信；1793年法国人克噜·夏卜通过十字架来表示各个字母，叫作"信号标"。

旗语沿用至今，已成为一种通行的国际航海通信方式。现代旗语以双旗式旗语（见图1-7）最为常见，旗手双手各拿一面方旗，每只手可指7种方向，旗帜沿对角线分割为两色，在陆地上使用红色和白色，在海上使用红色和黄色。旗语可直接表示出字母和数字，再通过进一步编码和加密，可以传递更复杂和丰富的信息。

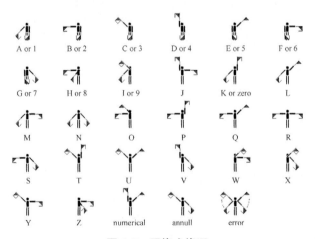

图1-7　双旗式旗语

虽然在信息量和加密上有了质的提升，但是"军鼓、号角与旗语"这种直接利用人类视觉、听觉的通信系统的缺点也是很明显的，那就是由于人类的感官能力有限，这种通信方式能覆盖的范围依然太有限了。

一个再优秀的将领，即使在开阔的地形下，其有效指挥半径也很难超过 2.5 千米。这就不难理解，为什么古代大的战役几乎都发生在一个很小的区域，而不是像现代战争一样发生在一整条战线上。道理很简单，战线拉长了，指挥系统够不着啊。比如长平之战、巨鹿之战、昆阳之战，这些双方投入总兵力超过 50 万人的著名战役都以某个地点命名，而到了现代，这个级别的战役往往以区域命名了，比如辽沈战役、淮海战役。

在一定空间范围内的通信，我们可以通过鼓点和旌旗，放大声音的音量和视觉标的的大小，来延展我们的通信距离。可是对于更远的距离，比如长安和雁门，视觉和听觉都无能为力。

4. 鸿雁传书、飞鸽传书与驿站传书——有加密有鉴权

上面说了那么多古代通信方式，不知道大家有没有注意到它们的共性，那就是基本上都是通过声、光这些物理信号来完成最为原始的信息传递。而正是因为这些物理信号本身的传播没有天然的选择性，而古代又没有发展出能约束这些信号传播方向的技术，所以，往往很难选择接收信息的主体，难以进行鉴权。

虽然古代不能通过技术手段鉴权，但是没关系，不要忘记我们还有可靠的人工手段呀！中国古代最主流的远距离通信系统毫无疑问是以驿站为基础的"邮局"系统，我们经常在古装影视剧中看到的所谓"八百里加急"就是如此。书信用信鸽、鸿雁、邮差来替代了之前的物理信息载体，训练有素的信鸽和鸿雁、负责的邮差都能将信件送达指定的收件人，实现了人工式的鉴权。

有了鉴权，加密怎么办？这么长的距离，你的信使完全有可能在半路上被劫杀，这就引发了通信安全的问题。早在三千多年前的商周时期，就提出了两种书信加密方案，分别叫作"阴符"与"阴书"，相传由姜太公受鱼竿启发而发明。

（1）"阴符"

"阴符"即由君主和前方将领事先秘密约定 8 种长度不等的符节，分别代表不同军情，从而实现"主将秘闻，阴通言语，不泄中外相知之术"的目的。

《阴符第二十四》

武王问太公曰：引兵深入诸侯之地，三军猝，有缓急，或利或害。吾将以近通远，从中应外，以给三军之用。为之奈何？

太公曰：主与将，有阴符，凡八等。有大胜克敌之符，长一尺。破军杀将之符，长九寸。降城得邑之符，长八寸……

这一段就通信保密而言很经典，武王深入重地，想和大后方传递消息，就问太公怎么办。姜子牙说好办啊，咱们对信源重新搞一套编码就是了，比如你杀了对方大将，就不要写"破军杀将"4个字的小纸条传给我了，直接让信使送我一块9寸（约30厘米）长的木板就行了，这个加密方式只有你和我知道，不怕泄密。

（2）"阴书"

我们很快就发现，阴符和烽火台一样，面临一个致命的弱点，就是能够传递的信息量太少，或者说编码太少。阴符只能传递8种消息，而且很不详细，对于纷繁复杂的战地情况而言显然是不够的。这个时候还没有发明计算机，没有二进制，没有 ASCII 编码，也没有指数和对数，想对每个汉字进行加密简直是不可能完成的任务。聪明的周武王很快发现了阴符的弱点，他接下来就问姜子牙，如果想和他们多说话，8个符号不够，如之奈何？

《阴书第二十五》

武王问太公曰：引兵深入诸侯之地……其事繁多，符不能明；相去辽远，语言不通，为之奈何？

太公曰：当用书，不用符……书皆一合再离，三发而一知，此谓阴书。敌虽圣智，莫之能识。

"阴书"是"阴符"的进化版本，和 GSM 中的跳频加密颇为相似，将一份完整的军事情报分为3份，由3个人各持一段，3个人互相不知道内情，在不同的时间、按不同的路线密送给收信人。只有收齐3段信，才能够解读全部内容，就算其中一份被截，也不会泄密。这样的机制，不但可以加密、鉴权，还能防止被拦截、破译，可以说是非常精妙了，也可以说是现代密码学的前身。

GSM 的跳频技术是1秒跳217次。把1秒的内容切成217份，通过不同的频率发出去，这个拦截难度就更大了。

总而言之，古代通信的最高级形态——书信，是一种有加密有鉴权的通信方式，可以实现一对一的单播通信，并且传输距离更长，传输速率更大，传输稳定性更高。正因为它的相对先进性，我们现在很多文件传输、信息交流仍然是通过书信完成的。"烽火连三月，家书抵万金"，用书信来传递信息，只需薄薄一张纸，而如果家书里的信息要通过放孔明灯，甚至烽火狼烟来传递，那简直是难以想象的。

我们可以按照通信载体、传输距离、有无加密、有无鉴权来给古代通信方式粗略分类（见表1-1），但总体而言，古代通信方式较为原始，传输速率低、距离短、保密性弱、易受干扰。木心的诗《从前慢》里描述的"车，马，邮件都慢，一生只够爱一个人"固然浪漫，但其实也从侧面反映出古代通信的不便。这些不便是人们多年来努力攻关的方向。

表 1-1 古代通信方式对比

通信方式	通信载体	传输距离	加密	鉴权
烽火狼烟	光	较长	无	无
风筝	光	较长	有	无
孔明灯	光	较长	有	无
军鼓与号角	声	较短	有	无
旗语	光	较短	有	无
书信	文字	很长	有	有

1.2.3 近代通信：插上电的翅膀

人类在此之前近千年的时光里，通信方式并没有发生太大的变化，原因是什么呢？就是古代的人类对于信息载体的掌握与运用程度远远不够，从而仍然把书信作为日常生活中通信的第一选择。而等到通信插上了"电"的翅膀之后，情况就大不一样了。

19 世纪，随着各种基础学科的发展日新月异，人们对电的认识也经历了由摩擦生电（格雷）、雷电（富兰克林）、电磁感应（法拉第）到发明电池（伏特）的转变，从认识电，到存储电、利用电。在这一背景之下，电报应运而生，横空出世，揭开了通信"电时代"的序幕。

1832 年，一艘名叫"萨丽号"的邮船满载旅客，从法国北部的勒阿弗尔港驶向纽约，船受到风暴的袭击，在波峰浪谷中颠簸，美国画家塞缪乐·莫尔斯（Samael Morse）也在这艘船中，他听船长讲述了一个故事："哥伦布在探索美洲大陆时，因船上食物腐烂变质，陷入困境，向自己的国家写了一封求援信，塞进密封的椰壳里，投入大海，指望海水能把这封信送到西班牙，结果当然是没人收到这封信"。听完故事后，莫尔斯更加感到人类在自然面前的渺小。

但也是在这次旅途中，莫尔斯从一位电学博士那里得知了电磁感应效应，莫尔斯对此产生了深深的兴趣。他想："电的传递速度如此快，能够在瞬间传到千里之外，而电磁铁在有无通电时能产生不同的反应，利用这种特性不就可以传递信息了吗！"

之前的科学家往往为了表达 26 个字母而设计了异常复杂的发报和收报装置，使得想法无法实现。所以，莫尔斯首先思考如何用一种较为简单的符号系统来表达 26 个英文字母的信息。

"用什么符号表示 26 个英文字母呢？"莫尔斯苦苦思索后，决定用点、横线和空白这 3 种符号的组合来表示每一个英文字母和阿拉伯数字。这就是"莫尔斯电码"（见表 1-2），这是电信史上最早的正式编码。

表 1-2　莫尔斯电码表

字符	电码符号	字符	电码符号	字符	电码符号
A	●—	N	—●	1	●————
B	—●●●	O	———	2	●●———
C	—●—●	P	●——●	3	●●●——
D	—●●	Q	——●—	4	●●●●—
E	●	R	●—●	5	●●●●●
F	●●—●	S	●●●	6	—●●●●
G	——●	T	—	7	——●●●
H	●●●●	U	●●—	8	———●●
I	●●	V	●●●—	9	————●
J	●———	W	●——	0	—————
K	—●—	X	—●●—	?	●●——●●
L	●—●●	Y	—●——	/	—●●—●
M	——	Z	——●●	（　）	
				—	●●●●
				●	●—●—●—

有了编码的思路之后，经过无数次的探索与尝试，1837 年，莫尔斯终于成功地研制出世界上第一台电磁式有线电报机。这台电报机发报装置结构很简单，由电键和一组电池组成，按下电键就有电流通过，按的时间短促表示点信号，按的时间长表示横线信号；它的收报机装置比较复杂，由一只电磁铁及其他附件组成，有电流通过时，电磁铁产生磁性，由电磁铁控制的笔便在纸上记录下点或横线。

1844 年 5 月 24 日，莫尔斯坐在华盛顿国会大厦联邦最高法院会议厅中，向 40 英里（64 千米）以外的巴尔的摩，无比激动地发出了人类历史上第一份长途电报。至此，通信的电时代正式揭开序幕。

随着数学、物理学、计算机科学等各种基础学科的进步，通信技术在后来的几十年之中，有了质的飞跃。

1875 年，亚历山大·贝尔（Alexander Bell）发明了世界上第一台可用的电话机。这台电话机的发话器以磁舌簧为核心，能传递各种频率的声音，振动舌簧通过电磁感应转换为各种电振荡，同样结构的装置放在远处的另一端，作为接收机使用。

1878年，在相距300km的波士顿和纽约之间，贝尔进行了首次长途电话实验，大获成功，开启了电信史上的无线通信时代。贝尔随后成立了贝尔电话公司，为一些愿意尝试电话通信的家庭安装人类的第一批电话，这也是美国电话电报公司（AT&T）的前身。

贝尔是一位不折不扣的发明家。除了发明电话，他还发明了助听器，改进了爱迪生发明的留声机，发明了X光机的雏形，并对聋哑语的发明有着巨大贡献，创立了英国聋哑教育促进协会。

时势造英雄，英雄也成就时代，莫尔斯、贝尔等通信领域的巨匠，为通信史的长夜点燃了一把无比耀眼的火炬。正因为有了基础学科的进步与成熟，以及致力于通信的无数前辈自身的艰辛探索，通信的黄金时代才悄然来临。

1.2.4 现代通信：移动通信的启蒙期

现代通信：20世纪20年代到20世纪80年代。这期间，随着基础学科的进一步发展，通信理论也逐渐从固定通信向移动通信跨越，移动通信产生并逐渐成熟，通信进入可以"移动"的黄金发展时期。

移动通信可以说从无线电通信发明之日就产生了，1897年，M·G·马可尼所完成的无线通信试验就是在距离为18海里（33千米）的固定站与一艘拖船之间进行的。

现代移动通信技术的发展大致经历了4个发展阶段。

第一阶段为20世纪20年代至20世纪40年代，属于早期发展阶段。1928年，美国普渡大学的学生发明了工作于2MHz的超外差式无线电接收机，率先在短波几个频段上开发出专用移动通信系统，其代表是美国底特律市警察使用的车载无线电系统，标志着移动通信横空出世。这个系统当时的工作频率为2MHz，20世纪40年代提高到30～40MHz。20世纪30年代初，第一部调幅制式的双向移动通信系统诞生，在美国新泽西警察局投入使用，20世纪30年代末，第一部调频制式的移动通信系统诞生，并在20世纪40年代逐渐成为主流。

我们可以认为，这个阶段是现代移动通信的起步阶段，这个阶段主要实现了移动通信原理，并率先在短波波段上设计了专用移动通信系统，但这样的系统存在着容量低、工作频率较低、语音质量差等问题，不适合普及。

第二阶段为20世纪40年代中期至20世纪60年代初期。在此期间，公用移动通信业务问世。1946年，根据美国联邦通信委员会（FCC）的计划，贝尔系统在圣路易斯城建立了世界上第一个公用汽车电话网，称为"城市系统"。这一系统使用3个频道，间隔为

120kHz，通信方式为单工。美国贝尔实验室完成了人工交换系统的接续问题。在这一阶段，移动通信从专用移动网向公用移动网过渡，但接续方式为人工，移动网的容量较小，不能满足民众需求。

第三阶段为20世纪60年代中期至20世纪70年代中期。在此期间，美国推出了改进型移动电话系统（IMTS），使用150MHz和450MHz频段，采用大区制、中小容量，实现了无线频道自动选择并能够自动接续到公用电话网。德国也推出了具有相同技术水平的B网。可以认为，这一阶段是移动通信系统改进与完善的阶段，其特点是采用大区制、中小容量，使用450MHz频段，实现了自动选频与自动接续。

第四阶段为20世纪70年代中期至20世纪80年代中期。这是移动通信蓬勃发展的时期。随着民间移动通信用户数量的增加，已有的系统容量已经不能满足民众的需求。1978年年底，美国贝尔试验室成功研制先进的移动电话系统（AMPS），首次提出具有跨时代意义的"蜂窝"概念，建成了蜂窝状移动通信网，大大提高了系统容量。1983年，首次在芝加哥投入商用。同年12月，在华盛顿也开始启用。之后，服务区域在美国逐渐扩大。到1985年3月已扩展到47个地区，移动用户约10万人。其他工业化国家也相继开发出蜂窝式公用移动通信网。日本于1979年推出800MHz汽车电话系统（HAMTS），在东京、神户等地投入商用。

英国在1985年开发出全地址通信系统（TACS），首先在伦敦投入使用，之后覆盖了全国，频段为900MHz。法国开发出450系统。加拿大推出450MHz移动电话系统（MTS）。瑞典等北欧四国于1980年开发出NMT－450移动通信网，并投入使用，频段为450MHz。这一阶段的特点是蜂窝状移动通信网成为实用系统，并在世界各地迅速发展。

移动通信在这数十年飞速发展，除了用户需求急剧增加这一主要推动力之外，还得益于电子技术、移动通信新体制的发展。

电子技术迅猛发展，摩尔定律使得通信设备逐渐趋于小型化、微型化，各种轻便电台被不断地推出，使得"移动"成为可能。而随着大规模集成电路以及计算机技术的发展，微处理器技术日趋成熟，为大型通信网的管理与控制提供了技术上的可能性。

在移动通信体制方面，随着用户数量增加，大区制所能提供的容量很快饱和，必须探索新体制。贝尔试验室在20世纪70年代提出的蜂窝网的概念是这一体制最为重要的突破。

所谓蜂窝网是指服务区划分为若干个彼此相邻的小区，每个小区设立一个基站的网络结构。由于每个小区呈正六边形，又彼此邻接，从整体上看，形状酷似蜂窝，因此而得名。用若干蜂窝状小区覆盖整个服务区的大、中容量移动电话系统就叫作蜂窝移动电话系统。GSM网络、CDMA网络、3G网络、FDMA、TDMA、PDC、TACS、AMPS、LTE等都是常见的蜂窝网络。

蜂窝网络（见图1-8）被广泛采用源于一个数学结论，即以相同半径的圆形覆盖平面，当圆心处于正六边形网格的各正六边形中心，也就是当圆心处于正三角网格的格点时，所用圆的数量最少。因此出于节约设备构建成本的考虑，正三角网格或者也称为简单六角网格是最好的选择。

蜂窝网络，即所谓小区制，由于实现了频率再用，大大提高了系统容量。可以说，蜂窝网络真正解决了公用移动通信系统要求容量大与频率资源有限的矛盾。

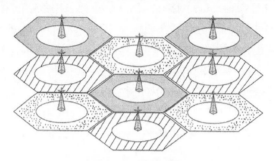

图 1-8　蜂窝网络

1.2.5　当代通信：从 1G 到 5G

我们把 20 世纪 80 年代至今称为当代通信。1973 年，美国摩托罗拉工程师马丁·库帕发明了世界上第一部商业化手机；1986 年，第一代移动通信技术（1G）在美国芝加哥诞生，高速发展的当代通信阶段的序幕正式拉开。这也就是我们熟知的从 1G 到 5G 的技术快速更新迭代时期。

1. "大哥大"的时代——1G

我们知道，贝尔试验室在 20 世纪 70 年代就提出了蜂窝网的概念，但直到 20 世纪 80 年代，基于"蜂窝"概念的模拟移动通信系统才实现大规模商用，这被认为是真正意义上的第一代（1G，The First Generation）移动通信系统。

1G 由多个独立开发的系统组成，典型代表有美国的高级移动电话系统（AMPS，Advanced Mobile Phone System）和后来应用于欧洲部分地区的全接入通信系统（TACS，Total Access Communication System）以及 Nordic 移动电话（NMT）等。这些系统的共同特点是采用了频分多址（FDMA，Frequency Division Multiple Access）技术，并且模拟调制语音信号。

第一代蜂窝移动通信网是模拟系统，虽然模拟蜂窝网取得了很大成功，但也暴露出了很多问题。例如，频谱利用率低、移动设备复杂、费用较高、业务种类受限制、通话易被窃听等，其中最主要的问题是其容量已不能满足日益增长的移动用户需求。

2. 迈入数字移动通信——2G

到 20 世纪 80 年代中期，新一代数字蜂窝移动通信系统问世，欧洲首先推出了泛欧数字移动通信网（GSM）的体系。随后，美国和日本也制定了各自的数字移动通信体系。GSM 已于 1991 年 7 月开始投入商用。数字无线传输的频谱利用率高，可大大提高系统容量；并且，数字网能提供语音、短信、数据多种业务服务，与 ISDN 等兼容。通信至此正式迈入了数字时代。

第二代（2G，The 2nd Generation）移动通信系统主要采用数字的时分多址（TDMA，Time Division Multiple Access）技术和码分多址（CDMA，Code Division Multiple Access）技术。以语音通信为主，主要提供数字化的语音业务及低速数据业务，又被称为窄带数字通信系统。

2G 克服了模拟移动通信系统的弱点，具有更高的频谱利用率、更高的网络容量、更好的语音质量和更强的保密性，并可进行省内、省际自动漫游。

2G 的典型代表有美国的数字化高级移动电话系统（DAMPS，Digital AMPS）、欧洲的全球移动通信系统（GSM，Global System for Mobile Communication）、日本的数字蜂窝系统（PDC）以及 CDMA（IS-95）等。

2G 完成了从模拟通信向数字通信的历史使命。但是由于 2G 初期的通信世界还是"群雄割据"的状况，不同的国家和地区采取不同的制式，移动通信标准不统一，所以用户只能在同一制式覆盖的范围内漫游，不能实现全球漫游。并且，2G 带宽仍然有限，大大限制了数据业务的应用，从而无法实现移动多媒体等高速率的业务。

2G 从群雄割据到走向统一，经历了一段艰难曲折的历史（见表 1-3），在这之中标准化组织可谓是立下了汗马功劳。通信标准的统一，涉及各方利益，用阻碍万千来形容一点也不过分，这下你就能理解为什么说标准化组织是推动通信发展的重要动力了。

表 1-3　2G 标准化的历程

时间	事件
1982 年	欧洲邮电大会（CEPT）成立了一个新的标准化组织 GSM（Group Special Mobile）
1988 年	欧洲电信标准化协会（ETSI）成立
1990 年	GSM 第一期规范确定，系统试运行； 英国政府发放许可证并建立个人通信网（PCN）
1991 年	GSM 系统在欧洲开通运行；DCS1800 规范确定
1992 年	北美 ADC（IS-54）投入使用；日本 PDC 投入使用； FCC 批准了 CDMA（IS-95）系统标准； GSM 系统重新命名为全球移动通信系统（Global System For Mobile Communication）
1993 年	GSM 系统已覆盖泛欧及澳大利亚等地区，67 个国家已成为 GSM 成员
1994 年	CDMA 系统开始商用
1995 年	DCS1800 开始推广应用

标准化通信组织使全球范围的漫游首次成为可能，全球的互联互通成为现实，这和地理大发现一样，具有划时代意义！"地球村"的设想在通信领域成真了！

3. 支持多媒体通信——3G

我们说，追求永不止步，而人们对于移动通信系统的需求也是如此。能语音通话了，还得能短信交流；能短信交流了，能不能发图片，听音乐，看视频？随着移动多媒体的发展，人们对于数据业务的使用率和依赖程度更高了，于是，以更高带宽、支持移动多媒体通信为目标的第三代移动通信系统呼之欲出，渐渐走上历史舞台。移动通信发展路线如图1-9所示。

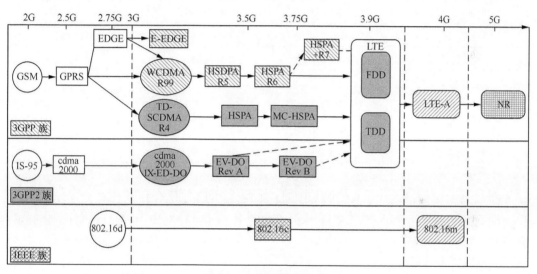

图1-9 移动通信发展路线

第三代（3G，The 3rd Generation）移动通信系统是在第二代移动通信系统的基础上进一步演进的。3G以宽带CDMA技术为主，并能同时提供更高质量的语音和数据业务，较为彻底地解决了第一代和第二代移动通信系统的主要弊端，目标是提供包括语音、数据、视频等丰富内容的移动多媒体业务。

3G的概念最早是在1985年由国际电信联盟（ITU，International Telecommunication Union）提出的，是首个以"全球标准"为目标的移动通信系统，这深刻地体现了当时全球化的思潮。在1992年的世界无线电大会上，3G获得了2GHz附近约230MHz的频带。ITU在1996年将其正式命名为IMT-2000（International Mobile Telecommunication-2000），这是因为这个系统有"3个2000"——工作频段在2000MHz，最高业务速率为2000kbit/s，而且在2000年左右商用。

3G 的三大主流标准分别是 WCDMA（宽带码分多址）、cdma2000 和 TD-SCDMA（时分双工同步码分多址），具体可见表 1-4。

表 1-4　3G 三大主流标准

制式	WCDMA	cdma2000	TD-SCDMA
采用国家和地区	欧洲、美国、中国、日本、韩国等	美国、韩国、中国等	中国
继承基础	GSM	窄带 CDMA（IS-95）	GSM
双工方式	FDD	FDD	TDD
同步方式	异步 / 同步	同步	同步
码片速率	3.84Mchip/s	1.2288Mchip/s	1.28Mchip/s
信号宽带	2×5MHz	2×1.25MHz	1.6MHz
峰值速率	384kbit/s	153kbit/s	384kbit/s
核心网	GSM MAP	ANSI-41	GSM MAP
标准化组织	3GPP	3GPP2	3GPP

在三大主流标准之中，WCDMA 和 TD-SCDMA 由第三代合作伙伴计划（3GPP，3rd Generation Partnership Project）组织完成标准化制定，cdma2000 由 3GPP2 完成标准化制定。标准化组织再一次显示了其在通信发展进程中的关键作用。3GPP 又是何方神圣呢？我们将在本章末详细介绍。

WCDMA 和 cdma2000 属于频分双工方式（FDD，Frequency Division Duplex）而 TD-SCDMA 属于时分双工方式（TDD，Time Division Duplex）。WCDMA 和 cdma2000 是上下行独享相应的带宽，上下行之间需要一定的频率间隔做"隔离带"以避免干扰；TD-SCDMA 则上下行采用同一频谱，上下行之间需要时间间隔做"红绿灯"以避免干扰。

4. 更极致的网络体验——4G

第四代（4G，The 4th Generation）移动通信技术主要指 LTE/LTEA（Long Term Evaluation/Long Term Evaluation-Advanced）系统。如果说 3G 满足了人们对于多媒体数字通信的基本需求，那么 4G 就代表了人们对更极致的移动网络体验的追求。

长期演进（LTE，Long Term Evolution）是由 3GPP 组织制定的通用移动通信系统（UMTS，Universal Mobile Telecommunications System），于 2004 年 12 月在 3GPP 多伦多会议上正式立项并启动。

LTE 系统引入了正交频分复用（OFDM，Orthogonal Frequency Division Multiplexing）和多输入多输出（MIMO，Multi-Input & Multi-Output）等关键技术，显著地提高了频谱效率

和数据传输速率。下行和上行峰值速率分别可达到 100Mbit/s、50Mbit/s。因为 LTE 支持多种带宽分配（1.4MHz、3MHz、5MHz、10MHz、15MHz 和 20MHz 等），并且支持全球主流 2G/3G 频段和一些新增频段，所以频谱分配更加灵活，系统容量和覆盖也都显著提升。此外，LTE 系统网络架构更加扁平化、简单化，极大限度地减少了网络节点，降低了系统复杂度，从而减小了系统时延和网络部署、维护成本。LTE 系统还具有很高的兼容性，支持与其他 3GPP 系统互操作。LTE 当前的目标是借助新技术和新的调制方法，尽可能提升无线网络的数据传输能力和数据传输速率，如新的数字信号处理（DSP）技术等。

根据双工方式的不同，LTE 系统分为 FDD–LTE 和 TDD–LTE，二者技术的主要区别在于空口的物理层上（例如，帧结构、时分设计、同步等）。FDD 空口上下行采用成对的、不同的频段接收、发送数据，而 TDD 系统上下行使用相同的频段在不同的时隙上传输，TDD 比 FDD 有着更高的频谱利用率。

LTE 网络有能力提供 300Mbit/s 的下行速率和 75Mbit/s 的上行速率，并且在 E-UTRA 环境下可借助服务质量（QoS）技术实现低于 5ms 的时延。此外，LTE 还支持多播和广播流，可提供高速移动中的通信需求。LTE 频段扩展度也很好，1.4MHz 至 20MHz 的时分多址和码分多址频段都能支持。

LTE 的远期目标是简化和重新设计网络体系结构，使其成为 IP 化网络（见图 1–10）。全 IP 基础网络结构（核心分组网演进）将替代原先的 GPRS 核心分组网，可向 UMTS 和 cdma2000 提供语音数据的无缝切换，简化的基础网络结构可为运营商节约网路运营开支。

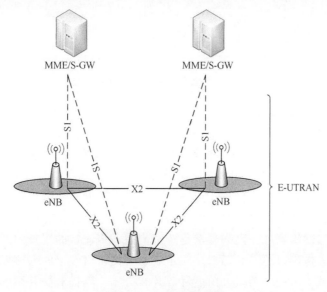

图 1-10　LTE 整体结构

早在 4G 标准制定之前，ITU 给 4G 的定义是实现静止状态下能实现下行 1Gbit/s/ 上行 500Mbit/s 的网络速率。尽管被宣传为 4G 无线标准，但 LTE 其实并未被 3GPP 认可为 ITU 所描述的下一代无线通信标准，严格意义上还未达到 4G 标准。所以 LTE 一般被描述为 3.9G 或者准 4G。只有升级版的 LTE Advanced 才真正符合 ITU 对 4G 的要求。

LTE-Advanced（LTE-A）从 2008 年 3 月开始，2008 年 5 月确定需求，它是 LTE 的演进而不是技术革命，它可以完全后向兼容 LTE。LTE-Advanced 满足 ITU-R 的 IMT-Advanced 技术征集的需求。

LTE-A 采用了载波聚合（CA，Carrier Aggregation）、上 / 下行多天线增强、多点协作传输、中继、异构网干扰协调增强等关键技术，能大大提高无线通信系统的峰值数据速率、峰值频谱效率、小区平均频谱效率以及小区边界用户性能，同时也能提高整个网络的组网效率，这使得 LTE 和 LTE-A 系统成为现在乃至未来几年内无线通信发展的主流。

LTE-A 为了实现更快的网络速率，除了提高网络的频谱利用率，还引入多载波聚合技术。所谓的多载波聚合，就是将多个频段的网络信号聚合起来，相当于公路从"单车道"扩展成了"多车道"，单位时间内通车数量随着载波数的增加成倍增加，使得整体速率大幅增加。可以将 2 ~ 5 个 LTE 成员载波（CC，Component Carrier）聚合在一起，实现最大 100MHz 的传输带宽（见图 1-11）。目前全球范围内不少运营商已经推出了双载波乃至三载波 LTE 技术，理论峰值速率从原来的 150Mbit/s 大幅提升到 300Mbit/s 乃至 450Mbit/s。

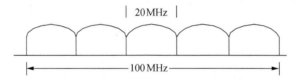

图 1-11　载波聚合实现 100MHz 带宽

5. 突破想象力的极限——5G

第五代（The 5th Generation）移动通信技术是最新一代蜂窝移动通信技术，也是继 4G（LTE-A、WiMAX）、3G（UMTS、LTE）和 2G（GSM）系统之后的延伸。随着移动互联网的发展，越来越多的设备接入到移动网络中，新的服务和应用层出不穷，人们对于移动数据传输需求的爆炸式增长，预计移动通信网络的容量需要在当前的网络容量上增长 1000 倍。

移动数据流量的暴涨将给现有移动网络带来全方位的冲击和严峻的挑战。第一，若按照当前移动通信网络发展，网络容量是难以支持千倍流量的增长的，就算能支持，网络能耗和比特成本也难以承受。第二，流量增长会使得对频谱的需求提升，但移动通信频谱资源极度稀缺，可用频谱呈大跨度和碎片化分布，频谱资源利用率不高。第三，未来网络将会是多网并存的异构移动网络，要能做到高效管理各个网络，简化互操作，对不同的业务和用户进行个性化优化，增强用户体验，2G 到 5G 的应用场景变化如图 1-12 所示。

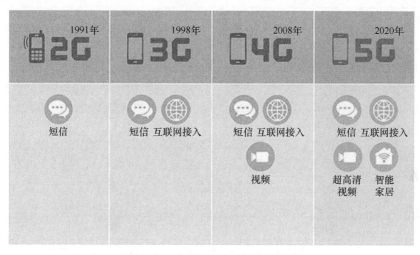

图 1-12　2G 到 5G 的应用场景变化

需要注意的是，虽然 5G 是万人瞩目、赋予重望的，但 5G 的登场并不意味着 4G 的谢幕，4G LTE 仍然是全球最为主流、最广泛使用的通信技术。如贝尔实验室所预测，5G 并不会完全替代 4G、Wi-Fi，而是将 4G、Wi-Fi 等网络融入其中，为用户带来更为丰富的体验，实现无缝切换。

5G 移动网络与早期的 2G、3G 和 4G 移动网络一样，5G 网络是数字蜂窝网络，在这种网络中，供应商覆盖的服务区域被划分为许多被称为蜂窝的小地理区域。表示声音和图像的模拟信号在手机中被数字化，由模数转换器转换并作为比特流传输。蜂窝中的所有 5G 无线设备通过无线电波与蜂窝中的本地天线阵列和低功率自动收发器（发射机和接收机）进行通信。收发器从公共频率池分配频道，这些频道在地理上分离的蜂窝中可以重复使用。本地天线阵列通过高带宽光纤或无线回程连接与电话网络和互联网连接。与现有的手机一样，当用户从一个蜂窝穿越到另一个蜂窝时，他们的移动设备将自动"切换"到新蜂窝中的天线。

根据 3GPP 的定义，5G 的三大应用场景为 eMBB、mMTC、URLLC。eMBB 即为增强移动宽带，超高的传输数据速率（峰值可达 10Gbit/s）为超高清视频、VR/AR 等大流量移动宽带业务提供支持；mMTC 指海量机器类通信，物联网连接起海量传感器和终端，使我们真正能感受"云上"智能生活；URLLC 指超高可靠低时延通信，低至 1ms 级别的时延，为 5G 在车联网、工业控制、远程医疗等特殊行业的应用提供了可能性。

5G 发展大事件见表 1–5。

表 1-5　5G 发展大事件

时间	事件
2017 年 12 月 21 日	在国际电信标准组织 3GPP RAN 第 78 次全体会议上，5G NR 首发版本正式冻结并发布
2018 年 2 月 23 日	在世界移动通信大会召开前夕，沃达丰和华为完成了全球首个 5G 通话测试
2018 年 2 月 27 日	华为在 MWC2018 展会上发布了首款 3GPP 标准 5G 商用芯片巴龙 5G01 和 5G 商用终端
2018 年 6 月 13 日	3GPP 5G NR 标准独立组网（SA, Standalone）方案在 3GPP 第 80 次 TSG RAN 全会正式完成并发布，首个真正完整意义的国际 5G 标准正式出炉
2018 年 6 月 14 日	3GPP 全会批准了第五代移动通信技术标准（5G NR）独立组网功能冻结。5G 完成第一阶段全功能标准化工作，进入了产业全面冲刺新阶段
2018 年 6 月 28 日	中国联通公布了 5G 部署：将以 SA 为目标架构，前期聚焦 eMBB
2018 年 12 月 1 日	韩国三大运营商 SK、KT 与 LG U+ 同步在韩国部分地区推出 5G 服务，5G 在全球首次实现商用
2018 年 12 月 18 日	AT&T 宣布将于 12 月 21 日在全美 12 个城市率先开放 5G 网络服务
2019 年 6 月 6 日	工信部正式向中国电信、中国移动、中国联通、中国广电发放 5G 商用牌照，中国正式进入 5G 商用元年
2019 年 10 月	5G 基站入网正式获得了工信部的批准。工信部颁发了国内首个 5G 无线电通信设备进网许可证，标志着 5G 基站设备将正式接入公用电信商用网络
2019 年 10 月 31 日	三大运营商公布 5G 商用套餐，并于 11 月 1 日正式上线 5G 商用套餐
2020 年 7 月 3 日	3GPP 宣布 5G 标准第二版 Release 16（Rel–16），也是 5G 的第一个演进版本正式冻结

1.2.6　未来通信：万物互联时代

未来的通信该是什么样子呢？随着物联网、云计算、大数据、人工智能、量子通信等技术的发展，通信的发展范式将发生翻天覆地的变化。

传感器将不断增多，成为人类除了身体感官之外的"感受器"，"千里眼"与"顺风耳"将成为现实；万物都接入通信网络之中，更多信息从物理世界进入数字世界；芯片、处理器计算能力不断提升，信息处理能力不断增强；通信网络不断优化，通信质量与效率进一步提高；人与人、人与物、物与物之间，将建立起直接的通信纽带，未来，是真正万物互联的时代。

　　未来通信，将更深刻地改变人类的生活方式，改变我们商务、社交、创造、学习等方方面面的活动形态，重塑我们认识世界、了解世界的角度与方法。就让我们尽情畅想，尽情期待！

1.3 通信"进化论"：是什么驱动了通信发展

　　知古以鉴今，回顾历史，永远是为了寻找本质规律，帮助我们理解未来。在本章中，我们回顾了通信技术的发展历程，知其然，更要知其所以然，通信技术是如何"进化"的呢？通信发展背后的驱动力是什么？我们梳理通信的发展历程，也同样是为了在其中找出通信发展的一般性规律，提炼出"通信进化论"。我们不妨向"进化论"的鼻祖借鉴一下思路。

　　英国生物学家查尔斯·达尔文（Charles Darwin 1809—1882年）在历时5年的环球航行中，在对动植物和地质方面进行了大量的观察和采集后，提出了"进化论"的主要观点。

　　在自然选择中，过度繁殖是进化的条件，生存斗争是进化的动力，遗传变异是进化的基础，适者生存是进化的结果（见图1-13）。

　　从达尔文对生物进化的认识，我们可以得到很多启发。《墨经》中写道："力，形之所以奋也"，意思就是万事万物不断发展的背后，都是有其驱动力的，而通信技术的发展和演进也不例外。作者认为，通信的发展也有着类似达尔文进化论的多因素机制（见图1-14）。

图 1-13　达尔文提出的进化机制　　　　图 1-14　通信发展的驱动因素

　　数学、物理等基础学科的发展是通信技术创新的基础；源源不断的用户需求与商业应用场景是通信技术创新的动力；3GPP、ITU等标准化组织则通过通信标准制定、统一技术演进路线等方法引导、加速了通信技术创新。最终，这些因素共同推动了通信产业的发展。

下面，让我们来一一了解。

1.3.1　数学、物理等基础学科的进步：通信发展的基础

通信技术的每一次革新，背后都有基础理论的积累与进步，尤其是数学与物理的基础理论（见表1-6）。这些基础理论为通信技术的发展奠定了基石，而通信也反过来为这些基础理论提供了应用场景。

表1-6　近代关键数学、物理基础理论进步及通信发展历程

时间	事件
1820 年	汉斯·奥斯特（Hans Oersted）发现了电流的磁效应
1822 年	安培（Ampere）创立了安培定律；让·巴蒂斯特·毕奥（Jean Baptiste Biot）和菲利克斯·萨伐尔（Félix Savart）同时表述了单一电流线元的磁用定律
1826 年	乔治·西蒙·欧姆（Georg Simon Ohm）建立了电阻定律，并为导电率的概念打下基础
1831 年	迈克尔·法拉第（Michael Faraday）发现磁感生电流效应，创立法拉第电磁感应定律
1833 年	高斯和韦伯制造了第一台简单的单线电报
1835 年	惠斯通和莫尔斯分别独立地发明了电报；莫尔斯发明了摩尔斯电码，通过在纸条上打上点和线来传递信息
1844 年	莫尔斯应用自制的电磁式电报机，通过 65 千米长的电报线路，发送了人类第一封电报
1854 年	法国电报家布尔瑟提出用电来传送声音的设想，但未变成现实
1861 年	赖斯成功实现用电来传送声音
1873 年	麦克斯韦出版《电磁学通论》，提出麦克斯韦方程组，系统揭示了电荷、电流和电场、磁场之间的普遍联系
1875 年	贝尔了发明人类第一台电话机
1878 年	贝尔与同事在相距 300 千米的波士顿和纽约之间进行了首次长途电话实验，并获得了成功
1895 年	俄国的波波夫和意大利的马可尼分别实现了无线电信号的传送
1901 年	马可尼第一次建立了横跨大西洋的无线电联系
1948 年	香农提出了信息论，建立了通信统计理论
20 世纪 60 年代	数字编码和传输理论迅速发展

通信的本质是信息的传递，在电磁理论诞生之前的通信时代，人类只会用一些原始朴素而低效率的通信方法，而当通信插上电的翅膀之后，人类终于为信息找到了一个合适的载体与传输方法，通信得到了质的提升。

随着现代通信技术飞速发展和其他学科的交叉渗透，信息论的研究已经从香农当年仅限于通信系统的数学理论的狭义范围，扩展成信息科学的庞大体系，包含信息度量、信源特性和信源编码、信道特性和信道编码、检测理论、估计理论、密码学等范畴。

数学、物理等基础学科对于通信发展的贡献是不可磨灭的，并且远远不止于此。随着现代通信标准的提高，通信的各个环节需要更为坚实的数学、物理基础理论来帮助通信技术突破瓶颈、追求极致。

1.3.2　标准化组织：引导、加速通信发展

通信标准化组织（见图 1-15）的诞生历史并不长，但在通信发展尤其是现代通信发展的历程中却起到了非常关键的作用，扮演着统一标准并且引导、加速通信发展的不可或缺的角色。在通信标准制定与技术演进中，通信标准化组织的身影频繁地出现，有着很强的"存在感"。这可能也是通信行业相比其他行业的特色之处。

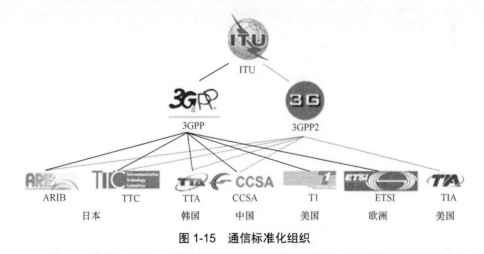

图 1-15　通信标准化组织

人与人之间交流的工具是语言，但人与人只有使用同一种语言才能顺利交流，而后来随着全球化的进程，人们对跨语言、跨文化交流有了更高的需求，因此才出现了翻译这一职业。通信也一样，通信设备之间能够互相通信也需要有共同的语言，只

不过它们通信的语言被称为通信协议，只有使用相同通信协议的设备才能够相互传输信息。

在通信发展早期，往往只有同一公司的通信设备才可以相互通信，慢慢地，由于区域内部互相通信的需要，发展出区域性组织，专门制定通信协议规范，解决不同设备之间的通信问题，最为成功的例子是欧洲 ETSI 制定的 GSM 通信规范，自 20 世纪 90 年代投入商用以来，被世界 100 多个国家采用，是 2G 的主流规范。

随着通信技术的不断发展，人们对不同区域之间的通信互联互通有了更高的要求，希望一部通信设备可以全球联通。1998 年 12 月，由 ETSI 发起的多个区域性通信组织共同组成的 3GPP 正式成立，致力于第三代移动通信标准的制定。

比较著名的通信标准化组织，有制定全球移动通信系统关键性能指标（KPI）的国际电信联盟（ITU），有制定 GSM 标准的 ETSI，制定 WCDMA、TD-SCDMA、LTE、LTE-A、5G NR 标准的 3GPP，制定 CDMA、cdma2000 标准的 3GPP2。此外，世界主要国家 / 地区也拥有自己的通信标准化组织（见表 1-7）。

表 1-7　世界主要国家 / 地区通信标准化组织

国家 / 地区	标准化组织
日本	无线工商业联合会（ARIB，Association of Radio Industries and Business）
	电信技术委员会（TTC，Telecommunication Technology Committee）
韩国	通信技术协会（TTA，Telecommunication Technology Association）
中国	中国通信标准协会（CCSA，China Communication Standard Association）
美国	T1 委员会
	电信产业协会（TIA，Telecom Industry Association）
欧洲	欧洲电信标准化协会（ETSI，Europe Telecommunication Standard Institute）

为什么通信技术演进需要有标准化组织来牵头呢？这主要是为了确保通信和网络设备有统一的标准。大家可能有这样的体验，在不同的国家和地区，充电插头和充电接口存在着差异，所以出国旅游还得带一个转接器，比较麻烦。通信也是如此，在通信世界，两个实体进行通信，只有接口（两个相邻实体之间的连接点）符合了一定的"规矩"，按照这种标准制定通信设备才可以互联互通。而通信标准化组织就是为制定统一的通信技术标准、使得全球互联互通这样的使命而生的。

此外，在产品认证、频谱管理、知识产权等方面，标准化组织在通信产业之中也起到了引导、聚合的作用（见图 1-16）。

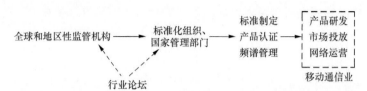

全球和地区性监管机构 → 标准化组织、国家管理部门 → 标准制定 产品认证 频谱管理 → 产品研发 市场投放 网络运营 移动通信业

行业论坛

图 1-16　监管机构、标准化组织、行业论坛和移动通信业之间的关系

制定通信标准的一般流程——以 5G 标准为例

　　一般认为，高通赢得了 5G 标准，根据高通中国的描述，5G 标准制定的具体流程大致分成 4 个阶段：问题发现和抽象阶段；定义系统关键性能指标（KPI）；制定并发布标准；标准完善与演进阶段。

　　（1）问题发现和抽象阶段

　　制定通信标准的第一步，就是找到新的问题，这些问题往往是现有标准难以解决的。例如，5G 的上一代，即 4G 的 LTE-Advanced 系统可以提供单小区（峰值速率）大约 1Gbit/s 的移动宽带接入服务，用户在网络质量好的情况下可以享受到大于 1Mbit/s 的用户体验速率，目前的视频、音乐、微信等各种 APP 都能正常运行。那么，是不是用这个版本就没有问题了呢？其实不是，还有至少两个问题需要解决。

　　① VR、AR 等新业务模式，用户需要更高的体验速率。在 ITU M.2083（IMT. Vision）中，提出了 5G 系统需要提供高达 100Mbit/s 的用户体验速率，以目前 LTE-A 的设计能力上限（32 载波聚合 +MIMO+256QAM）很难实现。

　　② 对于物联网（IoT）业务的优化。IoT 业务的应用场景囊括智能穿戴设备、智慧城市、车联网和工业控制等。这些应用场景被分为两类——海量物联网（mMTC）和高可靠低时延（URLLC）。mMTC 包括智能穿戴设备、智慧城市等场景，目标是提供极大的系统容量，为百万数量级的低功耗 IoT 终端提供服务。目前 NB-IoT 就是针对这种场景设计的，未来在 5G 的演进版本将会满足 mMTC 对应的百万终端连接能力、低功耗、大覆盖等设计指标。

　　URLLC 包括车联网、工业控制、无人机控制等场景，目标是在保证超低时延的同时，提供超高的传输可靠性。在移动通信系统设计中，高可靠传输通常是通过牺牲时延、进行多次重传（HARQ/ARQ）实现的，而低时延传输又通常是降低可靠性要求标准的，可以说二者是矛盾的一对设计指标。在工业控制场景中，控制信号要求 1ms 的传输时延内仅有 10^{-5} 的错误率。这个指标非常苛刻，即便采用了 Rel-14/15 优化后的 LTE 帧结构（Shorten TTI）也很难达到。同时，URLLC还定义了新的系统设计指标——可用性（Availability），即终端在绝大多数时间（如95%）都可以享受服务，同时中断服务的时间上限应小于某个门限（如10ms）。5G新需求如图1-17所示。

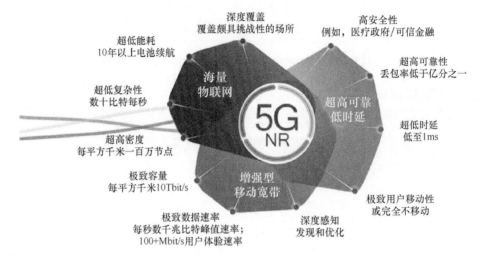

图 1-17　5G 新需求

在问题发现和抽象阶段，来自世界各地的5G工作组和论坛起到了巨大作用。这其中包括IMT-2020推进组（中国）、未来移动通信论坛（中国）、5GPPP（欧洲）、5G Forum（韩国）、5GMF（日本）、5G Americas（美国）和运营商论坛——NGMN。各个工作组、论坛分别搜集整理来自本国/地区的需求，并抽象成对应的场景。这些场景大部分都以白皮书的形式发布，成为5G系统设计的重要参考。

为了制定全球统一的5G标准，这些场景需要有一个国际性的权威组织统一整理，并且制定成正式的5G需求，最终发布。这个5G通信标准认定、发布的唯一机构就是ITU。需要注意的是，ITU只负责发布5G标准的场景和设计目标并最后评估、认定5G标准；ITU并不具体制定5G标准，这些具体技术工作是由3GPP、IEEE等行业标准化组织完成的。ITU在收到以上各个组织的输入信息后，经过会议讨论，发布了5G的场景和需求报告——ITU Recommendation M.2083-IMT.Vision，用以指导5G标准的制定。

（2）定义系统关键性能指标

归纳定义好通信场景后，就进入了系统设计阶段。我们需要针对每个场景抽象出通信系统需要具备的能力，也就是关键性能指标（KPI, Key Performance Indicator）。对于通信系统而言，应用场景是面向最终用户的，而系统设计则是工程师的工作。KPI

连接了用户和设计系统的工程师，就像是婴儿的脐带：源源不断为系统设计提供素材，为5G系统的成长提供营养。

IMT.Vision针对3个场景定义了一系列设计目标，其中包含了8个量化的KPI：数据峰值传输速率、用户可体验传输速率、时延、可靠性、单位面积的连接密度和流量密度、最大移动速度、频谱效率和网络能效。此外，还有一些设计目标（如安全和隐私保护、频率使用的灵活性、低功耗物联网终端的工作周期）不易被量化，被保留到制定标准阶段再具体定义。

需要特别强调的是，一个5G标准需要同时满足IMT.Vision中所有的KPI，才能称之为5G标准。也就是说，仅仅满足其中一项或几项的标准是不能称为5G标准的。目前看来，只有3GPP有制定满足一整套5G需求标准的计划，其他标准组织都聚焦在其中部分应用场景。

（3）制定并发布标准

KPI把场景量化到系统设计目标，之后就进入标准制定阶段。行业里有句话叫：标准组织搭台、企业唱戏。针对这些场景和KPI，各个公司的研发团队会分别选择关键技术并设计自己的解决方案。这些企业来自通信行业的各个协作角色：提供基站的华为、爱立信、诺基亚和中兴；销售芯片的高通、英特尔和展讯等；运营网络的中国移动、中国联通和中国电信等；制造手机的三星、联想、酷派、OPPO、vivo、苹果等。一些互联网巨头（阿里巴巴、Google、Facebook）和车企巨头（通用汽车等）也加入了3GPP参与5G标准制定的行列。

在各个技术方案提交到标准组织讨论之前，大多数会通过各个场合互相交流，并试图通过充分的讨论完善整个技术方案。这个时期的交流既包括各种5G峰会，也有行业内的大公司之间的交流，为的是统一思想、保证5G设计不出现方向性的分歧。

经过长时间的酝酿和准备，3GPP在2015年9月召开了一次5G研讨会，各家公司都描绘了心目中的5G关键技术。这些技术被总结、归纳之后，随后3GPP在2015年12月正式启动了5G标准的制定。简单地说，标准制定分为研究阶段和标准制定阶段，前者是确定技术方向（如信道编码采用Turbo、LDPC还是Polar），后者是确定具体设计（如LDPC的编码矩阵设计）。

在标准制定阶段，各个公司的参会代表将方案分别提交给对应的标准组织，并在标准会场进行技术讨论。通过充分的技术讨论，标准组织在每个技术点（编码、调制、多址、接入、波形等）分别选择出最优秀的技术方案，并根据这些方案设计出完整的通信系统。

标准通常并不记载全部的系统设计细节，而只规定必要的网络实体（如基站、终端、各种核心网逻辑设备）和不同网络实体之间的接口和通信方法。例如，基站与手机之间的信令会影响来自不同制造商的基站和手机之间的通信，因此需要被标准化；而基站调度小区内多个手机的方法是基站的实现方法，并不需要手机知晓，因此就不需要标准化。

标准完成后会正式发布，供所有行业内的公司执行。目前3GPP是按照版本（Release）发布的，版本之间间隔1～2年，一个版本内所有的新技术特征会统一发布。按照目前的计划，3GPP把5G标准分为两个阶段，第一阶段（Rel-15）在2018年的6月发布，这个版本尚未满足所有的KPI，因此不是严格意义上的5G标准。第二阶段（Rel-16）在2020年6月完成冻结，是真正的5G标准。

值得一提的是，中国力量在5G标准的制定工作中也有着举足轻重的地位。2013年年初，IMT-2020（5G）推进组由中国工业和信息化部、国家发展和改革委员会、科学技术部联合推动成立，并同时成立了3个工作小组：5G需求、5G无线技术和5G网络技术。2014年，5G需求小组完成了IMT-2020推进组的《5G愿景和需求》白皮书，并提交给ITU的需求讨论中。这份白皮书将5G归纳为4个场景：广域连续覆盖、热点高容量小区、高可靠低时延和低功率海量物联网。在ITU中，前两个场景被归纳为增强移动宽带（eMBB）业务，而后两个场景被直接采纳。同时，白皮书中5G的9个KPI有8个被ITU采纳。

中国推进组中的5G无线技术和5G网络技术组于2015年发布无线技术和网络技术白皮书。其中推荐的几个主要技术：UDN、Massive MIMO、新型多址、新编码、NFV、SDN和网络切片也都成为标准化的热点。我国在5G赛道大有可为。

（4）标准完善与演进阶段

实践是检验真理的唯一标准，这句话放在通信领域也一样正确。在商业应用中，5G标准将得到进一步的修改和完善，继续演进，止于至善。

1.3.3　用户需求与商业应用：通信发展的动力

基础学科的进步、标准化组织的推动，都影响着通信发展的进程。而作者认为，用户需求与商业应用，是通信发展永恒的根本动力，并且决定了通信的发展方向。

通信系统的发展与自然界中物种的进化也很类似。通信一直是一门很"入世"的工程学科，它的诞生、发展、演进，归根结底都是为了解决问题、满足需求。随着人类需求的多元化、高阶化，通信系统也将朝着不断满足用户需求，不断提升用户体验，不断适应商用场景，不断追求极致标准的方向发展。5G标准的诞生、演进历程也可以佐证——解决

4G 不能解决的问题，提供 4G 不能提供的体验，这便是 5G 的使命。

　　每一代通信系统的发展迭代，莫不如此。最初，电报的方便快捷取代了传统的书信，但电报未满足人们实时传声的需求，于是有线电话被发明了出来。渐渐地，人们想摆脱电话线的约束，希望随时随地地进行通话，于是，第一代移动通信——"大哥大"诞生。但采用模拟通信系统的"大哥大"，笨重得像砖头，通话质量也不好，于是工程师又设计了更轻巧、更敏捷、信号更好的数字电话系统（GSM）。有了数字通信系统之后，人们除了通话之外，已经可以传输一些简短的文字消息，但人们又提出，除了通话、短信，手机能不能再支持图片、视频、游戏，未来能支持 AR/VR、全息影像就更好了……于是，便有了 4G、5G。

　　此外，商业应用场景的发展，也同样地推动着通信的发展。例如，物联网（IoT）两类应用场景——海量物联网（mMTC）和超高可靠低时延（URLLC）的需求，都召唤了 5G 的到来，并为 5G 的发展提供了沃土。

　　人们对美好生活的追求是无穷无尽的，对通信体验的追求是永无止境的；商业应用的场景也是无穷无尽的，对通信技术的要求也是永无止境的。两股合力，最终共同推动了通信的发展，推动着历史的车轮，不止步地前进。

Chapter 2
第 2 章

信息奇遇记：点对点移动通信模型

第1章从宏观的、历史的角度，了解了通信的前世今生与发展动力。我们通过坐上时光缆车，遍历古今通信，对通信有了初步认识，不知道大家有没有感觉到，在千奇百怪的通信形式之中，有一些"本质"是非常相似，甚至保留至今呢。实际上，这种"本质"就是通信的最基本的理论支撑和结构框架。在本节中，我们就要抽丝剥茧，找出这种关键的"本质"，初步勾勒出一个通信系统的架构。

喜欢画画的朋友知道，想要画一只老虎，先画它的骨架，骨架摸透了，画出来的老虎自然形神兼具，血肉饱满。而一个系统只要能实现基本的通信，那么必然具备最基本的通信环节，具备通信系统的骨架。古往今来，无论是鸿雁传书、狼烟烽火，还是现代的4G、5G通信，基本的通信模型都没有本质的变化，只是内容更丰富了，细节更周到了。

要实现一个点对点的基本的有效通信，究竟要经过哪些环节呢？每个环节的设置，又是出于什么考虑的呢？让我们以结构与功能相统一的视角走进本章。

要知道，现代化的复杂通信系统并非是一蹴而就的，而是经历了无数的摸索，经过了无数的挫折之后，不断优化而形成的。一切通信系统的架构，都是围绕着如何更好地交换信息而设计的。每一个具体的器件或设备，必然有其特殊的意义，承担着特定的功能，这是环环紧密相扣的。这就是结构与功能相统一的视角。

我们将直面点对点移动通信模型实现过程中的各种实际问题，当一回"科学家"与"工程师"，站在当时人们的角度，探索出解决方案，从而理解模型中的各个环节对于工程应用有何实际意义。

在本章中，我们将从最朴素简单的通信入手，来理解点对点通信的基本模型，用现代通信术语来"拆解重构"通信方式，之后我们将在现代通信中验证，看看通信基本框架是不是仍然适用。

 # 2.1 画皮先画骨——通信系统基本架构

2.1.1 模拟通信系统架构

这一节我们希望能从一些具体案例中提炼出更具有一般性的东西，这比生硬地先给出一个框图或许更容易理解。我们把具有连续的随时间变化的波形信号称为模拟信号，语音信号是个典型的模拟信号。通常情况下，影像信号也是模拟信号，当你举起摄像机进行摄影时，通过凹凸镜成像的光学信号的变化当然也是连续的且随着时间变化的。

最初的通信系统，都是试图直接将模拟信号进行传输的，模拟通信系统的架构有哪些必要环节呢？让我们来一一道来。

1. 烽火狼烟

无论是对于烽火狼烟这种古老的通信方式，还是对现代通信而言，"信源"都是首要且必要的，顾名思义，即为信息的来源，是信息的产生者和发布者。无论是毫无异常情况的风平浪静，还是兵临城下的十万火急，总得先有一个信源输入，戍守烽火台的士兵才能做出相应的反应。

接下来，士兵就要完成他们的职责，将原始的信息转换为光学信号——烽火，我们把在输入端完成的基本信息形式变换的部分叫作"输入变换器"。烽火是模拟的光学信号，经过光的传播后，到达接收烽火信息的观察台，我们将信号传播的路径称为"信道"，在这个例子中就是光直线传播所走过的无线空间。而信道的质量，在这里即为天气是阳光普照还是阴云密布，天气会影响信号传播的距离和质量。最后，烽火的光信号再经由懂得烽火的军事意义的士兵读取出来，我们把这些士兵称为"输出变换器"，把读出的信息称为"输出信号"，而最终接收到输出信息的人称为"信宿"（见图 2-1）。

图 2-1　模拟通信系统基本框架（不含调制解调）

对于鼓点、旌旗等其他古代通信方式，这些要素都不可或缺，大家是不是对通信框架有了新的认识呢？

2. 传声筒的实验

说到这里可能有读者会问了，为什么总在古人的通信方式上绕圈呢，那好，我们就来探究下我们都很熟悉的例子——小学科学课上的"传声筒"。

"传声筒"很多人都玩过，说话的双方各拿一个纸杯分别充当听筒和话筒，杯底打一个小洞用于系棉线，这根棉线就充当电话线了（见图 2-2）。把棉线拉得直直的，这两个纸杯还真能凑合当小电话用，两个人隔开几米，一人在纸杯里说悄悄话，另一人可以听得清清楚楚，真是名副其实的"纸电话"。

同样的，说话的那个人就是发出原始信息的信源，当声波到达传声筒时，传声筒就充当了"输入变换器"的角色，将声音信号转换为绳子的振动，而绳子就是"信道"，将振动像水波一样传导到听话人那端的传声筒。同样的，在这里"信道"的特征——绳子的长短、粗细和材质同样影响着信号的传播。当振动抵达接收者那端的纸筒，纸筒再次充当"输出变换器"的角色，撞击空气，将信号又转化为声波的形式，最终抵达"信宿"——接收者。

与我们刚才梳理出的基本框架相比，是不是该有的骨架一点都没少？实际上，传声筒完全可以说是电话的原型。早在2500多年前，我们的祖先就掌握了这种技术，《墨子 · 备穴》中记录了最早的侦听器——"听瓮"。"听瓮"是一种在罐口蒙有一层皮革的陶罐，使用时将其一端置于地上，耳朵贴在另一端上，这叫"罂听"，能听出方圆数里士兵的行军脚步声或是马蹄声。传闻，在清代末年，以曾国荃为统帅的湘军进攻太平天国的都城天京（如今南京）时，太平军就将"听瓮"埋在城墙脚下，侦听湘军的一举一动。沈括的《梦溪笔谈 · 器用》更是记载了"听瓮"的原理与制作方法，完全就是古代版的纸话筒！在民间，"听瓮"的孪生兄弟"听管"被用来窃听机密，"隔墙有耳"就是这么来的。

3. 贝尔与电话

如果评选模拟通信的里程碑，那么贝尔发明电话这一事件肯定当之无愧。1878年，贝尔（见图2-3）在相距300多千米的波士顿和纽约之间首次进行了长途电话试验，取得了巨大的成功。当电话那端传来那遥远却亲切的人声时，就决定了这一瞬间将拉开人类现代通信发展的序幕！

图2-2 传声筒

图2-3 贝尔

贝尔是公认的电话之父，以他的名字命名的贝尔实验室更是因为一直引领通信的潮流而享誉世界。值得注意的是，贝尔原来是一个语音专业的教授，对发声原理有着深刻的认识，这对他后来发明电话或许不无裨益。

1844年，莫尔斯电报在华盛顿国会大厦的联邦最高法院会议厅诞生。真是有梦想谁都了不起，这个世界太疯狂了！牛顿说过，他能取得这么多成就是因为他站在巨人的肩膀上。贝尔同样如此，在他之前，欧洲已经有很多人在进行这方面的设想和研究。早在1854年，电话原理就已由法国人鲍萨尔设想出来了，6年之后德国人赖伊斯又重复了这个设想。原理是：将两块薄金属片用电线相连，一方发出声音时，金属片振动，变成电，传给对方。

但这仅仅是一种设想，问题是如何构造送话器和受话器，怎样才能把声音这种机械能转换成电能，并进行传送。

贝尔遇到的第一个挑战——怎样把声波转化为电信号？

最初，贝尔试图用电磁开关来形成一开一闭的脉冲信号，但是我们知道，声波的主要频率分布在 20 ～ 400Hz，对于这样高的频率，企图用机械式的电磁开关来实现信号的转换显然是行不通的。道理不难理解，凡是机械运动必有惯性，要改变物体的运动方向或运动方式必定需要时间，要设计一个每秒以非均匀方式"开—关—开"400 次的机械开关，未免太难实现了，机关枪都没这个速度。

最后的成功源于一个偶然的发现，1875年 6 月 2 日，在一次试验中，他把金属片连接在电磁开关上，没想到在这种状态下，声音奇妙地变成了电流。分析其原理，原来是金属片因声音而振动，在其相连的电磁开关线圈中感生了电流。

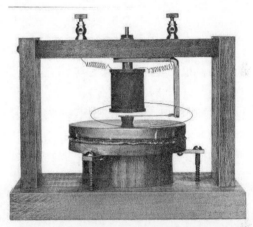

图 2-4 所示就是 1876 年贝尔发明的电话机的核心部分的素描简图，椭圆形圆圈所示的部分为电磁信号与声波信号的转换部分，即为"输入变换器"，我们可以清晰地看到那片薄薄的金属片，而传导承载着通话信息的电流的电线则承担了"信道"的功能。

图 2-4　1876 年贝尔发明的电话机的核心部分

这个电话显然与我们脑海中对固定电话的印象大相径庭，图 2-4 所示的部分既没有送话器（话筒）也没有受话器（听筒），这怎么打电话啊。

其实贝尔的设计中是有听筒和话筒的，要不然也不能将其称为电话了。不过样子委实怪异（如图 2-5 所示），你要是认不出它是电话，非说它是广播，那也没办法，谁让它弄了个那么大的话筒呢。

贝尔发明了电话，另一位大发明家爱迪生也没有闲着。1876 年，爱迪生发明了炭精式送话器，也获得了发明专利权。炭精式送话器比贝尔永磁式送话器更灵敏。故早期的电话机（如图 2-6 所示）基本上是爱迪生送话器与贝尔受话器的结合。

通过对烽火狼烟、传声筒以及最初形式电话的再认识，我们逐步构建并且不断验证了模拟通信"信源—输入变换器与发射机—信道—接收机与输出变换器—信宿"的框架。无论是哪种模拟信号，声波也好光学信号也罢，如果你想把它从一个城市实时地传送到另一个城市，在模拟通信系统的框架之下，你几乎无可避免地都会遭遇到"贝尔挑战"，即如何把它转换为对应的电信号。

图 2-5　贝尔的第一台电话机

图 2-6　电话机

我们在探讨贝尔与电话的时候，并没有提到为便于传输而将低频信号映射为高频信号的调制，也并没有提到多路电话之间的交换，而这恰恰是现代通信系统中非常重要的环节。之所以不涉及这部分内容，是因为贝尔发明的电话最初用于点对点的专线通信，距离也并不长，既不需要调制也不需要进行程控交换。此外，与通信相生相伴、如影随形的噪声，也是不可忽视的，它对信号在信道中传输造成的干扰，也需要在工程上重点考虑。经过此番修正后，我们就可以先睹为快，得出这样一个模拟通信系统的基本框架，如图 2-7 所示。

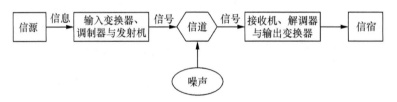

图 2-7　模拟通信系统功能框架

2.1.2　数字通信系统架构

了解了模拟通信系统的架构之后，我们再来看看现代数字通信系统的架构。实际上，数字通信系统架构是以模拟通信系统架构为基础的，只是多了一些环节：将模拟信源的输出转化为数字形式，消息通过数字调制后发送，再在接收端解调成数字信号，然后对数字信号进行译码，还原成模拟信号。看到这，大家心中也许有不少疑惑，为什么要多此一举呢？既然我们采集的是模拟信号，直观呈现给我们感官的也是模拟信号，模拟通信用得好好的，为什么还要来两次转换呢？放心，这绝对不是为了多收我们电话费，而是出于对工程应用上的实际考虑。又回到我们最开始说的，要有结构与功能相统一的视角，每一个环节都是有意义的。

数字通信系统相对模拟通信系统，无非是在发送端和接收端都增加了一个"模拟—数字"转换模块（ADC）。这个模块在日常的数码产品中很难用肉眼看到，不像进行"声—电"转换的话筒和听筒那样能给人留下直观的印象。但是，一旦提起"声卡""显卡"，相信大家都不陌生，大家去数码商城采购音响、电脑，销售人员言必称"声卡""显卡"。实际上，它们最主要的功能之一就是模数转换。

图 2-8　数字机顶盒

幸运的是，有一种家电的"模拟—数字"转换模块是独立的，那就是数字机顶盒（如图 2-8 所示）。我们原来的电视都是模拟电视，广电在闭路有线电视线上传输的也是模拟信号，现在正大力推广数字电视，而我们的电视终端却不能直接支持数字信号，所以不得不再在电视上叠加一个数字机顶盒，完成从模拟信号到数字信号的转化。除了模数转换，机顶盒也承担着授权在终端播放节目的功能，一旦检测到我们欠收视费，它可就不干了。

综上所述，我们给模拟通信系统增加一个"模拟—数字"转换模块，也就是俗称的"编码模块"，这成了数字通信系统的雏形，如图 2-9 所示。

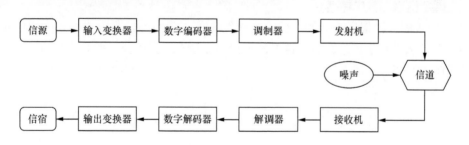

图 2-9　数字通信系统初步功能框图

在数字编码器这个功能模块上，有很多东西其实颇值得玩味。我们希望编码尽量简洁，不要啰唆，尽量减少冗余信息，对这一块内容的研究，我们称之为信源编码。

此外，我们发出去的编码一路上会受到噪声的干扰，也许会丢失不少信息。到达目的地后，我们希望接收端可以根据编码所包含的一些内容，对接收的信息"验明正身"，对信息的完整性做出一个判断，尽量还原原来的信息，不然如果传来的信息不完整，那可就麻烦大了。对这一块内容的探讨，我们称之为信道编码。我们就这样把数字编码器拆成了信源编码和信道编码两个功能模块，于是对图 2-9 再进行修正，可以得到图 2-10。

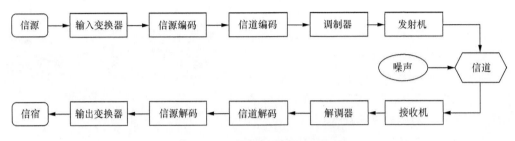

图 2-10　数字通信系统功能框图

了解了模拟 / 数字通信的基本框架后，可能有朋友会有这样的疑惑，"数字通信"和"模拟通信"的流程大同小异，为什么现在我们更多选择"数字通信"呢？那就让我们先来了解"模拟通信"与"数字通信"之争。

2.1.3　"模拟通信"与"数字通信"之争

大家都知道现在是"数字时代"，我们处于"数字化浪潮"之中，那么比起"模拟"，我们为何更青睐"数字"？数字通信和模拟通信又有哪些区别呢？下面让我们来一一揭晓。

1. 模拟信号与数字信号

在我们了解"模拟通信"和"数字通信"之前，我们得先明确什么是模拟信号（见图 2-11），什么是数字信号。简而言之，模拟信号是连续变化的、平滑的，而数字信号是可突变的、离散的。

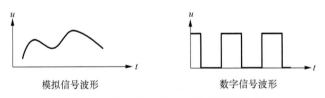

图 2-11　模拟信号波形和数字信号波形

模拟信号是指用连续变化的物理量表示的信息，其信号的幅度、频率、相位随时间连续变化，或在一段连续的时间间隔内，其代表信息的特征量可以在任意瞬间呈现为任意数值的信号，温度、湿度、压力、长度、电流、电压等都可以视为模拟信号。

实际生活中的各种物理量，如摄像机拍下的图像、录音机录下的声音、车间控制室所记录的压力、流速、转速等也都是模拟信号。模拟信号传输过程中，需要先把信息信号转换成几乎"一模一样"的波动电信号，这也是称为"模拟"的原因。之后，电信号通过有线或无线的方式传输出去，在接收端被接收下来，再还原成信息信号。

模拟信号算是非常"自然""原始"的一种信号，存在于自然界的很多物理量之中，而数字信号则是经过"人工处理"的，自然界中并没有天然的数字信号。

数字信号指自变量是离散的、因变量也是离散的信号，这种信号的自变量用整数表示（一般为 0 与 1），因变量用有限数字中的一个数字来表示。

数字信号是在模拟信号的基础上经过采样、量化和编码的"加工"而形成的，我们把这样的"加工"称为模数转换（A/D）。采样是把输入的模拟信号按适当的时间间隔得到各时刻的样本值，量化是把采样得到的样本值通过二进制码 0 与 1 来表示，编码则是把量化生成的二进制码排列在一起，形成顺序脉冲序列。

可能有朋友会问，既然模拟信号这么天然，那为什么还要多此一举进行模数转换，将模拟信号变成数字信号呢？

实际上，通信系统数字化也是到了现代才有的趋势，从贝尔发明电话到大哥大出现，通信人更多的时候不是在和无数的 0 和 1 打交道，而是在和各种复杂的连续波形打交道。可以说，在通信世界中，"模拟通信"是老大哥，"数字通信"只是初出茅庐的新秀而已。

数字通信相对于整个通信历史而言，很短很短，但是当通信从模拟时代进入数字时代之后，这一范式的转换带来了整个通信业的迅猛发展，使得通信的世界异彩纷呈。在现代社会中，数字技术的应用却远远超过了模拟技术。大哥大被小巧的智能手机取代了，胶片相机变成了情怀与怀旧的标志，就连模拟电视也即将被数字电视所取代。我们不禁要问，数字通信系统到底有什么好，为何俨然有一统江湖之势？

在这里借用一个经典的句式，当谈论数字信号和模拟信号、数字通信和模拟通信时，我们到底在谈论什么？实际上，数字信号和模拟信号都是信息的表征形式而已，因此，在讨论数字通信如此被青睐的原因之前，我们必须先追本溯源，看看信息到底是怎么一回事。

2. 信息的本质和度量——香农信息论

对于信息这个词语，我们其实是既"熟悉"又"陌生"的，一方面，"信息爆炸""信息时代""信息技术"等各种名词每天都会轰炸我们的耳朵，似乎什么东西穿上"信息"这一马甲，就会马上高级起来；另一方面，对于信息本身，我们其实很少有系统性的认识，信息的本质是什么，该如何度量。

我们都知道，世界是由物质、能量、信息组成的整体，我们无时无刻不在接收着各种各样的信息，而世界上的所有生物也都能对特定信息做出反应。但实际上，相对于有形的物质和易被度量的能量而言，整个人类族群对于看不见摸不着的信息的认识也都还处于非常初步的阶段。我们对于信息的界定很长时间是蒙昧、模糊而含混的，甚至带着一丝"有即是无，无即是有"的神秘主义色彩。

直到香农（Shannon）于1948年在《贝尔系统技术学报》上发表了《通信的数学理论》一文，现代信息论才正式拉开了序幕，为信息科学的发展打下了关键基础（见图2-12）。香农认为，信息是用来消除随机不确定性的东西，这一定义被奉为经典并沿用至今。他进而提出"信息熵"的概念，当随机变量 x 的概率密度函数为 $p(x)$，则 x 的熵定义为式（2-1）。

$$H(x) = \sum_x p(x)\log_2 p(x) \tag{2-1}$$

信息熵的意义是随机变量的平均不确定度的度量，而"信息熵"的量纲是什么呢？就是我们熟知的比特！也就是说，"信息熵"表示的是在平均意义下，为了描述随机变量 X 所需的比特数，可以用于推算原信息在二进制编码后所需的信道带宽。通过这一等式，连续的概率密度函数被量化为具体的"信息熵"，这是不是也能理解成一种模数转换呢！

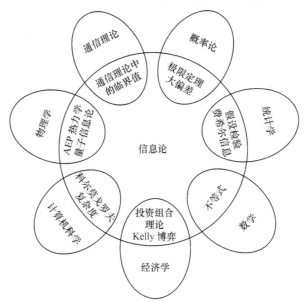

图2-12　学科交叉的典型——信息论

在信息论中，比特是表示信息的最小单位，是二进制数的一位包含的信息，也可以形象地理解成2个选项中特别指定1个时所需的信息量，因此 n 比特信息量就可以表示2的 n 次方种选择。

在物理实现上，电子晶体管由于半导体性质发生的通路和断路就对应了二进制的1和0，而由电子晶体管构成的逻辑电路，则由若干个基本的电路单元——"与门""或门"和

"非门"电路组成。逻辑电路以二进制运算为原理，从物理层面实现了数字信号的逻辑运算（见图 2-13）。逻辑电路分为组合逻辑电路和时序逻辑电路，前者不具有记忆和存储功能，输出值仅仅取决于当前输入值，后者包含反馈电路，输出值由当前输入值和过去输入值共同决定。由此一来，信息论与物理层面的实现完美契合，信息的数字化度量、数字化处理都成为可能，为通信系统的数字化打下了坚实的基础。

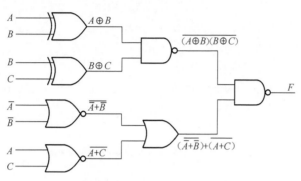

图 2-13 逻辑电路示例

3. 后来者居上：数字通信的优势

数字通信相对于模拟通信的第一个突出的优点在于，数字通信能更优地处理噪声并将其影响降低至最低限度，抗干扰能力更强。信道噪声或者干扰造成的差错，原则上都可以通过差错编码加以控制。

数字通信的这个优点在长距离通信时显得尤其重要。数字传输允许通过数字中继器对数字信号进行再生处理，这样就可以在每个再生节点消除噪声的影响（如图 2-14（a）所示）。而与此相反，长距离传输中叠加到模拟信号上的噪声会随着模拟信号电平的周期性放大而逐次累积（如图 2-14（b）所示）。不知道大家有没有玩过传话游戏，第一个人把指定的几句话以说悄悄话的形式告诉另一个人，依次传递下去，传到最后那个人时，就早已不是原来的那几句话了，错误的不断积累会导致越传越离谱。但如果直接传递写着几个数字的字条的话，相信就很难传错了。数字通信在抗干扰性上优于模拟通信的道理也是类似的，数字通信的接收端只需要处理好"0"和"1"，而不用理会千奇百怪的波形，能更好地避免失真。

数字通信的第二个优点是便于保密，我们可以对基带信号进行人为的扰乱以实现加密。比如说面对"00110100110001"这么一长串二进制比特，我们可以对其加上一串伪随机序列"01011100101001"，加上的这部分是加密算法在明文和密文相互转换时所需要输入的特定参数——"密钥"。如果第三方要知道原来的信息，他就必须要知道所采用的加密算法和密钥，破译难度是非常大的。当然，我们这里的加密算法仅仅是一个二进制加法，未免显得过于简单，实际应用中的加密算法和密钥都比这个要复杂得多。

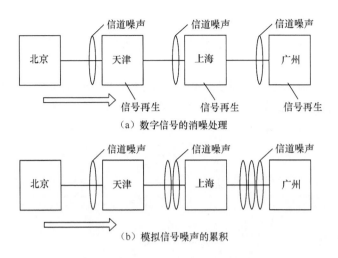

（a）数字信号的消噪处理

（b）模拟信号噪声的累积

图 2-14　噪声数字信号和模拟信号的影响

数字通信的第三个优点是实现的成本比较低，成本就是竞争力嘛！模拟电路一般由电容、电阻、电感等模拟元件组成，集成度低、功耗大，而数字电路主体由高度集成的大量晶体管组成，功耗小、可靠性强、成本低，适合工业大规模生产和使用。

数字通信的第四个优点是存储方便，现在一台小小的手机就可以存储很多首音乐、很多部电影，在模拟时代，这可是需要很多盘磁带、很多卷胶片呢，不知道能堆满多少间屋子！

由于数字通信的规则性和离散性，数字系统还有着便于多路信号并行传输、便于利用时隙交换来交换用户数据的优点。多路信号复用传输，相当于几条小车道上的几路车流，有条不紊地按照一定顺序排着队汇入一条单行道，等到需要解复用时再按照原来的车道分开。而时隙交换则是通过一个像交通指挥员一样的交换网络，让数字信号从一条车道进入另一条需要它的车道（见图 2-15）。

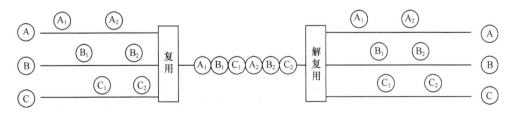

图 2-15　数字信号的复用

4. 王者的回归：模拟通信或重回主流

既然数字通信有这么多优势，那么是否可以说数字通信将永远称霸通信江湖，模拟通信将永归落寞呢？实则不然。

有句话说，通信的世界，过去是属于模拟的，现在和将来是属于数字的，但未来的未来必定还将是属于模拟的。

这番话或许不无道理，大家已经知道，我们自然界中的原始信息和我们人类接收到的信息，都是模拟信号，而现在采用数字通信，实则是为了降低噪声干扰的影响，同时便于计算机处理的无奈之举。理论上，使用模拟信号才是未来通信的理想状态，现在使用的数字信号是对模拟信号的模仿和逼近。

模拟信号变为数字信号，要经过采样、量化、编码等环节。虽然奈奎斯特定理已经证明了在一定条件下，当采样频率大于两倍带限信号带宽时，信号可以完全由其采样样本来恢复，但是我们知道，冲激采样（只对一个时刻采样）在物理上是不可实现的，即使是零阶保持采样（把第 nT 时刻的采样信号值一直保持到第 $(n+1)T$ 时刻的前一瞬时，把第 $(n+1)T$ 时刻的采样值一直保持到 $(n+2)T$ 时刻，依次类推，从而把一个脉冲序列变成一个连续的阶梯信号）也不可能真正实现，没有这样理想的物理器件，因此在采样环节上不可避免地存在失真。

采样之后得到的电平值，还必须经过量化，数字通信系统是无法处理无限多个电平值的，必须要将其按区间划分，变成有限多个电平值，才能转变为数字。在量化这个环节，也同样不可避免地存在失真。通常量化单位都是2的倍数，量化位数越多，量化误差就越小，量化结果就越好。在实际的量化过程由于需要近似处理，因此一定存在量化误差，这种误差在最后数模转换时又会再现，这种误差被称为量化噪声。通常可以通过增加量化位数来降低这种量化误差，但当信号幅度降低到一定值后，量化噪声与原始模拟信号之间的相关性就更加明显，难以分离。

需要对量化后的离散信号进行编码，这是模拟信号转换为数字信号的最后环节，经常采用并行比较型电路和逐次逼近型电路实现，由于压缩算法，信息会进一步损失。

可见，数字通信并没有我们想象得那么完美，反观之，模拟信号的优势在于其精确的分辨率，理想情况下，模拟信号分辨率是无穷大的，从而信息密度更高。由于没有经过"加工"，没有量化误差，模拟信号可以对自然界物理量的真实值进行最为精确的还原。

实际上，在过去的某些特定场景中，也的确存在模拟通信系统优于数字通信系统的情况。比如说，很多老电影、老照片是采用胶片摄像机拍摄的，它的原理是通过凸透镜（镜头）使得光信号在胶片上成像。当时的胶片能够更加细腻地体现场景的细节和氛围，虽然清晰度没数码照片高（由于噪声和干扰的影响），但在色彩、光线变化、影调等各个方面都比数码照片过渡地更为自然。

此外，达到相同的效果，模拟信号处理比数字信号处理更简单，可直接通过模拟电路组成元件（例如，运算放大器等）实现，而数字信号处理往往需要设计专门的复杂算法，需要通过专门的数字信号处理器来实现。

所以说，"未来的未来必定还将是属于模拟的"不无道理。随着电子硬件性能的提升，采样精度不断提高，量化失真不断减小，编码算法不断优化，数字通信也逐渐趋近于模拟通信。这就像用正 n 边形模拟圆形一样，数字 n 越大，越逼近圆形，虽然总有误差，但总会越来越趋近于理想的圆。从这个角度而言，模拟通信是通信系统追求的理想目标。

 ## 2.2 信息奇遇记：信息在无线数字通信框架中的旅程

在本章前文中，我们已经对点对点通信基本框架有了一个宏观的俯瞰，相信大家在脑海中已经初步形成了通信框架的概念。而信息在通信的不同环节，也在不断地"变身"，有着不同的名字：从信源信息到基带信号、数字信号、射频信号、无线电波。

下面，让我们跟随"信息"的第一人称视角，体验信息在无线数字通信框架之中的"奇遇记"。

2.2.1 信息奇遇记第一站：信源与输入变换器

1. 信源的发展：信息爆炸的根源

通信的本质是什么？是信息的传输与交换。萧伯纳曾言，"你有一个苹果，我有一个苹果，彼此交换，我们仍然是各有一个苹果；但你有一种思想，我有一种思想，彼此交换，我们就都有了两种思想。"信息的交换显然可以带来极大的价值。

我们已经知道，通信系统的发展，从原始的点对点通信模型到 2G、3G、4G、5G，其通信的本质并没有改变，核心的变化是信息传输能力的提升，具体表现为传输得更快（低时延）和传输得更多（传输总量 = 传输时间 × 传输速率，传输速率提升）。由我们之前探讨的"通信进化论"可知，正是由于需要被交换的信息量快速增长，推动了通信系统的更新迭代。

我们再进一步溯源，为什么近几十年来，需要被交换的信息量呈爆炸式增长呢？本质上是因为信源的发展。

最初，打字机和 PC 诞生，文字这一古老的信息形式得以更便捷地传播、交换，人们可以用电报传递文字信息；麦克风的诞生使得语音这一信息形式可以通过电话在人与人之间交换；视觉信息占有人类获得信息总量的最大比例（约 83%），随着 CMOS（图像传感器）、镜头精度的发展，图片、视频清晰度越来越高，单个照片和视频的数据量越来越大；未来，随着科技发展，可能会有"3D 摄像机""全息影像摄像机"等新信源（或信源捕捉工具）形式出现，创造全新的信息形式，进一步提升通信所传递信息量的数量级。可以认为，信源的发展是信息爆炸的根源。

作者认为，需要通过通信系统传播、交换的信息的增长量来自于三部分：Δ 原来信源形式的普及带来的信息增量 +Δ 原来信源形式质量的提升带来的信息增量 +Δ 新信源形式的出现带来的信息增量。

2. 信源形式的变迁：从文字、语音、图像、视频到 VR/AR

从古至今，能够被传输、交换的信息的形式经历了从文字、语音、图像，再到视频的变化历程，并有着向 AR/VR 发展的趋势。5G 的低时延、大速率为 AR/VR 的大规模商业应用提供了条件，例如，VR 课堂、AR 办公、AR 购物、VR 直播、远程手术等。

有读者可能会问，为什么信源要这样变化呢？一个很简单的办法就能让大家体会到信息形式更迭的重要性，假如把你的智能手机换成"小灵通"，刷不了朋友圈，看不了短视频，只能收发短信、拨打电话，相信，很少有现代人能长时间忍受得住。正因为有了信息形式的发展，世界的精彩与丰富才更直观、生动、便捷地展现在我们眼前，我们与世界的连接才变得更紧密（见图 2-16）。

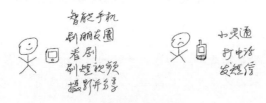

图 2-16 漫画场景

信息的形式是为其内在意义服务的，而信息的意义，无非就是描述世界和表达自我。我们在孜孜追求着更为细腻、生动、精确的描述世界和表达自我的方法，所以，自然要以信息形式的发展来一步一步逼近真实的世界。

例如，以文字描述"一个红苹果非常好吃"，不如一个人以语音带着情绪来描述出这个苹果是如何好吃的，语音描述又不如直接给出红苹果鲜艳欲滴的照片，给出照片又不如观看一段吃红苹果的视频，观看视频又不如通过 AR/VR 技术身临其境（见图 2-17）。这样一来，你就能想象出，在细腻、生动和精确程度上，越低阶的信息形式越抽象，越不占优势，越高阶的信息形式越具体，越占优势，整体的发展趋势是向真实的物理世界靠拢。

有些朋友可能会思考，AR/VR 是不是信息的终极形式呢？严格来说，AR/VR 并不是一种单纯的信息形式，而是图像、视频、音频、气味、触感等多种信息形式的组合。我相信，AR/VR 在未来足以以假乱真，无限逼近现实世界，甚至超越现实，突破以信息模拟世界的框架，构造出虚拟世界。随着脑机接口等技术的发展，有可能真能实现"缸中之脑"的故事，通过电流刺激大脑皮层，直接让人凭空获得虚拟的知觉与体验。

图 2-17　AR/VR 场景

随着未来科技的发展，信息形式的发展将会拥有新的形式，突破我们想象力的极限，而那时虚拟与现实的界限，又将如何定义呢？这个问题，就留待大家思考与探索了（见图2-18）。

图 2-18　不同的信息形式

值得注意的是，信息的质的变化并不意味着这些信息形式到今天才被"创生"，例如，古人很早就对绘画、音乐、戏剧有了认识，对应的信息形式就是音频、图像、视频，但在当时，这样的信息形式只是直觉地由感官所感知到的，在当时没有被信息化地采集、处理、存储的条件，所以并不能说是当时通信的主流信息形式。而随着人类信息的采集、处理、存储能力的提升，这些信息形式的传输与交换逐渐成为可能，登上了主流的舞台。

可以说，信源形式的发展促进了通信的发展，也可以说通信的发展为不同的信源形式成为主流提供了用武之地，信源的发展和通信的发展是相辅相成的。

同样，信息形式的发展也影响了商业，每次通信的主流信息形式或者说信息载体的革新，都会催生出一大批相关的巨头企业，蕴藏着巨大的机会（见表 2-1）。

表 2-1　数字通信时代不同信息形式催生商业巨头

信息形式	文字	语音	图像	视频	AR/VR
通信形式	电报 / 短信	电话	彩信 / 传真	视频通话	AR/VR 会议
代表企业	美国电话电报公司	美国电话电报公司、中国三大运营商	柯达（传统），索尼（数码）	优酷 / 抖音 / 快手	—

3. 信息量的增长：从 1bit 到 1TB

虽然不同的信源形式看起来差异非常大，但在数字通信时代，各种信息其实都会被"打回原形"，从物理世界进入通信系统之前，都会进行信源编码而被转换成一段比特串，完成从物理世界到数字世界的映射。随着信息形式的发展，信息量有显著提升。相比之下，相对低阶的信息形式（例如，文字）承载的信息量小，所需要用的比特也少，相对高阶的信息形式（例如，视频、AR/VR）承载的信息量大，所需要用的比特也多（见表 2-2）。

表 2-2　不同信息形式的大小

信息形式	一篇文档	一首歌曲		一张图片		一部视频				
格式	Word	MP3	WAV	JPG	RAW	RMVB	MP4	MKV	AVI	蓝光
大小	约 30KB	约 6MB	约 50MB	约 6MB	约 60MB	约 300MB	约 300MB	约 800MB	约 2GB	约 40GB

信息字节学上，1TB=1024GB，1GB = 1024MB，1MB = 1024KB，1KB=1024B，1B=8bit，其中 B 代表 Byte 字节，bit 代表比特，即一位二进制数。可见，一部蓝光电影和一篇文档的大小相差了一百万倍！这该给通信系统带来多大的挑战啊！

我们运用通信系统交换的信息形式从电报（文字形式）到电话（音频形式），再到视频通话（视频形式），未来还可能通过 AR/VR 技术进行隔空会议。一方面，信源在形式上的变化，丰富了我们与他人、世界的交流方式；另一方面，需要交换的数据量（比特量）的爆炸式增长，给通信系统带来了压力，促使通信系统各部分进行相应升级。

4．输入变换器：将信源信息转换为电信号

信源发出信息后，到达输入变换器进行变换。输入变换器的作用是把信源发出的信息变换成电信号。例如，贝尔发明的电话中的话筒中振动的簧片，把信源（人的声带）发出的信息（声波）转换为金属簧片振动，由电磁感应产生电流，从而把信源发出信息最终变换为电信号。不过，现代的数字通信往往直接对信源发出的模拟信号进行采样，转化为数字信号，从而省去了用电信号来模拟原信号的环节。

这样的还没有经过调制的原始电信号被称为"基带信号"，其特点是频率较低，信号频谱从零频附近开始，具有低通形式。

2.2.2 信息奇遇记第二站：信源编码

信源编码有两个基本功能：模数转换和数据压缩。

一是模数转换（A/D），现代通信制式都是数字制式，从模拟信号到数字信号，需要解决的就是如何把连续转化为离散的问题。当信源给出模拟信号时，模数转换器通过"采样""量化"两个步骤将其转换成数字信号，以实现模拟信号的数字传输。二是基于信源输出符号序列的统计特性，对转换后的数字信号进行"编码"，也就是我们常说的数据压缩，消除数据冗余度，通过算法减少码元数目，降低码元速率，从而提升信息传输的有效性，使各码元所载荷的平均信息量最大，同时又能保证无失真地恢复原来的符号序列。

1．声音是如何变成比特流的——奈奎斯特采样定理

一个连续的语音信号是如何转变为"0""1"交错的比特流的呢，这就是本节要讨论的内容。

大家回忆一下我们在初中时画正弦曲线 $y=\sin x$ 的时候是怎么做的，老师会要求我们尽量多地描出一些点，比如（0，0）、（$\pi/6$，1/2）、（$\pi/4$，$\sqrt{2}/2$）等，在坐标轴上描图，然后用光滑的曲线把这些点连接起来，就成了连续的正弦函数曲线图。

我们使用的"模拟—数字"变换技术与上述过程有异曲同工之处，从时间轴上等间隔地取 N 个时间点，然后取 N 值，这个过程称为"采样"。

问题就来了，究竟要取多少个点，原有的连续时间信号所含的信息才不会丢失，才能完整地保留下来，然后被还原？

凭我们的第一直觉，往往认为肯定需要无穷个点才能保证信号能不被丢失地还原，也就是采样频率为无穷大。然而，奈奎斯特却给出了一个论证，他证明了如果一个信号是带限的（它的傅里叶变换在某一有限频带范围以外均为零），如果采样的样本足够密的话（采样频率大于信号带宽的两倍），那么就可以无失真地还原信号。这个结论被称为奈奎斯特采

样定理。

对于奈奎斯特采样定理，有着严格的数学证明，在这里仅举一个实际的例子，让大家对此有一个直观的认识。

看电影的时候，电影播放的画面是连续的吗？和眼睛直接看该场景会是一样的吗？非也，电影里的世界和我们眼睛里直接看到的世界是有差别的，匪夷所思吧。

实际的电影播放不是连续画面，而是由一张张的胶片或者说一帧帧的画面组成的，其中每一帧都代表着连续变化景象中的一个瞬时画面（也就是时间样本）。当以足够快的速度来看这样连续的样本时，我们就会感觉到是原来连续活动景象的重现，一般情况下每秒要采集多少样本，眼睛才会觉得这是连续的画面呢？电影的通常做法是每秒播放 24 帧，也就是说采样频率是 24 就够了，眼睛会对画面有一个非常短暂的"视觉停留"，这相当于对样本信号的一个内插来还原信号的过程。所谓"内插"，用中学数学的话来说就是把你刚才描的点用线连起来，形成了一个函数的图形。下面用图 2-19 来描述眼睛对电影画面的"内插"的原理。

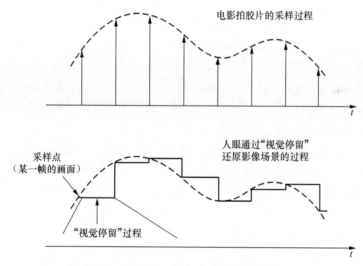

图 2-19　电影的 24 帧与人眼的"视觉停留"

图 2-19 中的"内插"或者说"视觉停留"用"信号与系统"的话说就是"零阶保持"了。

话说这 24 帧的采样频率真的够吗，对于绝大多数情况下是够了，不过有一种情况下可能就不够了。比如说马车的轮子，要是这个轮子运动得飞快，一秒不止转 12 圈的话，也就是说 24 帧采样频率不够的话，那么问题就来了，在电影中甚至会看到轮子朝运动相反的方向转动的情况，相信很多人有过这样的体验。我们称这种情况为"欠采样"，那么这个情况是怎样发生的呢？请看图 2-20。

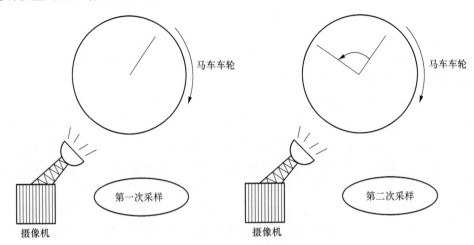

图 2-20 电影拍摄时马车车轮的转动情况

摄像机每秒拍摄 24 帧画面，也就是 24 张胶片。我们假设马车车轮每秒转动 18 圈，那么采样频率就达不到 2 倍频，就会出现"欠采样"的情况，不能完整地反映马车的运动情况。

两次采样的间隔是 1/24s，马车车轮是顺时针转动的，在此段时间内可以转动（1/24）×18=3/4 圈，也就是说顺时针转动 270°，然而从人眼中看就好像是逆时针转动了 90° 一样，从而造成了轮子反着转的错觉，术语也称之为"混叠"。

那么奈奎斯特采样定理对我们将语音的模拟信号转换为比特流有什么实际的意义呢？

人发出的声音的频率一般为 85 ～ 1100Hz，而 1 ～ 4kHz 也是人耳非常敏感的频率范围。奈奎斯特采样频率选定为 8kHz 就基本可以满足手机通话的需求，实际上，GSM 规范规定的 GSM 手机采样频率正是 8kHz。

2. 从原始分到标准分——量化

奈奎斯特采样定理其意义在于它提供了从连续时间信号向离散时间信号转换的通道，使得利用离散时间系统技术来实现连续时间信号成为可能。但奈奎斯特采样得出来的结果，只能称为"离散时间信号"而不是真正意义上的"数字信号"。

道理很简单，采样的采样值还是随信号幅度连续变化的，即采样值 $m(kT)$ 可以取无穷多个可能值。假设要用一个 N 位二进制位组来表示该数值的大小，以便对该信号进行数字化处理，但是 N 位二进制比特只能表征 $M=2^N$ 个电平值，而不能与无穷多个电平值相对应。这样一来，采样值必须被划分为 M 个离散电平，此电平被称作量化电平。

可以这样说，采样的作用是把一个时间连续信号变成时间离散的信号，而量化则是将取值连续的采样变成取值离散的采样。

量化也分为两种，一种是均匀量化，另一种是非均匀量化。

（1）均匀量化

把输入信号的取值等距离分割的量化称为均匀量化，如图 2-21 所示。这种量化方式有点像当年的标准分数制度，我国以前采取过 5 分制，把 81 ～ 100 的原始分规定为 5 分，61 ～ 80 规定为 4 分，41 ～ 60 规定为 3 分，21 ～ 40 规定为 2 分，1 ～ 20 规定为 0 分，颇有点优秀、良好、及格、不及格这种粗略评价的感觉。

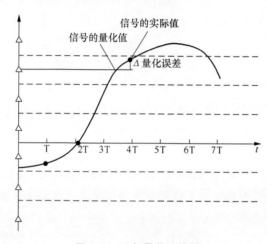

图 2-21 均匀量化示意图

我们在图 2-21 中将纵坐标划成均匀的一个个的区间，每个区间的间隔称为量化间隔 Δv，每个区间的中值取为量化电平。量化间隔取决于输入信号的变化范围和量化电平数。以上两个参数确定后，量化间隔也被确定。例如，假如输入信号的最小值和最大值分别用 a 和 b 表示，量化电平数为 M，则：

$$\Delta v = \frac{b-a}{M}$$

量化的优点是方便进行数字处理，缺点是产生了失真，也就是图 2-21 所示的量化误差。这种失真通常也称为量化噪声。量化噪声由量化前的连续随机变量与量化后的离散随机变量的均方差来进行度量。

（2）非均匀量化

均匀量化有一个比较要命的问题，就是对于小信号而言误差比较大，信噪比太低，这个事情怎么说呢，下面举一个例子进行说明。

假设一个信号的变化范围为 [0，10]，量化电平数为 10，那么取每个区间的中值为量化电平，就分别为 0.5，1.5，2.5，…，9.5。

那么对于小信号 0.9，在第 1 个区间中，所以其量化电平为 0.5，那么其信号功率为 $S_0=(0.9)^2=0.81$，量化噪声功率为 $N_0=(0.9-0.5)^2=0.16$，因此信号与量化噪声功率比为：

$$\left(\frac{S_0}{N_0}\right)_{dB}=10\lg\left(\frac{0.81}{0.16}\right)\approx 7\text{dB}$$

那么对于大信号 9.9，在第 10 个区间中，所以其量化电平为 9.5，那么其信号功率为 $S_0=(9.9)^2=98.01$，量化噪声功率为 $N_0=(9.9-9.5)^2=0.16$，因此信号与量化噪声功率比为：

$$\left(\frac{S_0}{N_0}\right)_{dB}=10\lg\left(\frac{98.01}{0.16}\right)\approx 27\text{dB}$$

由此可以看出，均匀量化对于小信号而言，其信噪比太低，远远低于大信号的信噪比，而对于语音信号而言，一般又是小信号居多。这种现实的矛盾使得均匀量化越来越不适合于通信应用，于是就出现了非均匀量化。

实际中非均匀量化的实现方法通常就是将采样值经过压缩后再进行均匀量化。所谓压缩就是用一个非线性变换电路将输入变量 x 变换成另一个变量 y，即 $y=f(x)$。非均匀量化就是对压缩后的变量 y 进行均匀量化的过程。

通常使用的压缩器中，大多采用对数式压缩，即 $y=\ln x$，目前美国采用的是 μ 律压缩，我国和欧洲采用的是 A 律压缩，下面就来介绍一下 A 律压缩。

所谓 A 律压缩就是压缩器具有如下特性的压缩律：

$$y=\frac{Ax}{1+\ln A},0<x\leqslant\frac{1}{A}$$

式中，x 为归为一化的压缩器输入电压；y 为归一化的压缩器输出电压；A 为压扩参数，表示压缩程度，在实际中，往往选择 $A=87.6$。

由于在电路上实现这样的函数规律极其复杂，所以在实际应用中通常采用近似于 A 律函数规律的 13 折线（$A=87.6$）的压扩特性，13 折线的示意图如图 2-22 所示。

由图 2-22 可以看出，y 轴实际上是 x 轴的函数，是 x 轴的非均匀映射，通过这种方式，就可以通过 y 轴的均匀量化实现 x 轴的均匀量化。

上面所述的是发射端的压缩，至于接收端对信号的扩张，实际上就是压缩的反过程。

3. 从《蒹葭》和《在水一方》说起——也谈编码

经过了奈奎斯特采样和非均匀量化后，就得到了我们想要的比特流了吗？No！经过量化后我们只不过得到了一堆量化电平值，怎么对这些量化电平进行编码让其变成比特流，那还是一件颇伤脑筋的事情。

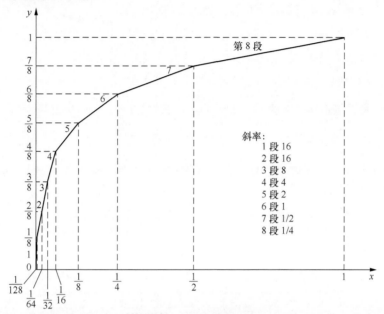

图 2-22　13 折线示意图

无论采取哪一种编码，它描述的都是一个连续时间的语音信号在离散域上的映射，反正描述的东西都是一个，我们自然希望编码越简单越好，效率越高越好。

说到编码，在本小节中的意思就是将量化电平转化为二进制比特流的过程。其实作者认为完全不必理解得这么狭义，可以从更广的视角来理解编码。比如说语言就是对人类的事物和情感进行的编码，对于同一件事情，在人类世界可能有多种编码（语言）与之对应。比如说我爱你，英语的编码就是 "I love you"，法语的编码是 "je t'aime，je t'adore"，德语的编码是 "Ich liebe dich"，意大利语的编码是 "Tiamo"。与此类似的，对于同一个量化电平，也可能有多种编码方式，比如说 PCM、DM、DPCM，它们用各自不同的方式来阐述同一个量化电平。

编码有一个很重要的问题就是效率问题，通信系统的资源是宝贵的，自然希望对一个量化电平的阐述能够尽量节约一点，占用少一点的电平。下面用一个稍微夸张一点的例子说明什么是编码的效率。

当你在河边漫步的时候，无意间发现一位佳人，一袭白裙飘飘，清新脱俗，温婉可人，令你心生爱慕，相思难断，你打算如何用文字（编码）来表达你的这份思绪呢？

琼瑶和《诗经》分别用《在水一方》和《蒹葭》给出了不同的答案。

《在水一方》

绿草苍苍 / 白雾茫茫 / 有位佳人 / 在水一方

我愿逆流而上 / 依偎在她身旁 / 无奈前有险滩 / 道路又远又长

我愿顺流而下 / 找寻她的方向 / 却见依稀仿佛 / 她在水的中央

《蒹葭》

蒹葭苍苍 / 白露为霜 / 所谓伊人 / 在水一方

溯洄从之 / 道阻且长 / 溯游从之 / 宛在水中央

单从编码效率而言，《在水一方》和《蒹葭》高下立判，至于诗词的优美程度，那就不是本节需要评判的内容了。

下面我们来讨论一下 PCM 和 DPCM 编码，看看后者相比前者做了哪些改进从而提高了编码效率。

（1）PCM 码

值得注意的是，真正的通信系统中应用的 PCM 编码是采用 A 律 13 折线法的，用 8 个 bit 位来表征，共可以表示 2^8=256 个电平。为了简便起见，我们用 4 个 bit 位的 PCM 编码来说明问题。4 个比特可以表征 16 个量化电平，最高位比特设置为极性码，当电平值为正时取"1"，为负时取"0"，如图 2-23 所示。

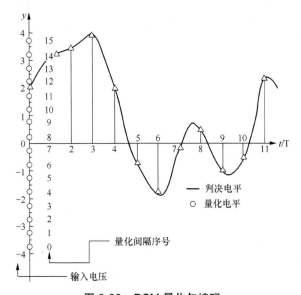

图 2-23　PCM 量化与编码

图 2–23 中共有 16 个量化区间，其量化间隔为 0.5V，各个量化区间的判决电平依次为 −4V，−3.5V，…，3.5V，4V。16 个量化电平分别为 −3.75V，−3.25V，…，3.25V 和 3.75V。图 2–23 显示了 12 个采样值电平，下面对它们进行编码（如表 2–3 所示）。

表 2-3　PCM 量化与编码

采样时间	6T	5T	7T	8T	4T	0	1T	2T	3T
采样值	−1.76	−0.75	−0.2	0.4	1.9	2.1	3.2	3.4	3.9
量化电平	−1.75	−0.75	−0.25	0.25	1.75	2.25	3.25	3.25	3.75
二进制编码	0100	0110	0111	1000	1011	1100	1110	1110	1111

请注意，凡负电平其高位都是 0，凡正电平其高位都是 1，所以最高位也称作极性码。

（2）DPCM（差分编码调制）

我们发现，在 PCM 体系中，每一个采样都是独立量化的，前面的采样值与后面的量化没有什么关系。实际上，对于语音信号这种非突变信号，这样做是比较浪费的。当语音信号这样的带限信号以奈奎斯特速率或者更高的速率进行采样时，采样值通常是相关的随机变量。也就是说，如果前一个采样值很小，那么下一个采样值很小的概率就很大。如果用差值而不是绝对值进行编码，那么会更有效率。

比如说增量调制（DM）就是 DPCM 方案中的一个版本。在增量调制中，量化器采用的是幅度为 ±Δ 的 1 比特量化器。

如何在发射端形成 $f(t)$ 信号并编制成相应的二元码序列呢？仔细分析图 2–24，比较在每个采样时刻 Δt 处的 $f(t)$ 和 $f(t-1)$ 的值，可以发现：

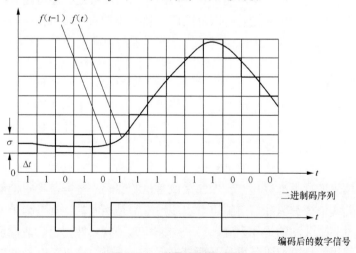

图 2-24　增量调制示意图

当 $f(t) > f(t-1)$ 时，上升一个 σ，发 "1" 码；

当 $f(t) < f(t-1)$ 时，下降一个 σ，发 "0" 码。

刚刚所说的 PCM 和 DPCM 编码都属于信源编码中最简单的编码，那什么叫信源编码？信源编码又有什么作用？

信源编码是以提高通信有效性为目的的编码。信源编码的效率通常是通过压缩信源的冗余度来实现的，比如说《在水一方》相对《蒹葭》就有冗余度，那么用信源编码的挑剔的眼光来看，表达同样的信息量前者占用了更多的比特位，那么它就不是一个好的信源编码。

2.2.3 信息奇遇记第三站：信道编码

在一个通信系统中要能完成端对端的信号传递，光有信源编码是不够的。这句话有点令人匪夷所思，因为我们刚刚说了只要进行奈奎斯特采样就可以把原始信号无遗漏地完全表述清楚了，为什么这样做还不够？如果说，信源编码追求的是相同信息量的最少比特位，那么信道编码就是为了保证通信的稳健性，保证接收端能无误地接收到信号。

下面简单类比一下。对于一个通信系统而言，我们可以把它类比成一个教育体系，先假设发送端是老师，接收端是学生。我们知道，教学体系追求的目标就是让学生完全听懂老师所讲的，那么通信系统追求的就是让接收端无差错地收到发送端发出的信号。

老师的讲课内容可以比作信源编码，一个是对知识的表述方式，另一个是对信号的表述方式，没有本质的区别。这样一类比你就会发现，很遗憾，光靠老师的讲课内容是无法达成教育体系的目的的，你上课可能走神，可能有东西没听懂，还可能有东西你没听懂但自以为听懂了，你怎么能保证光凭听课就能保证教学体系的终极目标——完全弄明白老师所讲的内容呢？所以，老师除了授课以外，还安排课后习题让学生自我验证到底学懂了没有。对于通信系统而言也是如此。信源编码在传输过程中可能丢失，可能发生信号变化，比如某些比特从 "0" 变为 "1"，某些比特从 "1" 变为 "0"，你光靠信源编码怎么能达成让接收端无差错地收到发送端发出的信号的终极目的呢。为了达成这个目的，我们就在信源编码的基础上，另外安排了一些冗余的比特当作课后习题一样传给收端，让收端自行验证信息是不是都收对了，这些 "冗余信息" 就称为信道编码。

信道编码是以提高信息传输的可靠性为目的的编码。通常通过增加信源的冗余度来实现。这与信源编码的追求恰好相悖，看起来像是信源编码辛辛苦苦省吃俭用现在轮到信道编码来败家。其实信源编码和信道编码其本质追求都是相同的，都是为了实现信号最有效的传输，只不过一个关注的是冗余度，另一个关注的是有效性而已。话说现在又有了联合编码，即信源编码和信道编码不再分开而是进行统一编码，这算是一种新的尝试，但是这种方式尚不流行。

下面来关注信道编码的实现，即要怎么设计我们的课后题才能达到让接收端无差错收到发送端信号的目的。

通常这些课后题的设计分为以下 3 种。

（1）检错重发法：也叫自动重复请求（ARQ）技术。接收端在收到的信码中检测出错误时，立即设法通知发送端重发，直到正确接收为止。也就是说你通过做课后习题发现老师讲的有些内容你理解得不对，于是要求老师再讲一遍，直到你明白为止。

（2）前向纠错法：接收端不仅能在收到的信号中发现有错码，还能够纠正错码。对于一个二进制系统，如果能够确定错码的位置，就能够纠正它，这很好理解，因为二进制就"0"和"1"两个数字，非此即彼。这种方法不需要反向信道（传递重发指令），也不会反复重发而延误时间，实时性好。这种方法就好比你通过做课后习题发现有些知识是你听错了，自己琢磨着就校正过来了。

（3）反馈校正法：接收端将收到的信码原封不动地转发回发送端，并与原发送信码相比较。如果发现错误，则发送端再进行重发。这种方式效率相当低，一般不怎么用，相当于你把老师讲的课再讲一遍给老师听，她认为没错那么你就没有错。

信道编码在通信中是一个非常重要的课题，与此相关的研究也层出不穷，比如线性分组码、卷积码、Turbo 码、奇偶校验码等。在这里，作者并不打算展开论述这些内容，而只打算讲讲原理，这么一大串"0010101011111001001"的比特流，它是如何发现自身的错误的，又是如何完成检错的？初看起来有点令人不可思议，继而脑子里一片混沌，有点难以理解，我们还是举个例子来说明吧。

假如有一个 3bit 的编码，那么是可以表示 $2^3=8$ 种编码的。现在我们只用它的两位来表征信息，另一个 bit 作为校验码，那么我们可以表示 $2^2=4$ 个信息，如下所示：

$$\begin{cases} 000 = 风 \\ 011 = 雨 \\ 101 = 雷 \\ 110 = 电 \end{cases}$$

我们在这里拿最高位作为监督位，后两位作为信息位，也就是"000"表示风，"011"表示雨，"101"表示雷，"110"表示电。其实表征信息两个比特就完全够了，另一个比特是进行检错的。

上面任意两个码元都有两位是不同的，那么如果上述某一个信息元一个比特出了问题，都可以检测出来。比如"000"风，如果某一位比特出错，比如变成了"001"或者"010"，那么很快就可以发现在编码体系里没有这个编码，就说明这个码出错了，这就是检错。哪怕只是错了 1 个比特位，上述这种编码方式也是无法自行进行纠错的，比如"100"就是一个错误的信息，但你说它是由"110"错了 1 个比特，还是"101"错了一个比特呢，只知道错了，但是无法进行纠正。

为了纠错，我们不得不再增加冗余比特，如下所示：

$$\begin{cases} 000 = 风 \\ 111 = 电 \end{cases}$$

本来表征两个信息只要一个比特就够了，在这里，我们增加了两个比特作为监督位，这样一来，可以实现对 1 个比特错误的纠错。比如出现了"100"的码型，不用说，肯定是"000"的高位发生了错误，因为"111"的码型只错一位是无论如何不会变成"100"的。

在这里我们简单地介绍了一下检错和纠错的原理，如果要进行深入地学习，请参见通信原理的相关教材。

2.2.4 信息奇遇记第四站：调制

1. 调制的目的

话说我们经过"采样、量化—信源编码—信道编码"，得到了一长串"0101101011"的比特流，该怎么把这串比特流的信息嵌入一个电磁波中，从而在空中发送出去呢？这就需要先对数字基带信号进行调制。

我们现在来讨论一下看似神秘的"调制"。这里的调制与厨师给菜肴调制美味的汤汁可不一样，但同样很重要。简单地说，把二进制数据内嵌于电磁波之中，把原来的基带信号进行频谱搬移，变成射频信号的过程就称为调制。调制和解调互为逆过程。调制要完成频谱的搬移，人说话的工作频率在 200 ～ 3400Hz，2G 的 GSM 就将其搬移到 900MHz 上去，而对于 5G 而言，频段更是动辄几千兆赫兹，越来越高。

打个比方，就像我们要去一个很远的地方，我们需要乘坐一个交通工具，同样地，通信系统要把数据从发送端送抵接收端，数据自己没有腿，所以也需要为其找一个交通工具来穿过无线信道。那这里的交通工具是什么呢？那就是我们熟悉的电磁波啦！这样的搭载信息的电磁波称为载波。

而我们将数据送上交通工具的过程就是调制，数据到达目的地后从交通工具下来的过程就是解调。至于交通工具有多快，就要看是普通列车、高铁还是飞机了，在这具体对应的就是载波的不同的频段。三大运营商 2G、3G、4G 频段见表 2-4，以及 5G 频段见表 2-5。

表2-4 三大运营商 2G、3G、4G 频段

运营商	上行频率（UL）	下行频率（DL）	频宽	合计频宽	制式	
中国移动	885～909MHz	930～954MHz	24MHz	184MHz	GSM800	2G
	1710～1725MHz	1805～1820MHz	15MHz		GSM1800	2G
	2010～2025MHz	2010～2025MHz	15MHz		TD-SCDMA	3G
	1880～1890MHz 2320～2370MHz 2575～2635MHz	1880～1890MHz 2320～2370MHz 2575～2635MHz	120MHz		TD-LTE	4G
中国联通	909～915MHz	954～960MHz	6MHz	81MHz	GSM800	2G
	1745～1755MHz	1840～1850MHz	10MHz		GSM1800	2G
	1940～1955MHz	2130～2145MHz	15MHz		WCDM	3G
	2300～2320MHz 2555～2575MHz	2300～2320MHz 2555～2575MHz	40MHz		TD-LTE	4G
	1755～1765MHz	1850～1860MHz	10MHz		FDD-LTE	4G
中国电信	825～840MHz	870～885 MHz	15MHz	85MHz	CDMA	2G
	1920～1935MHz	2110～2125MHz	15MHz		cdma2000	3G
	2370～2390MHz 2635～2655MHz	2370～2390MHz 2635～2655MHz	40MHz		TD-LTE	4G
	1765～1780MHz	1860～1875MHz	15MHz		FDD-LTE	4G

表2-5 三大运营商 5G 频段

运营商	5G 频段	频宽	5G 频段号
中国移动	2515～2675MHz	160MHz	n41
	4800～4900MHz	100MHz	n79
中国电信	3400～3500MHz	100MHz	n78
中国联通	3500～3600MHz	100MHz	n78

这看起来很像多此一举，我在 4kHz 以下频段不是混得好好的吗，你干嘛非要把我搬到那么高的频段上去呢？把基带信号（4kHz 以下的语音信号）转变为频带信号真的有这个必要吗？这样做到底有什么好处呢？

（1）调制技术首先是为了和信道匹配。比如说无线通信中，走的信道就是大气层。

对于大气层而言，音频范围（10Hz～20kHz）的信号传输将急剧衰减，而较高频率范围的信号可以传播到很远的距离。所以说要想在依靠大气层进行传播的通信信道上传输像语音和音乐这样的音频信号，就必须在发射机里将这些音频信号嵌入另一个较高频率的信号中去。

（2）电磁波的频率与天线尺寸要匹配，一般天线尺寸为电磁信号的1/4波长为佳。调制可以用来将频带变换为更高的频率，从而减小天线的尺寸。初看这一点没觉得有什么，算算就知道有多吓人，以4kHz的语音信号为例，那么合适的天线尺寸是多少呢？

[（3×10^8m/s）/4000 次 /s]×1/4=18 750m，这么高的天线，比珠穆朗玛峰的两倍还高，先不说能不能造出来，就算造出来了也会把飞机撞下来的！

（3）在高频段更易于采用频分复用，我们一路语音信号就要占用64kHz，低频段是没有这么多资源可以如此奢侈的。

2. 调制的方法：数字到模拟，低频到高频

从基带数字信号变为射频信号（高频带通信号），需要经历两个步骤：

① 基带数字信号转换为基带模拟信号——数字到模拟；

② 模拟基带信号转换为射频信号（高频带通信号）——低频到高频。

接下来，让我们一起来看看调制的具体方法。

（1）模拟信号调制（低频到高频）

首先，让我们来看看相对比较简单的模拟信号调制。模拟调制可以分为幅度调制和角度调制。

① 幅度调制：简称调幅（AM，Amplitude Modulation），即用调制信号去控制高频载波的振幅，使其按调制信号的规律变化，用载波的幅度去承载信息，但载波的频率保持不变。幅度调制主要有标准调幅（AM）、抑制载波双边带调制（DSB）、单边带调制（SSB）和残留边带调制（VSB）等。模拟调幅会因为信道衰落产生附加调幅，造成失真，所以很容易受天气影响，在传输的过程中也很容易被窃听，目前已很少采用。我们常常收听的收音机中的AM波段就是调幅波，音质和FM波段调频波相比较差。

下面我们以最为常见的标准调幅（AM）为例进行介绍（见图2-25）。

当载波的振幅值随调制信号的大小线性变化时，即为调幅信号，已调波的波形如图2-25（c）所示，图2-25（a）、（b）则分别为调制信号和载波的波形。实际上，载波的频率远远高于调制信号的频率。

显而易见，已调幅波振幅变化的包络形状与调制信号的变化规律一致，包络内的高频振荡频率仍与载波频率相同。由此可见，调幅过程只是改变载波的振幅，使载波振幅与调制信号呈线性关系，也就是使 U_{cm} 变换为 $U_{cm}+K_aU_{\Omega m}cos\Omega t$，据此可写出已调幅波表达式为：

$$u_{\text{AM}}(t) = (U_{\text{cm}} + k_{\text{a}} U_{\Omega m} \cos\Omega t)\cos\omega_{\text{c}}t$$

$$= U_{\text{cm}}\left(1 + \frac{k_{\text{a}} U_{\Omega m}}{U_{\text{cm}}}\cos\Omega t\right)\cos\omega_{\text{c}}t$$

$$= U_{\text{cm}}\left(1 + \frac{\Delta U_{\text{c}}}{U_{\text{cm}}}\cos\Omega t\right)\cos\omega_{\text{c}}t$$

$$= U_{\text{cm}}(1 + M_{\text{a}}\cos\Omega t)\cos\omega_{\text{c}}t$$

$$M_{\text{a}} = \frac{\Delta U_{\text{c}}}{U_{\text{cm}}} = \frac{k_{\text{a}} U_{\Omega m}}{U_{\text{cm}}} = \frac{U_{\text{max}} - U_{\text{min}}}{2U_{\text{cm}}} = \frac{U_{\text{max}} - U_{\text{min}}}{U_{\text{max}} + U_{\text{min}}}$$

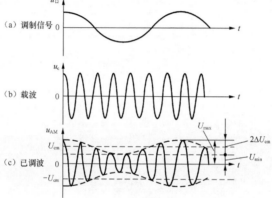

图 2-25　调幅的调制信号、载波和已调波

设载波 $u_{\text{c}}(t)$ 的表达式和调制信号 $u_{\Omega}(t)$ 的表达式分别为：

$$u_{\text{c}}(t) = U_{\text{cm}}\cos\omega_{\text{c}}t \qquad u_{\Omega}(t) = U_{\Omega m}\cos\Omega t$$

M_{a} 称为调幅系数，U_{max} 表示调幅波包络的最大值，U_{min} 表示调幅波包络的最小值。M_{a} 表明载波振幅受调制控制的程度，如果 $M_{\text{a}}>1$，则调制就有些"过"了，已调波在某段时间内表现为零振幅，损失了原来的调制信号中包含的信息，这种情况称为过调制。所以一般要求 $0 \leqslant M_{\text{a}} \leqslant 1$，以便调幅波的包络能正确地表现出调制信号的变化情况，图 2-26 所示为不同 M_{a} 时的已调波波形。

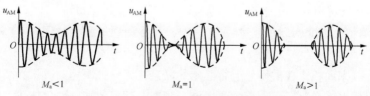

图 2-26　不同 M_{a} 对应的已调波波形

傅里叶级数告诉我们，任何周期信号都可以分解为有限或无限个正弦波或余弦波的叠加，因此，我们不妨将 $u_{AM}(t)$ 按三角函数公式展开，分析调幅信号所包含的频率成分。

$$\begin{aligned} u_{AM}(t) &= U_{cm}\left(1 + M_a\cos\Omega t\right)\cos\omega_c t \\ &= U_{cm}\cos\omega_c t + U_{cm}M_a\cos\Omega t\cos\omega_c t \\ &= U_{cm}\cos\omega_c t + \frac{1}{2}M_aU_{cm}\cos\left(\omega_c + \Omega\right)t + \frac{1}{2}M_aU_{cm}\cos\left(\omega_c - \Omega\right)t \end{aligned}$$

由此可见，在已调波中包含 3 个频率成分：ω_c、$\omega_c+\Omega$ 和 $\omega_c-\Omega$。其中，载波频率 ω_c 为中心频率，$\omega_c+\Omega$ 称为上边频，$\omega_c-\Omega$ 称为下边频，由此得到调幅波的频谱，如图 2-27 所示。由调幅波的频谱可得，调幅波的频带宽度为 BW=2F，其中 F 为调制频率。

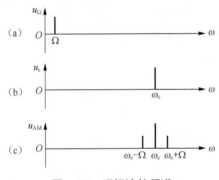

图 2-27　调幅波的频谱

普通调幅的实现，是将调制信号与直流相加，再与载波信号相乘，具体可采用低电平调幅方法和高电平调幅方法。

解调是调制的逆过程，解调方法分为包络检波和同步检波。

包络检波是利用普通调幅信号（已调波）的包络反映调制信号波形变化这一特点，从调幅信号（已调波）中将低频信号解调出来，恢复原来的调制信号。常用的方法是采用二极管进行单向过滤后再进行低通滤波。

同步检波是用一个与载波同频同相的本振信号（称为同步信号）与已调信号相乘，来实现信号解调。值得注意的是，双边带调幅、单边带调幅和残留边带调幅只能采用同步检波，而标准调幅既可以采用包络检波，也可以采用同步检波来解调。

② 角度调制：角度调制是频率调制（FM，简称调频）和相位调制（PM，简称调相）的总称。

这是因为频率和相位在微积分上有必然的联系，调频必调相，调相必调频。相位表示的是信号在时域上的变化，而变化的快慢就是频率，频率越高，变化越快，频率越低，变化越慢。相位在单位时间内变化的快慢，即瞬时相位对时间的导数，就是频率。所以我们把频率、相位的变化都看成是载波角度的变化。

一个正弦载波有幅度、频率、相位 3 个参量，所以不仅可以用载波的幅度变化来承载调制信号的信息，还可以用载波的频率、相位的变化来承载调制信号的信息，使高频载波的频率或相位按照调制信号规律的变化，但振幅恒定，这也是 FM 被称为恒包络的原因。

调频技术由美国斯坦福大学约翰 · 卓宁（John Chowning）博士在 20 世纪 60 年代提出，1966 年，他成为使用 FM 技术制作音乐的第一人，可谓是"理工男的浪漫"了。相较于调幅而言，调频可降低幅度干扰的影响，因而抗噪声干扰能力强，失真小，传输距离较远，通信质量较高，广泛应用在通信、调频立体声广播和电视中。

我们也用 FM 来指一般的调频广播（频段为 76 ～ 108MHz，我国为 87 ～ 108MHz、日本为 76 ～ 90MHz），FM Radio 即为调频收音机，用收音机接收调频广播，基本上听不到杂音。甚至，在短波频段 27 ～ 30MHz 范围内的业余电台、太空、人造卫星通信，也有采用调频（FM）方式的。可见其抗干扰能力之强悍。

一般干扰信号总是叠加在信号上，使得信号幅值发生改变，所以调频波虽然受到干扰后幅度也会有变化，但在接收端可以利用自动增益控制、带通限幅器，来消除快速衰落造成的幅度变化效应，这也是调频波抗干扰性极好的原因。但鱼和熊掌不可兼得，获得这种优势也要付出代价，那就是角度调制需要占用的带宽比幅度调制更宽，频带利用率更低。

此外，宽带 FM 还存在门限效应，即包络检波器的输入信噪比降低到一个特定的数值后，调制信号无法与噪声分开，有用信号淹没在噪声之中，检波器的输出信噪急剧下降的一种现象。对于接受信号弱、干扰大的情景，一般采用窄带 FM。

角度调制是非线性调制，已调信号的频谱不再像调幅一样是原调制信号频谱的线性搬移，而是频谱的非线性变换，会产生与频谱搬移不同的新的频率成分。

设调制信号为 $f(t)$，设载波 $S(t)$ 为：

$$S(t) = A\cos\left[\omega_c t + \varphi(t)\right]$$

则有如下相关表达式：

瞬时相位：　　$\omega_c t + \varphi(t)$

瞬时角频率：　$\dfrac{\mathrm{d}\left[\omega_c t + \varphi(t)\right]}{\mathrm{d}t}$

瞬时相位偏移：　$\varphi(t)$

瞬时角频率偏移：　$\dfrac{\mathrm{d}\varphi(t)}{\mathrm{d}t}$

根据角度调制的原理，相位调制就是让已调波 $S_{PM}(t)$ 的瞬时相位偏移随调制信号 $f(t)$ 而线性变化；频率调制就是让已调波 $S_{FM}(t)$ 的瞬时频率偏移随调制信号 $f(t)$ 而线性变化（见图 2-28）。

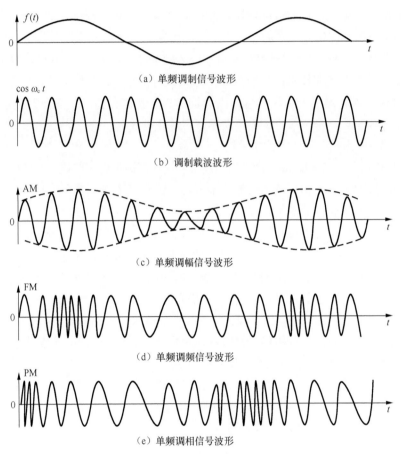

图 2-28　单频信号调幅、调频、调相的对比

相位调制，是指瞬时相位偏移随调制信号 $f(t)$ 而线性变化。

相位灵敏度系数

$$\varphi(t) = k_{PM} f(t)$$

$$S_{PM}(t) = A\cos[\omega_c t + k_{PM} f(t)]$$

频率调制，是指瞬时频率偏移随调制信号 $f(t)$ 而线性变化。

$$\frac{\mathrm{d}\varphi(t)}{\mathrm{d}t} = k_{\mathrm{PM}}f(t) \quad \text{频率灵敏度系数}$$

$$\varphi(t) = \int_{\infty}^{t} k_{\mathrm{FM}}f(\tau)d\tau = k_{\mathrm{FM}}\int_{\infty}^{t} f(\tau)d\tau$$

$$S_{\mathrm{FM}}(t) = A\cos[\omega_c t + k_{\mathrm{FM}}\int_{\infty}^{t} f(\tau)d\tau]$$

我们已经说过，从基带数字信号变为射频信号（高频带通信号），需要经历 2 个步骤：基带数字信号转换为基带模拟信号、基带模拟信号转换为射频信号（高频带通信号）。

（2）数字信号调制（数字到模拟）

模拟信号调制是波与波之间的频谱搬移和变换，而数字信号调制则需要把比特流信息寄托到模拟基带信号之中。具体怎么做呢？还是只能从正弦波的幅度、频率、相位 3 个参数上来实现。

所以，将数字数据转换为电磁信号的基本编码或者说调制技术相应也有 3 种，分别是：幅移键控（ASK，Amplitude Shift Keying）、频移键控（FSK，Frequency Shift Keying）和相移键控（PSK，Phase Shift Keying），分别用不同幅度、不同频率、不同相位的载波来代表"0"和"1"（见图 2-29）。

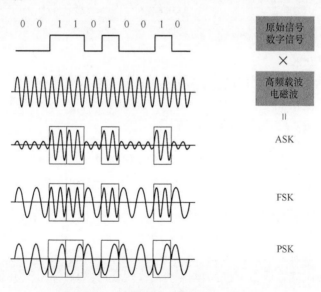

图 2-29　3 种调制方式表达"0"和"1"

让我们来逐一看看这 3 种调制方式的表达式。

① 幅移键控（ASK）

刚刚说了一个载波的三要素：振幅、频率、相位。这算是从第一要素振幅上来表示，如何用振幅来表示"0"和"1"两个比特位呢。通常 ASK 方式是采用一个振幅值为 0 的载波来表示比特"0"，用一个振幅值恒定的载波来表示比特"1"，结果得到信号的表达式为：

$$\text{ASK} \qquad s(t) = \begin{cases} A\cos(2\pi f_c t) & \text{二进制数1} \\ 0 & \text{二进制数0} \end{cases}$$

式中，载波信号为 $A\cos(2\pi f_c t)$。幅移键控有一个缺点就是容易受到突发脉冲的影响。

② 频移键控（FSK）

2G 的 GSM 采用的调制方式 MSK 就是 FSK 中的一种。

频移键控最常见的形式是二进制频移键控（2FSK），它是用载波频率附近的两个不同的频率来表示两个二进制值。表示"0"和"1"的信号的两个载波的频率明显不同，表示"1"的载波的频率要高。信号的表达式如下：

$$\text{2FSK} \qquad s(t) = \begin{cases} A\cos(2\pi f_1 t) & \text{二进制数1} \\ A\cos(2\pi f_2 t) & \text{二进制数0} \end{cases}$$

2FSK 的抗干扰能力要比 ASK 强。

③ 相移键控（PSK）

相移键控是无线通信中采用得比较多的，其数据通过载波信号的相位偏移来表示。

最简单的方式是两相相移键控（BPSK），它使用两个相差 180° 的相位来表示两个二进制数，"0"信号和"1"信号的表达式如下：

$$\text{BPSK} \qquad s(t) = \begin{cases} A\cos(2\pi f_c t + 0) = A\cos(2\pi f_c t) \\ A\cos(2\pi f_c t + \pi) = -A\cos(2\pi f_c t) \end{cases}$$

由于 180° 的相移等于将正弦波的值乘以 −1，那么就得到了上式。

（3）高阶调制方法：QPSK、QAM 与 I/Q 调制

了解了这么多调制方法，让我们一睹为快，看看大家最关心的 5G 是怎么实现调制的。3GPP 协议 TS 38.201 规定了 5G 支持的调制方式（见图 2-30），根据使用的载波的特征的不同，可以大致分为两类：其一是前面说的相移键控（PSK，Phase-Shift keying），包含图中的 π/2-BPSK、QPSK，都是载波的相位变化，幅度不变化；其二是正交振幅调制（QAM，

Quadrature Amplitude Modulation），包含图 2-30 中的 16QAM、64QAM、256QAM，载波的相位和幅度都变化。

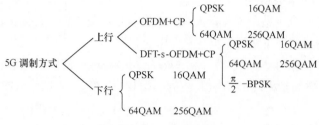

图 2-30　5G 的调制方式

看到 5G 的调制方式，可能有朋友会问，PSK 我知道，可 QPSK、QAM 是什么？不是说调制逃不出调幅、调频、调相吗，怎么还有新的方法呢？别着急，其实，这些所谓的新方法也都是在原有的基础上演变而来的。现在，就让我们再来了解几种更为高阶、在通信工程中应用更为广泛的调制方法。

① 表示振幅和相位的利器：星座图

在具体介绍之前，我们先引入一个工具——星座图（Constellation Diagram）以便更生动具体地介绍这些更高阶的调制解调方式。此星座非彼星座，它是形象刻画信号振幅和相位的一大利器。

首先，让我们先重温一下高中学过的知识——极坐标和复平面。极坐标（见图 2-31）是指在平面内取一个定点 O，叫极点，引一条射线 Ox，叫作极轴，再选定一个长度单位和角度的正方向（通常取逆时针方向）。对于平面内任何一点 M，用 ρ 表示线段 OM 的长度，叫作点 M 的极径，θ 表示从 Ox 到 OM 的角度，叫作点 M 的极角，有序数对（ρ，θ）就叫点 M 的极坐标，这样建立的坐标系叫作极坐标系。

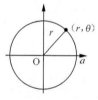

图 2-31　极坐标

而复数平面即是 $z=a+bi$，点对应的坐标为（a，b），其中，a 表示的是复平面内的横坐标，b 表示的是复平面内的纵坐标，表示实数 a 的点都在 x 轴上，所以 x 轴又称为"实轴"；表示纯虚数 bi 的点都在 y 轴上，所以 y 轴又称为"虚轴"。

利用直角坐标与极坐标的关系 $x=r\cos\theta$，$y=r\sin\theta$，可以把 z 表示为 $z=r(\cos\theta+i\sin\theta)$，称为复数的三角表达式，其中 θ 称为 z 的幅角。再根据欧拉公式，$e^{i\theta}=\cos\theta+i\sin\theta$，可以得到 $z=re^{i\theta}$，称为复数的指数表达式。

放心，现在不是高中数学课，让大家重温极坐标和复平面，是为了让大家更好地理解星座图，它们有着异曲同工之妙，也有着紧密的联系。

我们定义载波的信号表达式为：$I(t)=a\cos(2\pi ft+\phi)$。其中，a 代表载波（无线电波）的振幅，f 代表载波的频率，ϕ 代表载波的初始相位。$I(t)$ 为载波的同相分量（In-Phase Component）。

我们再定义载波的正交分量（Quadrature Component）：$Q(t)=a\sin(2\pi ft+\phi)$。在实际中，正交分量不会被发送出去，但却在信号分析时大有用处。

星座图有两根轴，横轴与同相载波 $I(t)$ 相关，纵轴与正交载波 $Q(t)$ 相关。图中每个点都表示信号在某一个瞬间对应的状态。和极坐标一样，星座图中的点的坐标，也可以由此点到原点的连线长度（相当于极坐标极径），以及连线和横轴 $I(t)$ 之间的夹角来唯一确定。

在图 2-32 中，一个信号元素用一个点表示，点的位置（坐标）包含了信号元素丰富的信息。根据定义可知，在星座图中，点在横轴的投影表示信号中与载波同相成分的峰值振幅，点在纵轴的投影表示信号中与载波正交成分的峰值振幅。点到原点的连线长度则表示该信号元素的峰值振幅（同相成分和正交成分的组合），连线和横轴之间的夹角代表信号元素与载波的相位差。

我们再来"趣味"理解一下，想象一下在一个平面上，一个物体绕着一个点不停地转动。则 $I(t)$ 是在时间 t 沿水平轴方向的物体位置，$Q(t)$ 是在时间 t 沿垂直轴方向的物体位置。

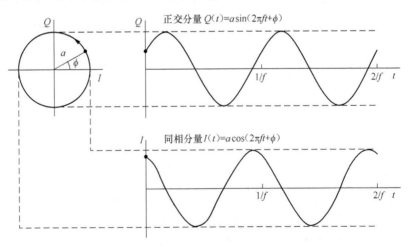

图 2-32　星座图与载波信号的同相、正交分量

我们把星座图上两个星座点之间的最短距离叫作最小欧氏距离，欧氏距离越大，意味着两个信号元素的状态越容易区分，则系统抗干扰能力也越强。

② QPSK

我们已经知道，PSK 是相移键控，那么 QPSK 又是什么呢？ QPSK 即正交相移键控（Quadrature Phase Shift Keying），多出的一个"Q"即代表"正交"（Quadrature）。实际上，QPSK 就是 PSK 的一种延伸与进阶。

我们知道，二进制相移键控（BPSK，Binary Phase Shift Keying），也叫 2PSK 是 PSK 最简单的一种形式，BPSK 定义了 2 种相位，分别表示"0"和"1"，所以对于 BPSK 而言（见图 2-33 和图 2-34），每个载波可以调制 1 比特的信息。取码元为"1"时，调制后载波与未调载波同相；取码元为"0"时，调制后载波与未调载波反相；"1"和"0"时调制后载波相位差 180°。

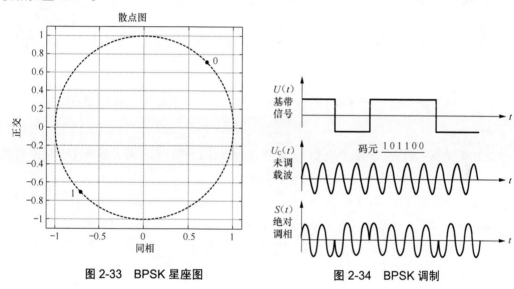

图 2-33　BPSK 星座图　　　　图 2-34　BPSK 调制

π/2-BPSK 只是当 BPSK 序列数为奇数时将调制信号的相位偏移 π/2，序列数为偶数时与 BPSK 一致，即 π/2-BPSK 定义了 4 种相位来表示 0 和 1（见图 2-35）。

BPSK 是最单纯的相移键控，因为码元"0"和"1"在星座图上对应的点离得很远，一般都能区分开来，所以抗噪音干扰能力较强，但由于一个载波只能调制 1 比特的信息，传送效率太差。所以，常常使用利用 4 个相位的 QPSK 和 8 个相位的 8PSK。

正交相移键控（QPSK）是一种四进制相位调制（见图 2-36），定义了 4 个不同的相位，4 种载波相位，分别为 45°、135°、225°、315°，分别表示 00、10、11、01，所以 QPSK 可以在每个载波上调制 2 比特的信息。QPSK 兼具良好的抗噪特性和频带利用率，广泛应用于卫星链路、数字集群等通信业务。同理，8PSK 则有 8 个（2^3）不同的相位，每个载波可以调制 3 比特的信息。

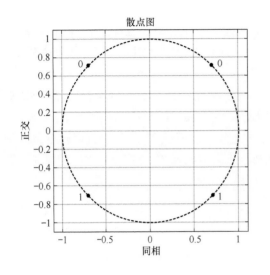

图 2-35　π/2-BPSK 星座图

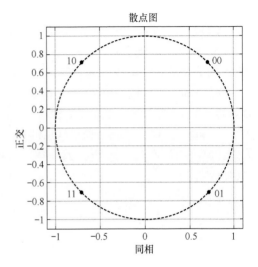

图 2-36　QPSK 星座图

③ QAM

无论是 BPSK 还是 QPSK、8PSK，大家可以发现，我们只用了相位这一个参量来搭载信息，不要忘记，我们还有幅度这一参量没用呢！

正交振幅调制（QAM，Quadrature Amplitude Modulation），其幅度和相位同时变化，共同搭载信息，幅度这一参量就被完美地使用上了。QAM 的星座图像一个围棋盘一样，在其中任取两个点，两个点代表的信号元素的幅度和相位两个参量中必有一个不同。16QAM 各码元如表 2-6 所示。

表 2-6　16QAM 各码元

1011	1001	0010	0011
1010	1000	0000	0001
1101	1100	0100	0110
1111	1110	0101	0111

如图 2-37 所示，16QAM、64QAM、256QAM 的核心区别就是，样点数目更多了，能表示的码元越来越多了，单码元能承载的比特数越来越大，调制效率也越来越高了。

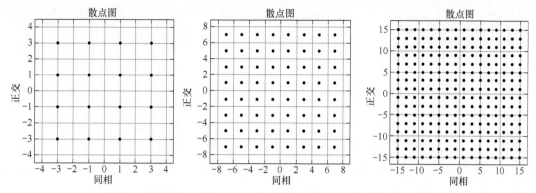

图 2-37　16QAM、64QAM、256QAM 的星座图

　　由于每个码元能表示的比特数不断提升，码元速率不变时，相同时间能传输的信息量也提升了，就相当于"交通工具"的运力提升了。举个例子，如果要传递 1000 个比特的信息，若用 BPSK，则需要 1000 个码元符号才能将信息传输过去，若用 256QAM，只需要 1000/8=125 个码元符号即可，高下立判！ QAM 调制方式对于现代通信速率的提升起到了关键性的作用！不同调制方式的调制效率见表 2-7。

表 2-7　不同调制方式的调制效率

调制方式	调制效率（单码元承载的比特数）
BPSK	1bit
QPSK	2bit
8PSK	3bit
16QAM	4bit
32QAM	5bit
64QAM	6bit
256QAM	8bit

　　但同样地，要能让"子弹"打到这么小的"格子"里，只有神枪手才能做到。对于调制和解调的精细度的要求更高了，需要更精确地区分不同的相位和幅度，对振荡器等元件的要求也更高了，同时由于格子变小，调制的抗干扰能力变差，对于信道、信道编码的要求也提高了。所以，调制方式的进步，得益于现代电子通信技术系统性的提升。

　　④ I/Q 调制

　　了解了这么多，可能有朋友觉得，似乎调制解调也挺简单的，但"纸上得来终觉浅"，真正做起来可没这么简单，3GPP 定义的 5G 调制的映射关系就能让人望而却步。5G 调制的映射关系见表 2-8。

表 2-8　5G 调制的映射关系

制式	映射
π/2–BPSK	$$d(i) = \frac{e^{j\frac{\pi}{2}(i\bmod 2)}}{\sqrt{2}}\Big[\big(1-2b(i)\big)+j\big(1-2b(i)\big)\Big]$$
BPSK	$$d(i) = \frac{1}{\sqrt{2}}\Big[\big(1-2b(i)\big)+j\big(1-2b(i)\big)\Big]$$
QPSK	$$d(i) = \frac{1}{\sqrt{2}}\Big[\big(1-2b(i)\big)+j\big(1-2b(2i+1)\big)\Big]$$
16QAM	$$d(i) = \frac{1}{\sqrt{10}}\Big\{\big(1-2b(4i)\big)\big[2-\big(1-2b(4i+2)\big)\big]+j\big(1-2b(4i+1)\big)\big[2-\big(1-2b(4i+3)\big)\big]\Big\}$$
64QAM	$$d(i) = \frac{1}{\sqrt{42}}\Big\{\big(1-2b(6i)\big)\big[4-\big(1-2b(6i+2)\big)\big[2-\big(1-2b(6i+4)\big)\big]\big]$$ $$+j\big(1-2b(6i+1)\big)\big[4-\big(1-2b(6i+3)\big)\big[2-\big(1-2b(6i+5)\big)\big]\big]\Big\}$$
256QAM	$$d(i) = \frac{1}{\sqrt{170}}\Big\{\big(1-2b(8i)\big)\big[8-\big(1-2b(8i+2)\big)\big[4-\big(1-2b(8i+4)\big)\big[2-\big(1-2b(8i+6)\big)\big]\big]\big]$$ $$+j\big(1-2b(8i+1)\big)\big[8-\big(1-2b(8i+3)\big)\big[4-\big(1-2b(8i+5)\big)\big[2-\big(1-2b(8i+7)\big)\big]\big]\big]\Big\}$$

在这里，我们再为大家介绍 I/Q 调制解调，通过形象的框图而不是枯燥的公式，来理解调制解调方法在数学上是如何具体实现的，从而对调制解调的原理有一个更深的认知。

这里的 I/Q 可不是指"智商"，而是指数据分为两路相互正交（相位相差 90°）的载波，分别进行载波调制，分别调制却一起发射，能提高频谱利用率。I 是指 In-Phase（同相），Q 是指 Quadrature（正交）。几乎所有主流的调制解调方式都可以用它来实现。

此公式正是 I/Q 调制的原理，将其画成图 2–38，就得到了 I/Q 调制的实现过程。

$$s(t) = A(t)\cos[\omega_c t + \phi(t)] = A(t)\cos\phi(t)\cos\omega_c t - A(t)\sin\phi(t)\sin\omega_c t$$

其中 a 和 b 是需要被调制的信号，分别代表原始的 I 路和 Q 路输入。根据 $s(t)$ 的展开式，将 a、b 分别用频率与 $s(t)$ 相同的余弦载波和正弦载波调制，两者再相减，即可得到已调信号 $s(t)$（见图 2–38）。

而解调就是要把已调信号 $s(t)$ 重新还原为 a 和 b 的原始信号的过程，我们可以借助

积分来实现（见图 2–39）。

$$\frac{2}{T}\int_{-T/2}^{T/2} s(t)\cos\omega_c t\,\mathrm{d}t = a$$

$$\frac{2}{T}\int_{-T/2}^{T/2} s(t)\sin\omega_c t\,\mathrm{d}t = b$$

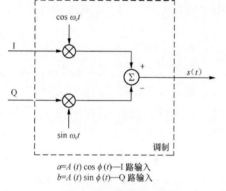

图 2-38　I/Q 调制

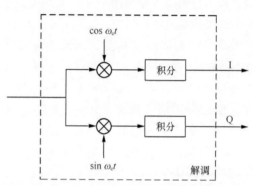

图 2-39　I/Q 解调

此外，根据欧拉公式，I/Q 调制也能转换成复数的形式来理解（见图 2–40）。

$$s(t) = A(t)\cos[\omega_c t + \phi(t)] = a\cos\omega_c t - b\sin\omega_c t = \mathrm{Re}\{(a+\mathrm{j}b)\mathrm{e}^{\mathrm{j}\omega_c t}\}$$

$$\frac{2}{T}\int_{-T/2}^{T/2} s(t)\mathrm{e}^{-\mathrm{j}\omega_c t}\,\mathrm{d}t = a + \mathrm{j}b$$

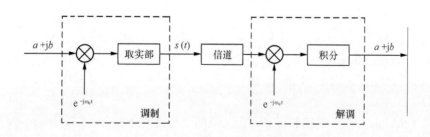

图 2-40　复数形式的 I/Q 调制解调

2.2.5　信息奇遇记第五站：天线发射

1.　天线的功能、类别和形态

经过调制之后，基带信号转换为了射频信号，但这还不够，还差关键一步，我们还没有最终把射频信号发射出去。这时候，就需要我们常见的天线来助阵了！

天线是由俄国科学家波波夫于1888年发明的。29岁的波波夫得知德国著名物理学家赫兹发现电磁波的消息后，对朋友们说："我用毕生的精力去安装电灯，对于广阔的俄罗斯来说，只不过照亮了很小的一角；假如我能指挥电磁波，那就可以飞越整个世界！"由此可见电磁波的魅力之大！

天线在我们构建的通信基本框架中处于非常重要的一环，无线通信，在信号经过信源编码、信道编码、调制之后，需要天线来完成射频信号与无线电波的转换，这个环节可以说才是真正"无线"的。而在另一个接收端，同样也需要接收天线将自由空间中的电磁波的语言抓取下来，"翻译"成电信号。天线就如同站在甲板上，接收与发出旗语的水手。天线通常具有可逆性，同一副天线既可用作发射天线，也可用作接收天线。并且，同一天线作为发射或接收的基本特性参数是相同的，这就是天线的互易定理（见图2-41）。

图2-41　天线的功能

天线存在于我们生活的方方面面，可以说有无线通信的地方，基本上就有天线。天线的类别五花八门，按工作性质，天线可分为发射天线和接收天线；按用途，天线可分为通信天线、广播天线、电视天线、雷达天线等；按方向性，天线可分为全向天线和定向天线等；按工作波长，天线可分为超长波天线、长波天线、中波天线、短波天线、超短波天线、微波天线等。

天线不仅类别五花八门，外形也是千姿百态，比孙悟空的"七十二变"还厉害，很可能会"骗过你的眼睛"。除了我们常见的"天锅"上的卫星信号接收天线（见图2-42）、铁塔上的基站天线（见图2-43）之外，还有形状新奇、材质特别的特殊天线（见图2-44）。

了解了天线的功能、类别和形态，但天线的原理究竟是什么，它有什么本领才能当射频电信号与无线电磁波的中介呢？下面我们就来具体谈一谈。

板载 PCB 天线	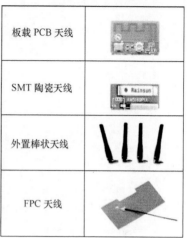
SMT 陶瓷天线	
外置棒状天线	
FPC 天线	

图 2-42　卫星信号接收天线

图 2-43　基站天线

图 2-44　特殊天线

2. 电磁辐射原理

　　作为通信学习者，不可以不了解电与磁的基本原理，回忆一下我们高中学过的电磁场知识，通电导线周围会产生磁场，这也就是我们熟知的电流的磁效应。我们一般用安培定则（也叫右手螺旋定则）来判定通电导线产生磁场的磁感线方向（见图 2-45）。

　　导线通直流电时，周围会产生稳恒磁场，那么当导线通高频交流电时，周围会产生什么呢？

　　法拉第提出的电磁感应定律表明，磁场的变化要产生电场，麦克斯韦方程表明，不仅磁场的变化要产生电场，而且电场的变化也要产生磁场。当电场和磁场都随时间变化时，由变化着的电场激发的磁场和由变化的磁场激发的电场，一并称作时变电磁场（或交变电磁场）。

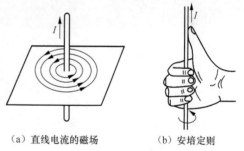

（a）直线电流的磁场　　　　（b）安培定则

图 2-45　通电导线的磁场

　　所以当导体上通以高频电流时，其周围空间会同时产生电场与磁场（见图 2-46）。按电磁场在空间的分布特性，可分为近区（电抗近场）、中间区（辐射近场）、远区（辐射远场）。设 R 为空间一点距导体的距离，R 远小于 $\lambda/2\pi$ 的区域称近区，近区内的电磁场与导体中的电流、电压有着紧密的联系。R 远大于 $\lambda/2\pi$ 的区域称为远区，远区内的电磁场能离开导体向空间传播，"已经被发射了出去"，它的变化相对于导体上的电流电压就要滞后一段时间，此时传播出去的电磁波已不与导线上的电流、电压有直接的联系了，这区域的电磁场称为辐射场。

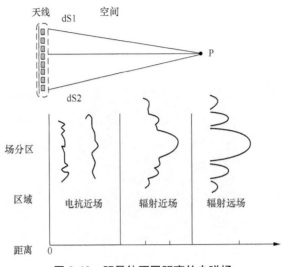

图 2-46　距导体不同距离的电磁场

远区的电磁辐射，是由同向振荡且互相垂直的电场与磁场在空间中以波的形式传递动量和能量的过程。其传播方向垂直于电场与磁场构成的平面，即电场、磁场、电磁波传播方向两两垂直（见图 2-47）。就这样，通过远区的电磁辐射，我们之前调制好的信号就被发射到自由空间中去了。

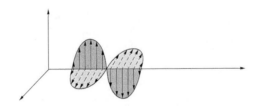

图 2-47　电磁辐射中电场、磁场、电磁波传播方向两两垂直

3．天线基本原理

导体通有交变电流时，可以形成电磁波的辐射，而辐射能力还与导体的长短和形状（或者说间距、夹角）有关。当导线的长度 L 远小于波长 λ 时，辐射很微弱；导线的长度 L 增大到可与波长相比拟时，导线上的电流将大大增加，从而能形成较强的辐射。

对于导线的形状，如果两导线平行放置、距离很近，且通有方向相反的交流电，则两导线所产生的感应电动势几乎可以抵消，辐射很微弱（见图 2-48）。这样的组合又称为"传输线"。

天线正是要利用电磁辐射的，所以我们要破坏传输线结构的对称性，我们将两导体张开成一定的夹角，当张开到 180° 时，两导体的电流方向相同，所产生的感应电动势方向相同，导体在空间点的辐射场同相迭加，构成一个有效的辐射系统（见图 2-49）。这就是最简单、最基本的单元天线——半波对称振子天线。

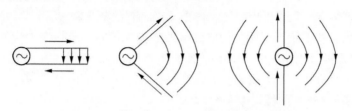

图 2-48 导线方向对电磁辐射强度的影响

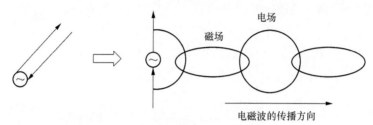

图 2-49 从传输线到半波对称振子

两臂长度相等的振子叫作对称振子，每臂长度为四分之一波长、全长为二分之一波长的振子，就称半波对称振子。

半波对称振子天线（见图 2-50）是一种经典的、迄今为止使用最广泛的天线，单个半波对称振子可简单地独立使用，也可以作为抛物面天线的馈源，还可采用多个半波对称振子组成天线阵。

4. 天线特性与参数

（1）天线的方向性与极化

无线电波是有方向性的。无线电波在空间传播时，其电场方向是按一定的规律而变化的，这种现象称为无线电波的极化。无线电波的电场方向称为电波的极化方向，如果电波的电场方向垂直于地面，我们就称它为垂直极化波；如果电波的电场方向与地面平行，则称它为水平极化波（见图 2-51）。

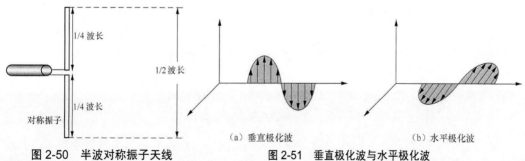

图 2-50 半波对称振子天线 图 2-51 垂直极化波与水平极化波

同理，天线也有方向性。天线的方向性是指天线向一定方向辐射电磁波的能力，在水平方向上就表现为在一定角度内辐射，在垂直方向上就表现为一定宽度的波束，波瓣宽度越小，增益越大。我们把天线辐射的电磁波的电场矢量的方向称为"天线极化方向"（见图2-52）。与无线电波极化的定义类似，垂直极化就是天线辐射电磁波的电场矢量方向与地面垂直，而水平极化就是天线辐射电磁波的电场矢量方向与地面平行，此外还有正负一定角度（例如正负45°）的极化（见图2-53）。

如果把两个天线交叉垂直放置，那么两个天线可以作为一个整体，辐射两种独立的电磁波，这样的天线称为双极化天线。

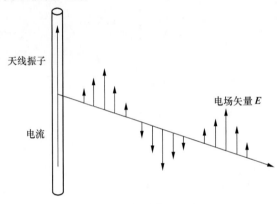

图 2-52　天线极化方向

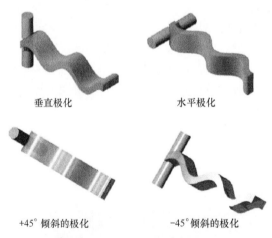

图 2-53　天线的不同极化方向

对于接收天线而言，方向性表示天线对不同方向传来的电波所具有的接收能力。天线的方向性的特性曲线通常用方向图来表示，方向图可用来说明天线在空间各个方向上所具有的发射或接收电磁波的能力。图 2-54 是全向天线的天线方向图的横剖面、纵剖面，其立体图就像一个面包圈一样。

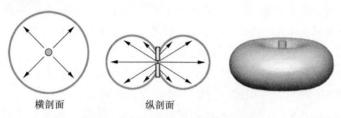

横剖面　　　　　纵剖面

图 2-54　全向天线的天线方向图

在方向图中通常都有两个瓣或多个瓣，其中最大的瓣称为主瓣，其余的瓣称为副瓣。主瓣两半功率点间的夹角定义为天线方向图的波瓣宽度，称为半功率（角）瓣宽。主瓣瓣宽越窄，则方向性越好，抗干扰能力越强。

我们还以"方向性系数"描述天线某一个方向集中辐射电磁波的程度（方向性图的尖锐程度）。定义方向性系数 D 为，天线在最大辐射方向上远区某点的功率密度，与辐射功率相同的无方向性天线（理想点源）在同一点的功率密度之比。由于定向天线在各个方向上的辐射强度不等，所以天线的方向性系数也随着观察点的位置不同而不同，在辐射场最大的方向（主射方向），方向性系数也最大。所以，我们用主射方向的方向性系数作为定向天线的方向性系数。听着很绕，但我们只要知道，定向天线方向性系数越大，则也意味着方向性越好，抗干扰能力越强（见图 2-55）。

那么，为什么我们这么关注天线的方向性呢？要知道，不同极化方向的无线电波也有"脾气"，垂直极化波要用具有垂直极化特性的天线来接收，水平极化波要用具有水平极化特性的天线来接收，可谓是"兵来将挡，水来土掩"。如果来波的极化方向与接收天线

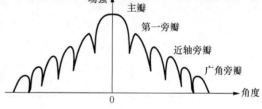

图 2-55　二维角度坐标的天线方向图

的极化方向不一致，在接收过程中就会产生极化损失；当接收天线的极化方向与来波的极化方向完全正交时，接收天线就完全接收不到来波的能量了，这时称来波与接收天线极化是"隔离"的。

在实际中，我们还用反射（用反射板把辐射能控制到单侧方向）、上旁瓣抑制（使基站天线主瓣上方第一旁瓣尽可能弱，因为基站天线发射的电磁波应指向地面用户而非天空）、天线下倾（安置时将天线适度下倾，使主波瓣指向地面）等手段，增强和利用天线的方向性。

（2）天线的效率与增益

天线效率：由于构成天线的导体和绝缘介质都有一定的能量损耗，输入天线的功率不

可能完全转化为自由空间电磁波的辐射功率，所以，我们把天线辐射功率 Pr 与天线输入功率 P_i 之比称作天线效率，即 $\eta = P_r/P_i$。

天线增益：增益系数简称增益，定义为在同距离及同输入功率的条件下，天线在最大辐射方向（主射方向）上的辐射功率密度（或场强平方）与无方向天线（理想点源）的辐射功率密度（或场强平方）之比，用 G 来表示。

从更实际的物理意义来理解，天线的增益，就是其最大辐射方向（主射方向）上的辐射效果与无方向性的理想点源相比，把输入功率放大的倍数。

大家看了天线增益的定义，是不是觉得似曾相识？没错，其实天线的增益就是考虑了天线能量损耗后的天线方向性系数。增益系数等于方向性系数与天线效率的乘积，是综合衡量天线方向性和能量转换效率的重要参数。

（3）天线的其他参数

为了让大家更全面地了解天线，表 2-9 中列出天线的其他参数，但限于篇幅就不一一详细阐释了。

表 2-9　天线的其他参数

天线参数名称	定义
谐振频率	天线一般在某一频率调谐，并在以"谐振频率"为中心的一段频带上有效。"谐振频率"与天线的电长度（波长）有关
工作频率	指天线有效工作的频率范围，常以其谐振频率为中心。在范围内，天线的方向性、增益、阻抗等技术参数都在指标允许的自由度内变化
输入阻抗	指天线输入端口向辐射口方向看过去的阻抗，取决于天线结构和工作频率。只有天线的输入阻抗与馈线阻抗良好匹配时，天线的转换效率才最高
衰减系数	指导体的电阻性损耗以及绝缘材料的介质损耗，两种损耗随馈线长度的增加和工作频率的提高而增加

2.2.6　信息奇遇记第六站：无线信道

通过天线的发送，射频信号搭载在了无线电波上，这种搭载了我们想发送信号的无线电波叫作载波。从此，"海阔凭鱼跃，天高任鸟飞"，信息终于被送上了无线信道。

不要以为信息被送上无线信道就大功告成，可以高枕无忧了，事实并非如此。无线信道的环境可没有那么理想，存在着各种衰落效应、传播损耗和噪声干扰，信息还得经历一番磨难才能顺利抵达接收端。搭载信息的载波在无线信道中的历险，我们将单独在另外一章中更加深入地讲解。

至此，我们已经逐一介绍了点对点无线数字通信模型的各个环节，而信息也在这趟奇妙之旅中不断地发生"蜕变"，我们可以得到一个以信息为第一视角的"信息变形记"（见图 2-56）。即最初信源产生的物理信息，经过模数转换成为数字信号，再经过调制成为射频信号，再经过天线发射成为无线电波，被接收端接收后，又要进行顺序相反的逆过程……

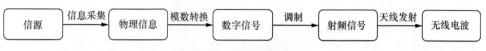

图 2-56 "信息变形记"

但只要牢牢抓住这条主线，你就能理解无线通信的大多数环节了。

2.2.7 双工方式

了解了点对点无线数字通信框架的各个环节，我们已经能够实现一次点对点的无线通信了。但是还有一个问题没有讨论，通信既然是交换信息的手段，那必然是有来有往的，有发送，也有接收。双工（Duplex Separation）即指两台通信设备之间有双向的信息传输。

通信方式分为单工、半双工、全双工 3 种（见图 2-57）。

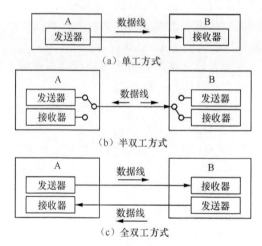

图 2-57 3 种通信方式的对比

（1）单工

单工类似于教授站在讲台上给大家讲课，教授只负责"发送"，学生只负责"接收"，单工的通信设备要么只有发送信号的功能，要么只有接收信号的功能，例如，广播和收音机。

（2）半双工

半双工是指，两个通信设备之间可以互相发送、接收信号，但是发送和接收不能双向同时进行。早期对讲机、WLAN 都是半双工方式。半双工的特性意味着，如果当前有另一台设备正在发送信号，而你正在接收该信号，那么你必须等待，只有当那台设备的传输结束时，你才可以发送信号，这也就是我们为什么常常看到人们用对讲机向同伴说了一段话后，还要说一个"完毕"或者"Over"，这就是告诉对方，"我已经说完了，现在可以轮到你说话了"。

用一个比喻，半双工类似于只能容纳一台车通过的单行道，要么一台车从 A 到 B 顺着通行，要么一台车从 B 到 A 逆过来通行，总之不能同时双向过两辆车！

如果发生冲突"撞车"了，则两辆车都会损毁，承载的信息很可能会丢失。

（3）全双工

全双工则可以想象成两车道，两台设备间同时进行双向信号传输，手机、电话都属于全双工通信，自己说话的同时也可以听到别人的声音。

在全双工中，无线信道可以分为两条通信链路：上行链路（从终端到基站）和下行链路（从基站到终端）。由于我们用手机终端接收来自基站的信息远远多于基站接收来自手机的信息，所以下行链路的信号远强于上行链路，两者是不对称的，这为我们如何实现收、发分离带来了挑战。

全双工有两种对上行链路和下行链路进行分离的方法，分别是时分双工（TDD，Time-Division Duplexing）和频分双工（FDD，Frequency Division Duplexing）。可以分别形象地理解为"见缝插针"和"各占山头"。

时分双工是指利用时间分隔多工技术来分隔传送、接收信号。上行链路和下行链路都共用一个频率，信号收发利用时间的空隙"见缝插针"，交替进行。

时分双工的优点是，在非对称网络（上传和下载带宽不平衡）中，可以动态调整上下行链路对应的带宽，实现对带宽资源的充分利用。

时分双工的缺点是，由于只有一个无线信道，容量可能比不上频分双工；由于"见缝插针"对于精细度要求比较高，线路更复杂，耗能更高；为了防止时间误差，需在邻近的区段中增加保护区段（Guard Band），频谱效率下降，否则就要有时间同步机制，使设备 A 的传送和设备 B 的接收同步；并且由于上 / 下行使用同一频段，仍然存在着下行链路干扰上行链路的可能性。

频分双工则是利用频率分隔多工技术来分隔传送、接收的信号。上行链路和下行链路分别用不同的频段来实现，所以说是"各占山头"。上传及下载的频段之间用"频率偏移"（Frequency Offset）的方式分隔，防止相互干扰。

当网络较为对称，上传与下载的资料量差不多时，频分双工比时分双工更有效率，这种情况下，时分双工会在切换传送接收时浪费一些带宽，延迟时间较长。此外，由于采用了不同的上下行频段，频分双工的上下行链路之间更能保证互不干扰。

采用时分双工的有 PHS、TD-SCDMA、UMTS/WCDMA TDD 模式等，采用频分双工的有非对称数字用户线路（ADSL）、超高速数字用户线路（VDSL）、GSM、cdma2000、UMTS/WCDMA FDD 模式等。LTE 和 5G 则同时支持 FDD 和 TDD。

Chapter 3

第 3 章

信息的空中之旅：
无线信道与信道衰落

第2章以信息的第一视角经历了信息在一个通信过程中完整的"奇遇记"，相信大家对无线通信框架已经有了更深入的理解。第2章更多介绍的是通信的"地面时间"，但我们知道，在通信过程中，信息有很多时候是在无线信道中进行"空中之旅"的，所谓的"地面时间"只占较小的一部分。

信息在无线信道中的传播可没有那么省心。无线信道的容量是有限的，在没有噪声的理想状态下可以由奈奎斯特定理测算出来，在有噪声的情况下可以由香农公式测算出来。况且无线信道也不是完美的理想信道，存在着各种衰落效应，携带着信息的电磁波在信道中的传播并不是一帆风顺的。由此，我们需要对无线信道及其特性有一个基本的认识，并且尽可能设计相应的机制为电磁波在无线信道中的传播保驾护航。下面，让我们走进信息的空中之旅，探究无线信道、信道衰落及其应对策略。

3.1　信号与信号分析

3.1.1　信号的基础知识

1. 信号的概念——从狼烟到电磁波

几乎所有与通信有关的教材类图书的开篇都是讲"信号"。如果不是，那么一定会在前言里注明——"本书的读者应当具备'信号与系统'的相关知识"。以"信号"作为通信最基础的知识是很自然的，信号承载了人们所要传递的信息，可谓"无信号，不系统"，如果都没有信号要传递，那么现代的各种通信系统也就失去它的意义了。

那么什么是信号？什么是系统？很简单，通信系统承载的信息流就是信号。"鸿雁传书"，鸽子腿上绑着的书信就是信号，这识路的鸽子就是发信人和收信人的通信系统；"烽火连三月"，烽火台上燃起的狼烟所代表的入侵信息就是信号，这一站接一站的烽火台就是古代特殊的战争通信系统。

下面就回到本节的正题——电磁信号。电磁信号是一个时间的函数，这很好理解，不同的时间里它有不同的值。同时，电磁信号还可以表示为频率的函数。也就是说，一个信号是由不同的频率成分组成的，这个观点并不好理解，因为我们的日常生活中通常都是以时间的观点来解读信号的。古有沙漏、日晷，今有手机、手表，无论是二十四节气表还是列车时刻表，都说明了人们已经习惯用时间来衡量与标记这个世界。如果谁想用频率来作为刻度，那简直就和用二进制来做加法一样显得有点奇怪。

然而，从频域的观点来理解信号，对于一个从事通信技术工作的人来说又是如此重要，以至于缺乏这种意识就寸步难行。从奈奎斯特采样定理到香农理论，从 GSM 到 WCDMA、LTE 甚至未来的通信制式，通信的每一寸土地、每一个角落都渗透着频率的思想，它如氧气一般，无处不在，且不可或缺！

其实我们的日常生活中，对于频率也不是完全没有直观的认识。相信大家都看过男女声合唱，一般都是一唱一和，一个高八度一个低八度，音乐比这个世界上的任何东西都更讲究和谐与优美，这或许也是它如此受大众欢迎的原因吧。在这里，这个所谓的高八度与低八度指的就是声带的振动频率。

2. 信号的时域概念

现在我们就以时域的观点和频域的观点来对信号做一番介绍，这或许会用到一点数学知识，还好这并不困难。

从时间函数的概念来看，一个信号要么是模拟的要么是数字的。如果一段时间内，信号的强度变化是平滑的，没有中断或者不连续，那么这种信号就称为模拟信号（Analog Signal）。如果一个信号在某一段时间内信号强度保持某个常量值，然后在下一时段又变化为另一个常量值，这种信号就称为数字信号（Digital Signal）。模拟信号和数字信号的区别可以很容易地从图形上看出来，图 3-1 所示为这两种信号的例子。这里的模拟信号可能代表了一段噪声，而数字信号则代表了二进制的 0 和 1。

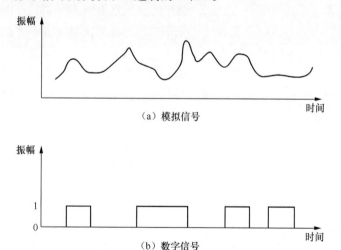

（a）模拟信号

（b）数字信号

图 3-1　模拟信号和数字信号波形

最为简单的信号当然是周期信号。何谓周期信号？周而复始、不断重复的信号就叫周期信号。比如我们说"做一天和尚撞一天钟"，和尚撞钟念佛，天天如此，你也不妨把它理解为周期信号。周期信号为什么简单啊，每天一样能不简单么，我们对信号进行分析，也往往从周期信号开始。

也可以从数学上来理解周期信号，当且仅当信号 $s(t+T)=s(t)$ 时，信号 $s(t)$ 才是周期信号，这里的常量 T 是信号周期。如果不满足这个等式，那么信号就是非周期的。

图 3-2 所示为两个典型的周期信号，一个为正弦波，另一个为方波。

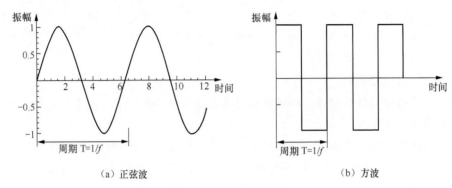

（a）正弦波　　　　　　　　　（b）方波

图 3-2　周期信号示例

正弦波是最基本的模拟周期信号，简单的正弦波可以用以下 3 个参数表示：幅度（A）、频率（f）和相位（θ）。振幅（Amplitude）是指一段时间内信号的最大值。频率（Frequency）是指信号循环的速度（通常用 Hz 表示）。频率的倒数是周期（Period），$T=1/f$，指信号重复一周所花的时间。相位（Phase）是指一个周期内信号在不同时间点上的相对位置。

一般的正弦波可如下所示

$$S(t)=A\sin(2\pi ft+\theta)$$

我们可以看一下振幅、频率和相位分别取不同值时的情况，如图 3-3 和图 3-4 所示。

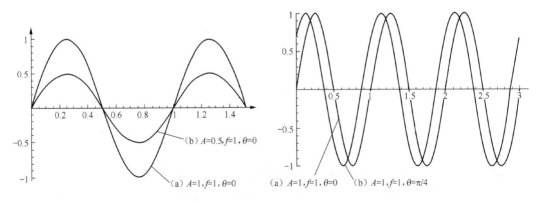

图 3-3　正弦波 $S(t)=A\sin(2\pi ft+\theta)$ 的幅度变化　　图 3-4　正弦波 $S(t)=A\sin(2\pi ft+\theta)$ 的相位变化

3. 信号的频域概念

信号的频域概念对于通信而言非常重要，属于非掌握不可的内容。

我们在上一节中对正弦波做了简单的介绍，然而，通常一个电磁信号会由多种频率组成，而非单一的频率，比如说下面的信号。

$$S(t) = \sin(2\pi ft) + \frac{1}{2}\sin[2\pi(3f)t]$$

这个信号的组成只有频率为 f 和频率为 $3f$ 的正弦波，如图 3-5 所示。

这种频率成分的叠加会形成一个有意思的现象，如果我们给予每个谐波分量一个合适的系数，然后把这些谐波分量叠加起来，那么叠加的图形会越来越接近一个方波！

这个结论或许不是那么重要，但我们将它引申一下，提出一个思考题。作为周期信号的方波可以近似地用正弦信号及其谐波信号来表示，那么其他周期信号是否也具有同样的性质呢？

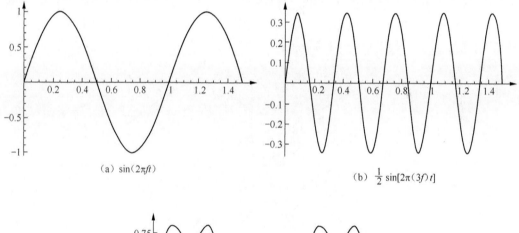

（a）$\sin(2\pi ft)$　　（b）$\frac{1}{2}\sin[2\pi(3f)t]$

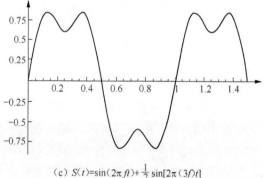

（c）$S(t)=\sin(2\pi ft)+\frac{1}{2}\sin[2\pi(3f)t]$

图 3-5　频率成分的叠加（T=1/f）

3.1.2 信号分析的利器——傅里叶级数和傅里叶分析

1. 傅里叶级数和傅里叶分析的由来

我们在上节对简单的正弦波进行了介绍，但是这对实际工作的作用是非常有限的。因为无论是电磁信号还是声波信号，都不会是一个简单的正弦函数。上节所介绍的正弦函数的波形及一些性质，面对如图 3-6 所示的信号就会显得束手无策了。

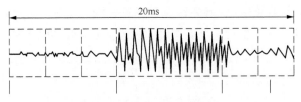

图 3-6　20ms 的语音信号

在 GSM 通信系统中，通常以 20ms 为单位对信号进行抽取，然后编码。分析这样的信号对目前的我们来说是困难的，因为我们还没有掌握分析信号的工具，就像手里没有斧子就砍不了大树。

图 3-7 所示的毫无规律的信号看得我们头都大了，很不爽，总得先找个有点规律的开始研究，嗯，还是对周期信号进行研究吧。

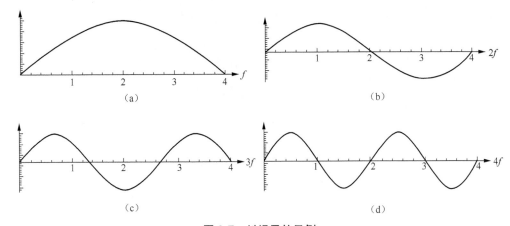

图 3-7　抖绳子的示例

对周期信号的分析研究，最早来自 1748 年欧拉对振动弦进行的研究工作。我们把绳子的一头系在墙上，另一头拿在手里，然后用力抖绳子。那么在绳子上就会形成一个又一个的波，抖得越快的话，那么波浪就会越多，相信大家都有过这样的生活体验。

欧拉继续分析下去，发现所有的振荡模式都是 x 的正弦函数，并成谐波关系。欧拉得出的结论是：如果某一时刻振动弦的形状是其谐波的组合，那么在其后任何时刻，振动弦的形状也都是这些振荡谐波的组合。

欧拉的结论很深奥，用一句通俗的话说，那就是在绳子上滚动的信号，总可以表示为图 3-8 所示的一堆正弦波的叠加，至于每个正弦波所占的比重也就是系数再另说。正弦函数和余弦函数也统称为三角函数，在信号与系统中，往往习惯叫三角函数。

1753 年，伯努利声称一根弦的实际运动都可以用振荡谐波的线性组合来表示。

1759 年，拉格朗日提出了反对意见，他批评了使用三角级数来研究振动弦的主张，认为这个没多大用处。因为实际的信号往往有中断点的，不像绳子一样从头到尾都是完整的。那么有间断点的信号就像一根断了的绳子，还能用三角函数来分析吗？

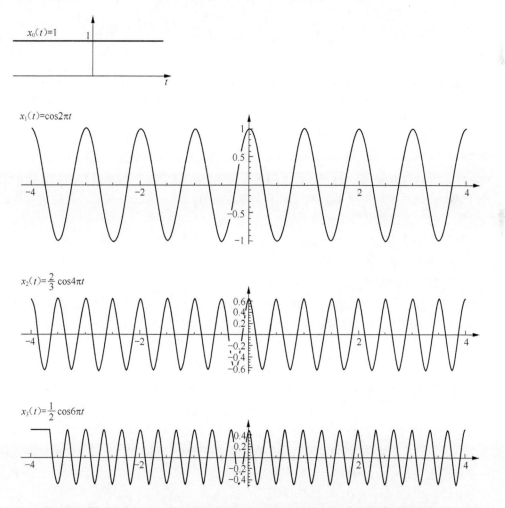

图 3-8　例 3.1 中 $x(t)$ 作为谐波关系的正弦信号的线性组合来构成的图解说明

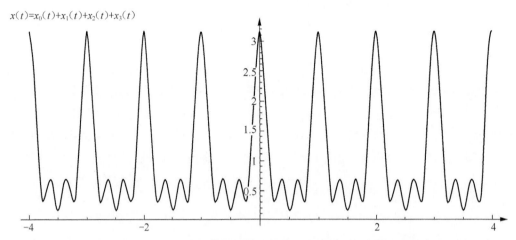

$x(t)=x_0(t)+x_1(t)+x_2(t)+x_3(t)$

图 3-8　例 3.1 中 $x(t)$ 作为谐波关系的正弦信号的线性组合来构成的图解说明（续）

这时候轮到我们的主人公傅里叶登场了。1807 年，傅里叶在进行热力学研究时发现，表示一个物体温度分布时，成谐波关系的正弦函数的级数是非常有用的。这时候他提出了一个大胆的猜想："任何"周期信号都可以用成谐波关系的正弦函数的级数来表示？！

这个论述非常有意义，因为它的适用范围非常广。傅里叶本人并没有给出详细的数学论证，这个命题后来是由狄里赫利给出了完整的证明：在一定的条件下，周期信号可以用成谐波关系的正弦函数的级数来表示。

另外，傅里叶还给出了非周期信号的表达方式：不是成谐波关系的正弦信号的加权和，而是不全成谐波关系的正弦信号的加权积分。

2. 周期信号的数学表达——傅里叶级数

刚才我们说了，在满足狄里赫利的条件下，周期信号可以用成谐波关系的正弦函数来表示。我们知道，如果一个信号是周期的，那么对于一切 t，存在某个正值的 T，即

$$x(t)=x(t+T) \tag{3-1}$$

现在我们来考虑周期复指数信号（因为它在信号与系统中应用最广泛），即

$$x(t) = e^{j\omega_0 t} = \cos \omega_0 t + j\sin \omega_0 t \tag{3-2}$$

我们很容易看出复指数信号是周期的，而且其基波频率为 ω_0，基波周期为 $T=2\pi/\omega_0$。那么与它成谐波关系的信号的频率就应该是它的 k 倍。可以得出式（3-2）中的复指数信号的一个成谐波关系的信号的集合，如下所示。

$$\phi_k(t) = e^{jk\omega_0 t} = e^{jk(2\pi/T)t} \qquad k=0, \pm1, \pm2, \cdots \tag{3-3}$$

这些信号都有一个基波频率，它是 ω_0 的倍数。因此每一个信号对周期 T 来说都是周

期的。于是，由傅里叶的推论和狄里赫利的证明可以得出，一个由成谐波关系的复指数线性组合形成的信号，如下所示。

$$x(t) = \sum_{k=-\infty}^{+\infty} a_k e^{jk\omega_0 t} = \sum_{k=-\infty}^{+\infty} a_k e^{jk(2\pi/T)t}$$

（3-4）

在式（3-4）中，a_k 就是欧拉所说的加权系数，$e^{jk\omega_0 t}$ 就是欧拉所说的谐波信号。$k=0$ 这一项就是一个常数，$k=+1$ 和 $k=-1$ 这两项都有基波频率等于 ω_0，两者合在一起称为基波分量或一次谐波分量。$k=+2$ 和 $k=-2$ 这两项也是周期的，其周期是基波分量周期的 1/2，频率是基波频率的两倍，称为二次谐波分量。一般来说，$k=+N$ 和 $k=-N$ 的分量称为第 N 次谐波分量。一个周期信号表示成式（3-4）的形式，称为傅里叶级数。

我们在这里举一个例子来说明傅里叶级数到底有什么用途。

例 3.1 假设有一个周期信号 $x(t)$，其基波频率为 2π，只要其满足狄里赫利条件，我们就可以把这个周期信号写成式（3-4）的形式，则为

$$x(t) = \sum_{k=-3}^{+3} a_k e^{jk2\pi t}$$

（3-5）

其中，$a_0=1$，$a_1=a_{-1}=1/2$，$a_2=a_{-2}=1/3$，$a_3=a_{-3}=1/4$

我们将式（3-5）中具有同一基波频率的谐波分量合在一起以便于计算，得到式（3-6）。

$$x(t) = 1 + \frac{1}{2}(e^{j2\pi t} + e^{-j2\pi t}) + \frac{1}{3}(e^{j4\pi t} + e^{-j4\pi t}) + \frac{1}{4}(e^{j6\pi t} + e^{-j6\pi t})$$

（3-6）

我们对式（3-6）进行简化，可得式（3-7）。

$$x(t) = 1 + \cos 2\pi t + \frac{2}{3}\cos 4\pi t + \frac{1}{2}\cos 6\pi t$$

（3-7）

$$x_0(t) = 1$$

我们在本例中演示了一个周期信号是如何分解为基波信号和谐波信号之和的。试想一下，符合狄里赫利条件的周期信号都可以这样分解为一个个正弦信号的和，正弦信号又是我们非常熟悉的，那应付起来岂不是如庖丁解牛。

所以说傅里叶级数其伟大的地方就在于，把一个看上去没什么规律的周期信号给规律化了（从数学上理解为基波信号和谐波信号的叠加），这样一来，我们总算有了对付周期信号的数学工具。

且慢！！想必聪明的朋友已经发现了，我们在例 3.1 中回避了一个问题，那就是这些谐波在整个信号中所占的分量，也就是加权系数 a_k 到底是怎么得来的呢？

虽说我们现在已经知道了任意一个符合狄里赫利条件的周期信号都可以表述为 $x(t) = \sum_{k=-3}^{+3} a_k e^{jk2\pi t}$ 的形式，但是如果不告诉我 a_k 怎么得来的那还是白说，我还是没有办法将一个周期信号分解为不同的谐波分量啊。你不能光给世界观，不给方法论啊。

求这个系数的方法是有的，但是其数学证明却相当复杂，所以在这里我们略去证明过程，仅仅给出结论。假设 $x(t)$ 为符合狄里赫利条件的周期信号，那么要将其分解为式（3-5）的形式，其系数的求法如下所示。

$$x(t) = \sum_{k=-\infty}^{+\infty} a_k \mathrm{e}^{jk\omega_0 t} = \sum_{k=-\infty}^{+\infty} a_k \mathrm{e}^{jk(2\pi/T)t} \tag{3-8}$$

$$a_k = \frac{1}{T} \int_T x(t) \mathrm{e}^{-jk\omega_0 t} \mathrm{d}t = \frac{1}{T} \int_T x(t) \mathrm{e}^{-jk(2\pi/T)t} \mathrm{d}t \tag{3-9}$$

　　式（3-8）称为综合公式，式（3-9）称为分析公式。系数 a_k 往往称为 $x(t)$ 的傅里叶级数系数或 $x(t)$ 的频谱系数。这些复数系数是对信号 $x(t)$ 中的每一个谐波分量的大小做出的量度。系数 a_0 就是 $x(t)$ 的直流或常数分量。

　　提示：我们在上面研究了周期信号的傅里叶表达方式，但是这对信号研究是不够的，因为很多信号是非周期的，图2-16所示的信号就不是周期的。本书中要研究的大多数信号，如语音信号，也是非周期的。我们面对非周期信号是不是也有什么有效的方法来进行数学处理呢？或许有人要摩拳擦掌试图干出点什么，但是很不幸，这个问题也被傅里叶解决了，就是我们接下来要讨论的傅里叶分析。

3. 非周期信号的数学阐述——傅里叶分析

　　傅里叶是这样看待非周期信号的，他认为一个非周期信号可以看作周期无限长的周期信号，正是这种颇具有哲学意味的观点填平了周期信号与非周期信号之间的鸿沟，从而拉开了傅里叶分析的序幕。

　　下面我们就试着用傅里叶级数的观点来对非周期信号进行探讨：首先回到式（3-8），当周期 T 增加时，基波频率 2π/T 就减小，所以成谐波关系的各分量在频率上就越靠近。当周期变成无穷大时，这些频率分量之间就变得无限小，从而组成一个连续域，傅里叶级数的求和就变成了积分。

　　出于篇幅和内容的考虑，我们仅对傅里叶分析给出感性的认识，具体的数学证明过程，请参见相关参考文献。

　　傅里叶分析的数学表达式为

$$x(t) = \frac{1}{2\pi} \int_{-\infty}^{+\infty} X(j\omega) \mathrm{e}^{j\omega t} \mathrm{d}\omega \tag{3-10}$$

$$X(j\omega) = \int_{-\infty}^{+\infty} x(t) \mathrm{e}^{-j\omega t} \mathrm{d}t \tag{3-11}$$

　　式（3-10）与式（3-11）称为傅里叶变换对，函数 $X(j\omega)$ 称为 $x(t)$ 的傅里叶变换或傅里叶积分，式（3-10）称为傅里叶反变换。请分别对比式（3-8）与式（3-10）、式（3-9）

与式（3-11）的异同。

无论是傅里叶级数也好，傅里叶变换也罢，价值之一在于给我们提供了一个分析信号的工具，结合系统的一些特性，可以得出很多有用的结论。价值之二在于给了我们一个看待信号的全新视角，我们以前都是从时域的角度来看待信号，把信号理解为时间上电平高高低低的连续变化，它是一个二维的坐标体系，两个维度分别是时间和电平值。现在我们可以从频域的角度上来理解信号，把信号理解为不同频谱的复指数信号的叠加，也就是基波分量和谐波分量的叠加，不同频率的谐波分量有着不同的权重系数，这也是一个二维的坐标体系，两个维度分别是频率和权重系数。

很多人对于时域到频域的转换难以理解，其实就是无法理解这两个坐标系的转变，我们不妨举一个简单的例子，体会一下"时域—频域"坐标系是怎么变化的。迈克尔·乔丹（Michael Jordan）是篮球之神，他打篮球动作频率很快，这一秒可以做 4 个动作，下一秒可以做 3 个动作，下下秒可以做 5 个动作，下下下秒……我们首先看看这一句话是如何用时域坐标系表示的，如图 3-9 所示。

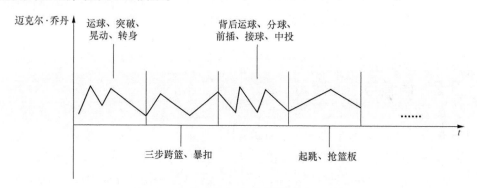

图 3-9　从时域的观点来欣赏迈克尔·乔丹

作为一个普通的观众，我们通常是从时域的观点来欣赏迈克尔·乔丹，看看他这秒干了什么，下一秒又做了哪些精彩的动作。

可是偏偏还有这么一群人，他们目光深邃，表情冷峻，他们对篮球场上那些华丽的诗章毫无兴趣，他们根本就不用时域的观点来欣赏迈克尔，他们用频域！！！这些人是干什么的呢，他们是球队的技术分析员，他们统计迈克尔每秒都做了多少动作，用频域的观点来分析迈克尔能给球队带来多少胜利。这群人毫无疑问是欧拉和傅里叶的崇拜者，估计对伯努利和拉普拉斯也是仰慕有加，要不你没法解释他们为什么要这么做，我们来看看这群人是怎么来分析迈克尔·乔丹的（如图 3-10 所示）。

傅里叶级数实现从时域到频域的变换也类似于此，迈克尔一场比赛打的时间的长短只是影响各个动作频率在图3-10中的权重而已。信号在时域上的不断延伸只不过是改变各个谐波分量的权重值而已，频域上不需要时间这个维度，时间上的变化在这里转换成了权重上的变化。

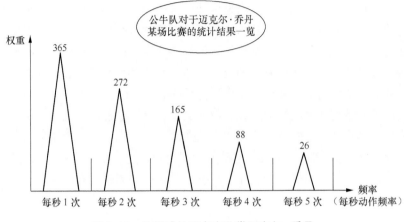

图 3-10　从频域的观点来欣赏迈克尔·乔丹

 ## 3.2　信道与信道容量

形象地说，信息、信号是"乘客"，电磁波是信息在"空中之旅"所搭乘的"交通工具"，那么无线信道就是"空中之旅"的"航线"与"道路"。上节中我们介绍了电磁信号时域、频域等"静态属性"以及相应的分析利器，我们之后还要详细探究电磁信号的"动态属性"——传播特性和传播机制。

了解了"乘客"和"交通工具"后，我们也得了解"航线"与"道路"。泥巴路、水泥路、沥青路的传输效果肯定是不一样的，而两车道和八车道的传输容量也肯定不一样。在本节中，就让我们先来了解一下信道的各种不同类型，以及无线信道的特性与容量。

3.2.1　信道的分类

曾几何时，电视上有这么一个广告："信道好才是真的好"。一时间人们互相都问："你手机的信道好不好？移动、联通的信道好不好？"

对于一个学通信的人而言，看到这种情景有点哭笑不得的感觉。因为人们口中的"信道"实际上指的是接收电平（信号的格数），真正的信道是指信号传送的通道，或者说信号的传输媒质。手机的信道都是空气，这部手机和另外一部手机的空气难道还不一样了，何来信道好不好之说？

信道又可分为有线信道和无线信道两类。有线信道包括明线、对称电缆、同轴电缆及光缆等。而无线信道有地波传播、短波电离层反射、超短波或微波视距中继。有时候，信道的定义不单单指传输媒质，还包括相关的变换装置（如发送设备、接收设备、调制器、解调器），我们称这种扩大范围的信道为广义信道。

电磁波的不同频段，有着相应的不同的通信用途（见表 3-1）。而我们关注的主要是用于移动通信的无线信道。

表 3-1 电磁波不同频段的用途

频段 /Hz	名称	典型应用
3 ～ 30	极低频（ELF）	远程导航、水下通信
30 ～ 300	超低频（SLF）	水下通信
300 ～ 3000	特低频（ULF）或音频（VF）	数据终端、实线电话
3k ～ 30k	甚低频（VLF）	远程导航、水下通信、声纳
30k ～ 300k	低频（LF）	导航、电力通信
300k ～ 3000k	中频（MF）	广播、海事通信、测向、险遇求救、海岸警卫
3M ～ 30M	高频（HF）	远程广播、电报、电话、传真、搜寻救生、飞机与船只间通信、船—岸通信、业务无线电
30M ～ 300M	甚高频（VHF）	电视、调频广播、陆地交通、空中交通管制、出租汽车、警察、导航、飞机通信
0.3G ～ 3G	特高频（UHF）	电视、蜂窝网、微波链路、无线电探空仪、导航、卫星通信、GPS、监视雷达、无线电高度仪
3G ～ 30G	超高频（SHF）	卫星通信、无线电高度仪、微波链路、机载雷达、气象雷达、公用陆地移动通信
30G ～ 300G	极高频（EHF）	雷达着陆系统、卫星通信、移动通信、铁路业务
300G ～ 3T	亚毫米波（0.1 ～ 1mm）	未划分，实验用
43T ～ 430T	红外光（7 ～ 0.7μm）	光通信系统
430T ～ 750T	可见光（0.7 ～ 0.4μm）	光通信系统

3.2.2　移动无线信道的特性

移动无线信道是一种特殊的无线信道，既具有无线信道的基本属性，也有自身的独特属性——终端用户可以在移动中发送和接收信息。

移动无线信道是一种时变信道，具有传播路径与信道环境复杂、路径损耗大、内外部干扰强、用户随机移动、传输不稳定的特性。

（1）传播路径与信道环境复杂

我们已经知道，有线通信的传输介质主要有双绞线、同轴电缆、光缆等，具有可靠、可预知的信道属性。而与有线通信信道相比，无线通信的传播路径与信道环境非常复杂，并且具有强烈的随机性和不可预见性。

无线信道的发射机与接收机之间的传播路径非常复杂，接收机接收的信号可能是地球表面直射波、空间直射波、地面反射波、电离层反射波和散射波的合成信号。这称为多径效应，并且带来了信号的多径衰落，我们将在后文中详细解释。

无线信道的信道环境也非常复杂，甚至可以说是非常恶劣的，自然地形（高山、丘陵、盆地、平原、水域等）、人工建筑（密度、高度、材料等）、植被特性、天气状况等，都对电磁波在无线信道中的传播有着较大的影响。

（2）路径损耗大

有线信道中的传播可以看成是线传播，无线信道中的传播可以看成是面传播，而面传播在自由空间的路径损失更为明显，其信号强度受到距离效应的影响更大。有线信道中信号的强度与距离成反比，而无线信道中信号的强度与距离的高次幂成反比。

（3）内外部干扰强

无线通信的传播是面传播，并且传播环境是开放的，更容易受到各种干扰的影响。干扰既包含信号内部的同频干扰，也包含外界（自然界、工业设备）的干扰等。但内外部干扰造成的效果都一样，那就是给我们移动通信的信号传输捣乱！

在有线信道中，信号与噪声相比能占据压倒性优势，信噪比很高，可达数万倍，但是，对于无线信道可不是这样，无线信道的信号强度与噪声强度几乎差不多，这可是一件令人头疼的事情。

（4）用户随机移动

移动无线通信的信道特性还受到移动台运动状况的影响。大家可能会有这样的体验，就算坐在时速300多千米的高铁上，只要地形较为开阔，靠近市区，一样能稳定地接打电话。看似轻轻松松，实际实现起来可不容易。移动台和基站的相对运动会造成多普勒频移，接收端信号经过矢量合成后有可能发生严重的衰落。

（5）传输不稳定

有线信道相比无线信道而言，传输更为稳定，以同轴电缆为例，它内部用金属传输信号，外部用塑料进行绝缘，信号就在里面传输，四平八稳，其物理特性自出厂起就是恒定的。我们通常也称有线信道为恒参信道，也就是说各项参数是不变的。而无线信道就大不相同了，无线信道的物理特性没有一刻是恒定的，总是处于不断变化中，也称作变参信道或时变信道。

移动无线信道不仅是时变信道，还是快速时变信道，无线环境、传输路径无时无刻不发生着快速的变化，这使得移动无线信道非常不稳定，降低了通信可靠性和通信质量。

例如，在城市里，一辆汽车上的终端的接收信号在短短一秒内就可能发生数百次衰落。如果只是打电话，质量不好也就算了，但如果是自动驾驶汽车、飞机的通信系统，那信号衰落可是性命攸关的。所以，我们会设计相应的机制，克服移动无线信道的衰落，保障移动通信的可靠性。

3.2.3　无线信道的容量

1. 信道容量的基本概念

我们已经知道，信道上是有噪声的，我们通常关注的是，这些噪声会对传输信号的速率会产生多大的限制。我们把信道上可以被传输的最大速率称为信道容量（Channel Capacity）。对于信道容量而言，通常有以下几个概念。

（1）波特率：也称为码元速率、符号速率、传码率，表示每秒传送的码元符号的个数，它是对符号传输速率的一种度量，单位为"波特"，常用符号"Baud"表示，简写为"B"。

一个数字脉冲就是一个码元，我们用码元速率表示单位时间内信号波形的变换次数，也即单位时间内通过信道传输的码元个数。码元速率与信号码元时间宽度呈倒数关系，如果信号码元宽度为 T 秒，则码元速率为 1/T 波特。

（2）数据率（Data Rate）：也称为比特率，即数据能够进行通信的速率，用 bit/s 来表示。比特率 = 波特率 × 单个码元携带的信息量（比特数）。如果波特率相同，但单个码元带的信息量不同，那么比特率也会不同。

（3）带宽（Bandwidth）：指的是传输信号所占的带宽，用 Hz 来表示。我们在日常生活中又常常把数据率（bit/s）称作"带宽"。所以很多人头脑里经常有两股截然不同的势力在打架：一股是来自书本，它告诉你"Hz"才是带宽；另一股来自生活，它告诉你"bit/s"就是带宽，我们需要举一个例子来分清楚这两个概念。

而真正意义上的"带宽"，指的是频带宽度，即频谱宽度，是频率区间的大小！ 2G 时代，带宽大约才 200kHz，而如今的 5G 时代，带宽已经达到了 100MHz 的水平。形象地说，调制方式的进步，相当于车的空间越来越大，一次能装下更多人，而带宽的提升，相当于路越修越宽，能容纳更多车。5G 的超大带宽，赋予了手机终端更大的想象空间，看视频更清晰，玩游戏更畅快，下载更极速。

对于 2G 而言，如果传送的是 TCH 语音信号的话，那么调制速率就是 33.8kbit/s，这就是 GSM 传输的数据率（Data Rate），也就是我们之前在信源编码那章提到的码率，而 3G TD-SCDMA 达到了 2.8Mbit/s，4G TD-LTE 可达到 100Mbit/s，5G 更是可达到 1Gbit/s 以上！数据率通常是小于信道容量的，一个信道的容量在没有噪声的理想状态下可以由奈奎斯特定理测算出来，在有噪声的情况下可以由香农公式测算出来。带宽能承载的最高数据率是多少，可以根据信噪比计算出来。

（4）电平：指系统中某点的功率 P（电压 U、电流 I）对基准功率 P0（基准电压 U0、基准电流 I0）的比值的对数，即分贝比，单位为 "dB"。

数字通信是通过信号电平状态的改变来传递码元的。如果一个信号只有两个电平状态，那么可以将低电平视作 "0"，高电平视作 "1"，电平变化的次数也即传输的 0 和 1 的个数；如果信号有四电平状态，那么每个电平就可被分别视作 "00""01""10""11"，每次电平变化就能传输两位数据。

（5）噪声（Noise）：噪声来源非常广泛，包含元器件产生的固有噪声、线路设计缺陷带来的噪声、空间辐射干扰噪声、线路串扰噪声、传输噪声等。我们所讨论和关心的是通信线路上的平均噪声电平，关注的是统计学上的意义，而非单个的突发噪声。

（6）信噪比（Signal–Noise Ratio，记作 SNR 或 S/N）：即信号与噪声的功率之比。信号的功率越大，噪声的功率越小，则信噪比越高，越有利于信号的接收。信噪比本身没有量纲，但在计算时常对它取常用对数再乘以 10，所得的结果也叫信噪比，不过这时其单位为分贝（dB）。

（7）误码率（Error Rate）：即差错发生率，比如发送的是 "0" 而接收的是 "1"，或者发送的是 "1" 而接收的却是 "0"。

2．无噪声的完美信道——奈奎斯特带宽

（1）奈奎斯特带宽与奈奎斯特速率

在声音的采集、量化、编码的部分，我们已经学习过奈奎斯特采样定理。奈奎斯特定理证明了，如果一个信号是带限的（它的傅里叶变换在某一有限频带范围以外均为零），如果采样的样本足够密的话（采样频率大于信号带宽的两倍），那么就可以无失真地还原信号。

现在，我们又要再次与奈奎斯特打交道了，这次，我们要了解的是奈奎斯特提出的无噪声的完美信道——奈奎斯特带宽。我们在这里先埋下一个伏笔，奈奎斯特带宽与奈奎斯特采样定理实际上有着非常紧密的联系，有兴趣的朋友可以深入探究。

奈奎斯特带宽（Nyquist Band Width）指的是符号速率（码元速率）为 1/T（每个码元的传输时长为 T）时，进行无码间串扰传输所需的最小带宽为 1/2T，揭示了符号速率与信道

带宽的关系。奈奎斯特速率（Nyquist Rate）和奈奎斯特带宽是同一理论的一体两面，奈奎斯特速率指的是在无噪声理想低通信道情况下不发生码间干扰的最大的符号速率，其表达式为：

$$C = 2H \log_2 N$$

其中，C 为信息传输速率（单位 bit/s），H 为理想低通信道的带宽（单位 Hz），N 为一个码元对应的离散值个数（编码级数或多相调制的相数）。

首先值得注意的是，奈奎斯特带宽和速率指的是信道无噪声的理想情况，这种理想情况在实际中并不存在，因为再完美的系统你也没办法阻止分子的热运动，除非你想颠覆热力学定理。热噪声或者说高斯白噪声总是如影随形，无处不在的。

奈奎斯特带宽和速率证明了很重要的一点，那就是在没有噪声的情况下，数据率的限制仅仅来自于信号的带宽。奈奎斯特带宽和速率可以描述为：在无噪声的理想情况下，如果带宽为 B，那么可被传输的最大信号速率就是 $2B$；反过来说如果信号传输速率为 $2B$，那么频宽为 B 的带宽就完全能够达到此信号的传输速率。

（2）码间干扰的限制

可能有朋友会问了，既然是理想情况，那为什么还有传输信号速率的限制呢？为什么不是发送信号有多快，接收信号就能有多快呢？我们举一个生动的例子帮助大家理解，不妨想象一下，在一个安静的没有噪声的大教室里，你和你的朋友站在教室的前后两端，你当发射机，你的朋友当接收机，你向你的朋友以飞快的语速喊话。这时候，由于教室回音等原因，很可能在你说到第 7 个字的同时，第 5 个字、第 6 个字的回声也传到了你朋友的耳朵里，你说得越快，越是混淆不清。虽然你发出的信号最终都能被你朋友所接收，但是，你的朋友已经无法恢复出你原来要说的每个字了。

信道也存在着相同的效应，我们把这种效应叫作"码间干扰"。由于实际信道的频带都是有限的，就算没有噪声，接收端接收的信号频谱也一定存在波形失真，与发送端不同。当发送信号的速率大于某一个值时，接收方仍然能接收到发送的信号，但是并不能把原本发送的信息一一解码恢复出来，而在通信中，没有携带信息的信号就是垃圾！所以，"发送多快就能接收多快"的美梦在通信中是无法成真的。

（3）奈奎斯特带宽的实现

我们已经知道，在信道带宽为 B 时，当发送速率（符号速率）大于某一个值，会产生码间干扰，那么为什么这个值不多不少，偏偏就是奈奎斯特给出的 2B 呢？这有着严谨复杂的数学证明，在这里让我们从调制解调的角度，来理解一下其大致原理。

信息经过信源编码后变成二进制数据，而实际电路再通过电平状态变化表示待发数据中的"0"和"1"，波形为矩形脉冲（门信号），呈现出方波（矩形波）状。我们在这里采用最简单的幅度调制，用载波 $\sin(t)$ 去调制代发信息 "a"，调制后得到的实传信号的频谱为门信号与载波信号频谱的卷积（见图 3–11）。

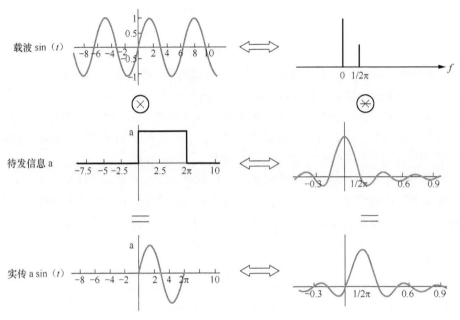

图 3-11　以 sin（t）为载波调制信号"a"

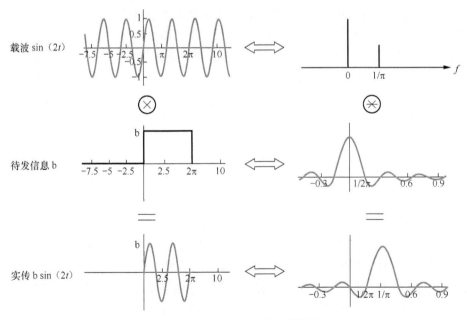

图 3-12　以 sin（2t）为载波调制信号"b"

同样地，我们用载波 $\sin(2t)$ 去调制代发信息 "b"（见图 3-12），并将 $\sin(t)$ 和 $\sin(2t)$ 所传信号的频谱叠加在一起，模拟不同信号的混叠（见图 3-13）。我们将 $\sin(t)$ 和 $\sin(2t)$ 称为子载波，它们是正交的。在实际应用中，子载波不止两种，有多种，因而有多路信号的叠加。

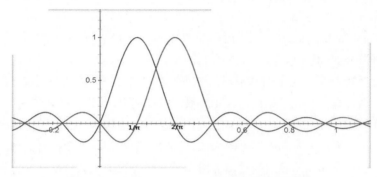

图 3-13　a sin（t）+b sin（2t）信号的叠加波形

图 3-14 所示的基带信号在传输前，一般会通过脉冲成型滤波器进行"修整"，从频域上看，两种子载波对应的两路信号最终如图 3-14 所示，虽然频谱有重叠，但仍然没有相互间的码间干扰（原因是子载波的正交性）。

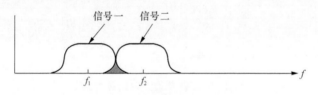

图 3-14　叠加信号的频谱图

此时的信道带宽，已经是保证不出现码间干扰的最"节约"、最"经济"的信道带宽，再小一点点都会出现码间干扰（见图 3-15）。而这个最小信道带宽的值就是 1/2T，完全等同于奈奎斯特带宽！在这个时候，频带利用率已经达到了理论上的最大值。

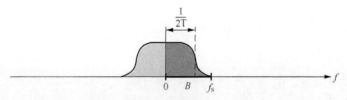

图 3-15　最"节约"的信道带宽——奈奎斯特带宽

而由于子载波 $\sin(t)$ 和 $\sin(2t)$ 是正交的（ $\sin(t)\sin(2t)$ 在区间 $[0,2\pi]$ 上的积分为 0），

在接收端，我们分别对接收信号作关于 $\sin(t)$ 和 $\sin(2t)$ 的"积分检测"：接收信号乘 $\sin(t)$，积分解码出 a 信号；接收信号乘 $\sin(2t)$，积分解码出 b 信号。这样一来，我们在接收端就能达成我们的目的，即恢复我们想要的信息。

通过这种精妙的调制解调方法，我们实现了奈奎斯特带宽，也让大家领略了奈奎斯特带宽的基本原理。实际上，这种方法就叫作正交频分复用技术（OFDM，Orthogonal Frequency Division Multiplexing），广泛运用在 3G、4G、5G 之中。

（4）5G 的理论峰值速率

懂了奈奎斯特带宽和速率的基本理论，那我们再来看看实际的例子，5G 新空口的理论峰值速率怎么计算呢？先给结论，在 100MHz 的带宽下，当 5G 手机支持 4 天线接收时，5G 峰值速率理论上可达 2.34Gbit/s！乍一看，大家可能会想，这怎么可能比奈奎斯特速率的最理想化情况还要快，实际上这是因为我们计算的时候，在奈奎斯特速率的基础之上还考虑了 MIMO 层数（相当于多层的立体道路）等实际参数的乘数效应，在这里先留下一个悬念，在后续章节中会一一解密。5G 单载波理论最大速率如图 3-16 所示。

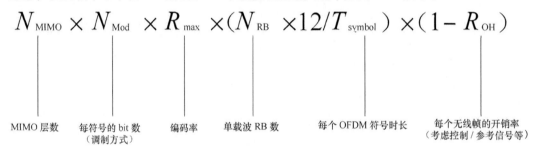

$$N_{\text{MIMO}} \times N_{\text{Mod}} \times R_{\max} \times (N_{\text{RB}} \times 12/T_{\text{symbol}}) \times (1 - R_{\text{OH}})$$

MIMO 层数　　每符号的 bit 数　　编码率　　单载波 RB 数　　每个 OFDM 符号时长　　每个无线帧的开销率
（调制方式）　　　　　　　　　　　　　　　　　　　　　　　　　（考虑控制/参考信号等）

图 3-16　5G 单载波理论最大速率

3. 有噪声的真实信道——香农容量

奈奎斯特准则指出，在无噪声的完美信道中，带宽加倍则数据率或者说信道容量也加倍，在没有噪声干扰的前提下，这样的结论的确合情合理。实际上的信道则比这要复杂得多，高斯白噪声（热噪声）、突发噪声、衰减失真都会对信道上传输的信号产生影响，造成信号丢失或者误码等。

在有噪声的情况下，带宽增加就不一定能相应地增加传输速率了，因为带宽越高，由于频带的展宽，相应的高斯白噪声也会增多，对数据的影响也就会相应地增加。

对于一个给定的噪声电平，我们希望通过提高信号强度来提高正确接收数据的能力。在这里，用 SNR 来衡量信号功率相对噪声功率的强度，这个值越大，说明信号越好，我们越容易分辨出信号来。SNR 为信道输出的信号功率 S 和输出高斯白噪声功率 N 的比值，即 $\text{SNR} = S/N$。

对于数字传输而言，带宽和信噪比共同决定了一个信道的容量，可以用一个简单的公式来描述，这个公式是由香农推理出来的，就是著名的香农定理。

$$C = B\,\mathrm{lb}\left(1 + \frac{S}{N}\right)$$

由于高斯白噪声的功率 N 与信道带宽 B 有关，若噪声的功率谱密度为 n_0，则功率噪声 N 将等于 $n_0 B$。因此，我们可以将香农公式转化为

$$C = B\,\mathrm{lb}\left(1 + \frac{S}{n_0 B}\right)$$

从这个关系式就可以清楚地看出，增大带宽 B 不一定就能使 C 不断增加，甚至当 B 趋近无穷大时，C 是一个给定的有限值，对此可以给出数学上的证明。

$$C = B\,\mathrm{lb}\left(1 + \frac{S}{n_0 B}\right) = \frac{S}{n_0} \cdot \frac{n_0 B}{S}\,\mathrm{lb}\left(1 + \frac{S}{n_0 B}\right)$$

当 $B \to \infty$ 时，则上式变为

$$\lim_{B \to \infty} C = \lim_{B \to \infty}\left[\frac{n_0 B}{S}\,\mathrm{lb}\left(1 + \frac{S}{n_0 B}\right)\right]\left(\frac{S}{n_0}\right) = \mathrm{lb}\,\mathrm{e}\left(\frac{S}{n_0}\right) \approx 1.44\,\frac{S}{n_0}$$

由此可见，当 $\dfrac{S}{n_0}$ 保持一定时，即使信道带宽 $B \to \infty$，信道容量 C 也是有限的，这是因为信道带宽 $B \to \infty$ 时，噪声功率 N 也趋于无穷大。

香农定理指出了达到一个既定信道的最大容量，却没有提及如何去实现它，所以香农容量暂时只是一个衡量实际通信系统性能的尺度。

另外，上述关于信道噪声的讨论都是以高斯白噪声为前提的，对于其他类型的噪声，香农公式需要加以修正才能适用于实际的情况。

3.3　移动无线信道衰落

3.3.1　移动无线信道衰落的分类

在上节，我们已经了解了信道的分类、移动无线信道的特性以及信道容量。我们知道，

对于无线信道而言，最要命的特性莫过于衰落（Fading）现象。

衰落指电磁波接收信号强弱变化的现象。移动无线信道的衰落，可以按照发射机和接收机不同距离情况下的衰落分为大尺度衰落和小尺度衰落，也可以按照信号强度变化的速度分为快衰落和慢衰落。一般来说，大尺度衰落和慢衰落可以等同，小尺度衰落和快衰落基本可以等同（严格来说有特例），具体可见表3-2。

表3-2　无线信道衰落机制分类

	快衰落	慢衰落
大尺度衰落	—	路径损耗、阴影衰落
小尺度衰落	多径效应、多普勒效应	基于多普勒扩展的慢衰落

3.3.2　大尺度衰落

1. 自由空间传播模型与路径损耗

大尺度衰落，又称大尺度效应、慢衰落，我们很容易找出直观的东西来和它类比，那就是光波，请记住了，光波也是电磁波，只不过是频率不同的电磁波而已，所以有很多东西是比较类似的。

电磁波的电场会因为距离而衰减是显然易见的，光波也是如此，一束手电筒的光照向夜空，要不了多远就基本看不到了。一是因为电磁波在空中四散传播，发散了；二是因为路径造成了能量的损耗，在无线通信中也有类似的效果。

因为路径造成的场强的损耗遵循自由空间传播模型。什么叫自由空间传播模型？它是做什么用的？自由空间传播模型一般用于预测接收机和发射机之间完全无阻挡的视距路径时接收信号的场强，比如卫星通信系统和微波视距无线链路就是典型的自由空间传播。自由空间中距发射机 d 处天线的接收功率由 Friis 公式给出：

$$P_r(d) = \frac{P_t G_t G_r \lambda^2}{(4\pi)^2 d^2 L}$$

式中，P_t 为发射功率；$P_r(d)$ 为接收功率；G_t 是发射天线增益；G_r 是接收天线增益；d 是发射机与接收机之间的距离，单位为 m；L 是与传播无关的系统损耗因子（$L \geq 1$）；λ 为波长，单位为 m。其中天线的增益与天线的有效截面 A_e 相关，即

$$G = \frac{4\pi A_e}{\lambda^2}$$

由自由空间公式可知，接收机功率随发射机与接收机距离的平方而衰减，即接收功率衰减与距离的关系为 20dB/10 倍程。当传播距离增加到 10 倍时，信号衰减增加 20dB。它反映出传播在宏观大范围（千米量级）的空间距离上的接收信号电平平均值的变化趋势。路径损耗在有线通信中也存在。

2. 阴影衰落

下面介绍另一种大尺度衰落，就是阴影衰落。它主要指电磁波在传播路径上受到山地、植被、建筑物等的阻挡，形成电波的阴影区，或者是由于气象条件的变化，电波折射系数随时间平缓变化，造成同一地点接收的信号场强中值的缓慢变化，从而引起衰落。它反映了在中等范围内（数百波长量级）的接收信号电平平均值起伏变化的趋势。这类损耗一般为无线传播所特有。

阴影变化率比传送信息率慢，故属于慢衰落。阴影效应在光波中也有，比如你拿一张纸遮住日光灯的灯光，那么从纸背面透过来的灯光就明显弱了很多。由上可以看出，所谓的大尺度和小尺度，是按照波长来进行划分的。

阴影效应可以叠加，若有在电磁波传播路径中独立作用的 N 个物体，每个物体引起阴影衰减的分贝值分别为 L_1，L_2，$\cdots$，L_N，则整个衰减值通过分贝表示为：

$$L = L_1 + L_2 + \cdots + L_N$$

阴影衰落服从对数正态分布。当 N 很大时，L_i 是高斯随机变量，场强中值随移动台位置变化的慢衰落服从正态分布（信号用分贝表示）。其中，信号 $U(t)$ 是信号中值的分贝值，m 为信号中值 $U(t)$ 的均值的分贝值，σ 为信号中值 $U(t)$ 的标准差的分贝值。

$$p(U(t)) = \frac{1}{\sqrt{2\pi\sigma^2}} \exp\left[\frac{-(U(t)-m)^2}{2\sigma^2}\right]$$

3. 对数距离路径损耗模型

为了模拟实际情况和简化运算，现实中常用对数距离路径损耗模型来反映电磁波的传播特性：平均接收信号功率随距离的增加而呈现出对数衰减。

$$L_{dB} = L(d_0) + 10n\lg\left(\frac{d}{d_0}\right)$$

其中，d_0 为近地参考距离，根据蜂窝小区的大小而确定，当 d_0 接近参考距离时，路径损耗表现出自由空间损耗的特点。n 为路径损耗指数，由传播环境决定（见表 3-3）。此模型通过这两个参数，较为充分地引入了现实因素。

表 3-3　不同传播环境对应的路径损耗指数

环境	路径损耗指数 n
自由空间	2
市区蜂窝	$2.7 \sim 3.5$
市区蜂窝阴影	$3 \sim 5$
建筑物内视距传输	$1.6 \sim 1.8$
建筑物内障碍物阻挡	$4 \sim 6$
工厂内障碍物阻挡	$2 \sim 3$

3.3.3　小尺度衰落

小尺度衰落又称小尺度效应、快衰落，反映了移动台在极小范围内（数十波长以下量级）移动时接收电平平均值的起伏变化趋势。小尺度衰落速度快、时间短。当接收机移动距离与波长相当时，其接收功率可以发生 3 个或 4 个数量级（30dB 或 40dB）的变化。

1. 电磁波的传播机制与多径效应

多径传播是小尺度衰落的重要原因之一。所谓多径传播，指的是同一传输信号沿多条时延不同、损耗各异的路径传播，以微小的时间差到达接收机的信号互相叠加，并相互干扰（见图 3-17）。

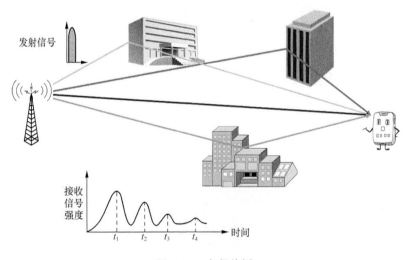

图 3-17　多径传播

而实际中电磁波不同的传播路径，是由于其不同的传播机制。在小尺度衰落一节，我们讨论的是电磁波的自由空间传播模型与路径损耗，是无视各种障碍物的理想状态。实际上，移动通信中的电磁波要想自由传播基本是不可能的，电磁波的直射（发送机与接收机之间没有任何障碍物，畅通无阻）基本也是不可能的。地面上存在着各种各样的障碍物，况且还会遇到地面的反射。

实际情况中，电磁波的 3 种基本传播机制有反射、绕射、散射。

（1）反射

当电磁波遇到比其波长大得多的物体时，电磁波不能绕射过该物体，便在不同介质表面发生反射。反射多发生在空气介质与其他介质的分界面，例如，墙壁表面、地面、水面、建筑物表面等。在理想介质表面发生反射，电磁波的能量会被完全反射回来，但实际上，介质表面可能是粗糙的，是非理想介质，会吸收一部分电磁波，造成损耗。

此外，由于多次、多路反射信号的存在，接收端受到的信号成分是无比复杂的，为了简化分析，我们先从"两径传播"模型（也称为双线模型）入手分析，即假设只有一条直射路径和一条反射路径（见图 3-18）。

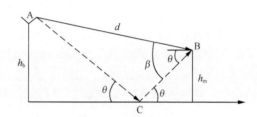

图 3-18 两径传播模型

其中，A、B 分别表示发射、接收天线，AB 表示直射波路径，ACB 表示反射波路径。忽略地表面波，忽略感应场和地面的二次效应，可以推导出：

$$P_r = P_t \left[\frac{\lambda}{4\pi d} \right]^2 G_r G_t \left| 1 + R e^{j\Delta\phi} \right|^2$$

其中，P_r、P_t 分别为接收、发射功率，G_r、G_t 分别为移动台和基站的天线增益，R 为地面反射系数，d 为收发天线的直线距离，λ 为波长，$\Delta\phi$ 为两条路径的相位差。

$$\Delta\phi = \frac{2\pi\Delta l}{\lambda}$$

$$\Delta l = (AC + CB) - AB$$

此模型巧妙地利用了几何光学（光走的路径是最短的）原理，在预测几千米数量级的大尺度信号强度，以及城区视距蜂窝环境的信号强度中，是非常准确的。我们也可以由"两径传播"推广到有着 N 条路径的"多径传播"。

$$P_r = P_t \left[\frac{\lambda}{4\pi d} \right]^2 G_r G_t \left| 1 + \sum_{i=1}^{N-1} R_i \, e^{j\Delta \phi_i} \right|^2$$

（2）绕射

绕射也称为衍射（Diffraction），是指波遇到障碍物时偏离原来直线传播的物理现象（见图3-19）。在发射机与接收机之间有边缘光滑、形状不规则、尺寸与电磁波波长相近的阻挡物体时，电磁波可以从该物体的边缘绕射过去。电磁波的绕射能力与电磁波的波长有关，波长越长，绕射能力越强。

电磁波的绕射，都可以用惠更斯－菲涅耳原理（Huygens‐Fresnel Principle）解释（见图3-20），

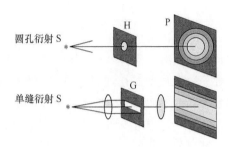

图 3-19　光的圆孔衍射和单缝衍射

此原理的表述为：从点波源 T 发射出的球面波，其波前的任意一点 P′ 可以视为次波的波源，这些次波会各自在点 R 贡献出波扰叠加在一起，因此形成总波扰。

让我们通过一个例子更形象地理解：假设有两个相邻房间 A、B，这两个房间的墙壁隔音效果非常好，两个房间之间只有一扇敞开的小门。当处于房间 A 的人向处于房间 B 的人喊话时，处于房间 B 的人听到的声音，是等效于门口的空气振动作为波源传播而来的。

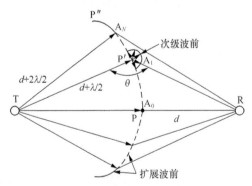

图 3-20　从"惠更斯－菲涅耳原理"理解波的绕射

如图 3-20 所示，考虑两条路径，分别是经由 P′ 点的次级波的间接路径，以及经由 P 点的直接路径，如果间接路径的长度为 $d+\lambda/2$，即比直接路径的长度 d 长 $\lambda/2$ 的话，那么两条信号到达 R 点后，相位恰好相差 180°，相互抵消。如果间接路径长度再增加半个波长，

达到 $d+\lambda$，则到达 R 点时的两路信号同相叠加。实际上，由于存在着无数长度不同的间接路径，无数多路间接信号将与直射信号在 R 点进行叠加或抵消（见图 3-21）。

为了计算方便，实际中常常采用刃形绕射模型、多重刃形绕射模型来近似模拟绕射情况。

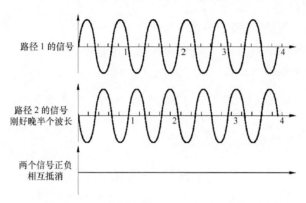

路径 1 的信号

路径 2 的信号
刚好晚半个波长

两个信号正负
相互抵消

图 3-21　相差半波长的信号正负相互抵消

（3）散射

散射指当电磁波传播路径上遇到表面粗糙、表面曲率较大的物体时，偏离原来的传播方向分散传播的现象。散射的场强将弱于原来的入射场强，具体取决于散射损耗系数（由材料性质、表面光滑程度决定）。

2. 多普勒效应

多普勒效应（Doppler Effect）是奥地利物理学家及数学家多普勒・克里斯琴・约翰（Doppler Christian Johann）于 1842 年提出的。大家在生活中应该会有这样的体验，当鸣着警笛的警车、发动机轰鸣着的赛车高速接近我们的时候，声音会非常尖利刺耳；离我们远去的时候，声音会逐渐缓和低沉。这些现象就是由于多普勒效应的存在。

多普勒效应指的是，物体辐射的波长因为波源和观测者的相对运动而产生变化，当观测者在运动的波源前面，波被压缩，波长变得较短，频率变得较高（蓝移 Blue Shift）；当观测者在运动的波源后面时，波被拉长，波长变得较长，频率变得较低（红移 Red Shift）；波源速度越高，多普勒效应越大。

同理，在移动通信中，当移动台（终端）移向基站时，接收频率变高；远离基站时，接收频率变低。接收频率随终端与基站之间相对运动速度而变化的现象，就是移动通信中的多普勒效应，称为"频偏问题"。终端和基站的相对移动速度越大，频偏问题越严重。

多普勒频移与终端运动速度 v、终端运动方向以及基站到终端的连线和运动方向的夹角 θ（入射波角度）有关。若终端朝向入射波方向移动，则多普勒频移为正，接收频率上升；

若终端背向入射波方向运动，则多普勒频移为负，接收频率下降。由于信号传播的多径效应，信号多径分量到达接收机时的频率相对原频率各自上升或下降，从而产生了"多普勒扩展"，增加了信号带宽。

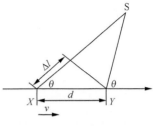

图 3-22　多普勒频移示意

如图 3-22 所示，终端以恒定的速率 v 在长度为 d，端点为 X 和 Y 的路径上运动，在 X 和 Y 点分别收到了来自基站 S 的信号。无线电波从基站 S 出发，在 X 点与 Y 点到达终端时所走的路径差为：

$$\Delta l = d\cos\theta = v\Delta t\cos\theta$$

由路径差造成的接收信号相位变化值为：

$$\Delta\varphi = \frac{2\pi\Delta l}{\lambda} = \frac{2\pi v\Delta t}{\lambda}\cos\theta$$

因此，频率的变化值，即多普勒频移为：

$$f_d = \frac{1}{2\pi}\frac{\Delta\varphi}{\Delta t} = \frac{v}{\lambda}\cos\theta$$

不同的频段传输的信号各自在属于自己的频段上传输，相安无事，但经过"多普勒扩展"，很可能就有了相互重叠的频段，信号之间就可能产生相互干扰。

3.4　如何应对信道衰落

3.4.1　应对信道衰落的方法概览

信道衰落以及移动无线信道的快速时变性，对信息的传输会产生很强烈的负面效应，为应对这一挑战，我们采用了一系列的技术手段，来改进移动无线信道的链路性能。

具体方法主要有信道编码（增加信息的冗余度）、分集技术（包含宏分集与微分集）、均衡技术（补偿多径效应产生的码间干扰）、扩频技术（信号所占有的频带宽度远大于所传信息必需的最小带宽，用频率换取信噪比）、多天线技术（MIMO 多进多出，反而利用多径效应来改善通信质量）、空时编码技术（在不同天线所发送的信号中引入时间和空间的相关性）、自适应调制编码（AMC，Adaptive Modulation and Coding）、混合自动重传请求（HARQ，Hybrid Automatic Repeat Request）等。本节将重点对信道编码、分集、均衡等几种技术进行介绍。

3.4.2　信道编码：常谈常新

1. 信道编码的再理解

在之前的"信息奇遇记"中，我们已经简单地介绍过信道编码的基本原理，在本节中，我们将更加深入地介绍目前主流的几种信道编码。

反反复复提信道编码，是因为其重要程度实在太高了。能不能跳过信道编码，直接将"0110101"这样的二进制序列调制后无线传输呢？答案是否定的。

我们以一个具体的例子来理解。假设 A、B 两国交战，为了讲和，A 国给 B 国发一条短信，内容只有两个字——"停战"，终端发送比特序列为"000 101"，其中"000"代表"停"字，"101"代表"战"字。如果跳过信道编码环节，这一比特序列调制后被发射出去，由于信道衰落的影响，接收时，比特序列变成了"001 101"，恰巧，"001"代表"开"字。

这样一来，不但讲和不可能了，反而还会被视为挑衅的行为，可谓是坏了大事！虽然现实中一般没有那么巧合的事情，但数据传输老是出错，这也是很恼人的！信道编码就是为了解决信道衰落导致的数据传输错误而诞生的，因此又被叫作纠错码。

我们可以打一个比方，信道编码就是老师课后给你布置的习题，光凭课堂听讲，你能保证老师讲的自己都听到了吗，都能理解而不会遗忘吗？从理想的情况来看，课后习题似乎是没有必要的，它就是对课堂信息的冗余，甚至我们花在课后习题上的时间一点也不比上课少，好像很浪费时间。但通常情况下，你必须用它来校正自己对课堂上知识的认识是否全面、是否有误，这与信道编码的作用颇为相似。

信道编码的本质就是在有用的信息之外添加冗余的比特，实现对信息的保护和纠错，降低误码率，代价是增加频带资源的开销。而添加的冗余的比特，也不是凭空产生的，而是从有用的信息之中衍生出来的，这样才能达到"加一道保险"的目的。

我们也可以这样理解，课后习题都是从知识点衍生出来的。老师讲课的时候，有些信息可能被我们遗漏了，有些可能理解有误，也就是说你这个接收机接收的信号和你的老师这个"发射机"发射的信号可能并不完全一致。我们拿到习题一算，然后和答案一比对，哦，这个不对，我的理解错了，需要校正一下。

2. 信道编码的艺术

信道编码最笨或者说最朴实的方法就是多传几次，这种方法叫作重复码，只传一次容易出错，那就传个五六次，八九次，总不可能每次都错吧，准确率肯定是会提升的。别看这种方法笨，4G、5G 中依然还有它的身影，不过已经不是主流方法了，因为太浪费频带资源了！

我们知道信道容量是有限的，添加冗余的比特也不能太"奢侈"，否则会浪费很多容量。打个比方，我们用卡车运输一批玻璃杯，为了保证玻璃杯不会在运输途中破损，我们会给玻璃杯加上泡沫、海棉、外盒等保护装置，但是这种包装是有代价的，会使玻璃杯占的体积变大，卡车能运输的玻璃杯的有效个数减少，如果用于包装的体积太大了，反而是不经济的。

信道编码是一种艺术，实现纠错很简单，多添加冗余信息就好了，但关键问题在于如何在添加尽可能少的冗余比特的同时，提升数据传输的准确率和稳健性。由于译码器占据了手机基带处理 2/3 以上的硬件资源，高效的信道编码技术能很大程度上节约算力资源，降低终端功耗。

我们定义 K 为有用信息数据块的比特数，$N–K$ 是冗余比特位数，码块总长度为 N，编码率 $R=K/N$。一个好的信道编码，需要在一定的编码率下，无限接入信道容量的理论极限——香农极限。

3. 信道编码的发展之路：迈向香农极限

（1）分组码

人类在信道编码上的第一个系统方案，是 1950 年由汉明（R.Hamming）和戈莱（M.Golay）提出的差错控制编码方案——汉明码。

1940 年，汉明在贝尔实验室工作，运用贝尔模型电脑，信息输入是依靠打孔卡的，难免产生读取错误，导致很多时候工作不得不重新开始。汉明码的诞生源于汉明遭遇的实际问题，看来解决实际问题还是第一动力呀！

汉明利用了奇偶校验位的方法，在数据位后面增加几个比特，不仅可以验证数据有效性，还能指明错误数据的位置。但汉明码编码效率较低，7 位传输比特中，冗余比特就占了 3 个，只有 4 个比特能存储有效信息。

汉明码之后，戈莱为了克服汉明码的缺点，提出戈莱码，并成功用于美国国家航空航天局（NASA）太空探测器 Voyager 的差错控制系统，将多张木星、土星彩色照片成功传输回地球。

戈莱码之后，Reed 和 Muller 提出了 RM 码，译码运算非常简单、快速。在 1972 年，RM 码就被应用在了水手 9 号火星探测器上，对火星黑白照片进行编码处理。

RM 码之后，循环冗余校验（CRC）码诞生了。CRC 码具有循环移位的特性，编译码结构简单，能够做到快速译码和高比例纠错，使得通信速度提升。直到现在，CRC 码在编码器和电路的检测中依然广泛使用。

汉明码、戈莱码、RM 码、CRC 码都属于"分组码"，"分组"指的是在这些方案中，无论是编码还是译码，信息都是单独分块、单独处理的，不同码组之间的码元都是无关的。

分组码存在着一定的局限性：在译码时，只有当全部编码接收以后才可以进行译码，译码器很多时候只能眼巴巴地干等着；为了正确译码，译码器需要知道码字之间的间隔，需要精确的帧同步，使得时延和增益损失较大。

（2）卷积码

1955 年，Elias 等人提出了卷积码（Convolutional Code），卷积码的出现，大大改进了分组码的缺点，助力了移动通信的飞速发展。1967 年 Viterbi 译码算法的提出，使卷积码成为信道编码中最重要的编码方式之一，现在在很多地方还能看到它的应用。

与分组码相比，卷积码的不同之处在于，不再把信息序列分组后再单独编码，而是充分利用各个信息块之间的相关性，不仅从本码提取译码信息，还充分从前、后时刻收到的码组中提取译码信息；编码和译码都连续进行，由连续输入的信息序列源源不断转化为连续输出的编码（或解码）序列（见图 3-23）。

分组编码时，本组中的 $n-k$ 个校验码元（监督码元）仅与本组的 k 个信息码元有关，与其他组无关。而对于记为（n, k, N）的卷积码，编码器将 k 个信息码元编为 n 个码元，这 n 个码元不仅与当前段 k 个信息码元有关，而且与前面的 $(N-1)$ 段的 $(N-1) \times k$ 个信息码元有关，这也就是卷积码所谓"卷积"的含义。

我们把 N 称为编码约束长度或编码存储长度，编码过程中相互关联的码元个数为 $n \times N$。随着 N 的增加，卷积码的纠错性能不断提升，差错率指数下降。在编码器复杂性相同的情况下，卷积码的性能优于分组。卷积编码器示意如图 3-24 所示。

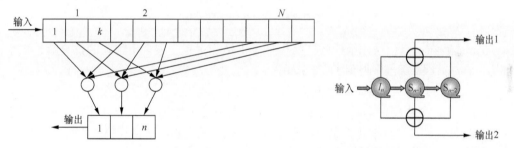

图 3-23　卷积编码过程　　　　图 3-24　卷积编码器示意（输入 1bit，输出 2bit）

（3）信道编码的现代方案：Turbo、LDPC、Polar

① Turbo 码

我们已经知道，香农定理给出了有噪声的真实信道容量，是理论上我们所能接近的极限，也是数代通信人苦苦追求的目标。

香农定理表明，只要采用足够长的随机编码，就能逼近香农信道容量。但是传统的编码都有规则的代数结构，远不是"随机"的，同时，由于计算能力的局限，译码复杂度也不能太高，码长也不可以太长。因此，我们之前介绍的传统信道编码的信道容量都远达不到香农信道容量，至少存在 2～3dB 的差距。在很长一段时间，香农信道容量对人们来说就像"镜花水月"，知道它在那里，但却无法触及。

直到 Turbo 码的出现，这一局面才被打破，重新掀起现代信道编码的革命浪潮。1993 年，法国人 C.Berrou 和 A.Glavieux 提出了 Turbo 码，巧妙地运用了交织（在本章后面也会介绍）实现了"伪随机"，接近了香农极限。

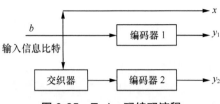

图 3-25　Turbo 码编码流程

Turbo 编码器（见图 3-25）是由两个卷积编码器通过一个伪随机交织器并行连接而成的，巧妙地将两个简单分量码通过交织器并行级联，从而构造具有伪随机特性的长码；Turbo 通过在两个分量码译码器之间进行多次迭代，实现了伪随机译码，同时解决了计算复杂性问题。Turbo 译码过程（见图 3-26）类似涡轮（Turbo）工作过程，因此而得名。

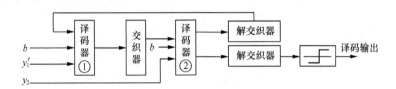

图 3-26　Turbo 码译码流程

Turbo 码在信道信噪比很低的高噪声环境下性能优越，表现出很强的抗衰落、抗干扰能力，在 3G、4G 标准中得到了广泛应用。

但在 5G 标准中，Turbo 码被抛弃了，而 Polar 码和 LDPC 码登上了主流舞台。4G 采用 Turbo 码，5G 采用 Polar 码、LDPC 码，5G 手机要想继续使用 4G，就意味着手机终端要采用两套硬件设计。是什么让大家宁愿这么折腾，也要采用新的信道编码方式呢？究其根本，是 5G 应用场景更新迭代对信道编码方式带来了更高要求。

第 1 章提到过，5G 是对 4G 的一次全面革新，在速率、连接数、时延 3 个方面都有量和质的提升，对应 5G 3 个核心应用场景——增强移动宽带（eMBB）、海量机器通信（mMTC）和超高可靠低时延通信（URLLC）。相比 4G 单一的手机移动宽带业务（主要是语音和数据），5G 不仅要支持超高清视频等大流量新兴移动宽带业务，还要承担着万物互联的使命，要能应用在 AR/VR、工业互联网、车联网、智慧城市等场景中。

5G NR（New Radio）明确规定，峰值速率达 20Gbit/s，用户面时延达 0.5ms（URLLC），比 4G 提升了几十倍。传播的数据量大，时延（网络延迟）又低，这意味着 5G 需要在更短的时间内完成对更多数据（往往是几十亿 bit 级）的编码、译码。采用迭代译码的 Turbo 码的译码速度已经不能满足 5G 的要求，只能默默离去，留下孤单的身影。

在 5G eMBB 场景中，Polar 码和 LDPC 码平分天下，分别作为信令（控制）信道编码方案和数据信道编码方案。5G 同时采用 LDPC 和 Polar 码，具有更高的编码灵活性，这也能适应 5G 丰富多样的应用场景。3G、4G、5G 的峰值速率如图 3-27 所示。

图 3-27　3G、4G、5G 的峰值速率

② LDPC 码

LDPC 码（Low Density Parity Check Code）即低密度奇偶校验码，本质上还是属于线性分组码，是 MIT 教授 Robert Gallager 早在 1962 年提出的。我们在这里简单了解一下 LDPC 码的码字比特和奇偶校验比特之间的关系，以及 LDPC 码的常用表示方式——因子图。

LDPC 码通过一个生成矩阵 G，将信息序列映射成用于发送的码字序列 C，即输入信息矢量 a，得到码字序列 $C=a \cdot G$。而对于生成矩阵 G，存在一个校验矩阵 H，使得 $G \cdot H^T =0$。此外，所有码字序列 C 构成了 H 的零空间（Null Space），即满足 $C \cdot H^T =0$。接收端收到的码字序列 C'，再与校验矩阵 H 做内积，即和矩阵 H 每一行的每一个元素对应相乘再相加，如果结果为 0，则说明通过了校验。实际上，这也是分组码一般性的编码和校验原理。

之所以称 LDPC 码为低密度奇偶校验码，是因为其校验矩阵 H 为稀疏矩阵，即 0 元素占大部分，实际中为了分析方便，常用因子图来表示 LDPC 码。若发送码字长度为 N，信息位长度为 K，校验信息长度 $M=N-K$，则 LDPC 码校验矩阵 H 的大小为 $M \times N$。图 3-28 所示是一个 M 为 4，N 为 6 的例子。

实际上，因子图和用来定义码字的奇偶校验矩阵 H 是相对应的：因子图上的点可以分为信息节点（或变量节点）和校验节点，分别有 N 个和 M 个，分别对应矩阵 H 的列和行；两类节点之间以一定的规律相连，对应矩阵 H 中的每一个非零元素。

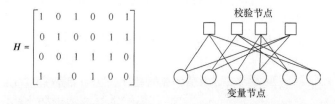

图 3-28　奇偶校验矩阵 H 及其对应的因子图（M=4，N=6）

LDPC 码具有高效且灵活的并行译码架构，译码复杂度较低，在硬件复杂度和功耗上都

领先于 Turbo 码。有朋友可能会问了，既然 LDPC 码这么好，为什么不早点用？这就问到点子上了，不是 LDPC 码不够先进，而是因为太先进了，在当时的技术条件下，缺乏可行的译码算法，难以克服计算复杂性，在后面的数十年之中都快要被人们遗忘了。直到 Wi-Fi 和 5G 的出现，才给了 LDPC 码老树发新芽的机会。

③ Polar 码

Polar 码，也称极化码，是由土耳其毕尔肯大学 Erdal Arlkan 教授于 2008 年提出的。相比我们之前介绍的其他信道编码方案，Polar 码显得很年轻，但 Polar 码很好地诠释了什么叫后来者居上，它具有高增益、高可靠性、低编译复杂度、低功耗的优势，是目前唯一能够被理论严格证明可以达到香农极限的方法！

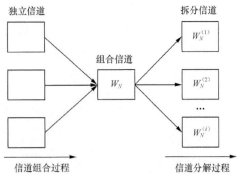

图 3-29　Polar 码基本原理

Polar 码的基本原理是信道极化（Channel Polarization），包含信道组合和信道分解两个步骤（见图 3-29）。信道分裂为 N 个子信道后，各个子信道呈现出不同的可靠性，子信道将向两个极端发展，部分信道将趋于完美信道（无误码），另一部分信道则趋于纯噪声信道。

3.4.3　分集技术

1. 分集技术概述

（1）分集技术基本原理

在认识分集的具体技术之前，我们先对它的原理做一个形象的介绍。第 1 章里给大家介绍的姜子牙发明的"阴符"吗？符节分为三路，各自单独发送，送到收件人手上之后再合并起来进行译码。其实，阴符和分集的原理不谋而合！分集，即"分散传输，集中接收"。

我们知道，由于多径效应和噪声干扰等原因，接收端接收到的信号存在着衰落和失真，而分集技术对抗信道衰落的核心思想不是直接对抗信道衰落，而是不把鸡蛋放在一个篮子里，反而利用了多径效应，实现了"化敌为友"。

分集通过多个信道（时间、频率、空间）来传输承载相同信息的多个独立的信号副本，由于多个信道的传输特性不同，信号各个副本的衰落也会不同。这就像是让几个小朋友一起背一首诗，A 能正确地背前三句，但第四句背错了，而 B 能背后三句，但第一句却想不起来，而 C 只记得第二句了……但最后大家一整合，也能将原来的信息复原。分集技术中，接收机也是这样，接收的是多个统计独立的、携带同一信息的衰落信号，再使用多个副本包含的信息并进行特定合并处理（合并技术），以降低信号电平起伏，从而能较正确地恢复出原来的发送信号，补偿了信道衰落损耗。

再用概率的角度来理解，假设某一信号分量由于衰落低于检测门限的概率为 p，则 N 个信号强度都低于信号检测门限的概率 p^N 是远低于 p 的，有更大的成功检出率。

在分集技术诞生之前，想要保障在信道较差的条件下链路的正常链接，提高信噪比，基本只能靠加大发射机的功率，但我们知道，我们手机的电池容量很有限，发不了太高的功率。而分集技术不是靠"增强信号"而取胜，而是靠"信号副本多"取胜，所以这样一来，发射功率可以降低一些，这在移动通信中至关重要。

（2）分集技术分类

根据不同的分类标准和分类层次，分集技术可以分为不同的类型。按照分集的形式，分集可以分为显分集和隐分集，显分集指构成明显分集信号的传输形式，多指多天线接收信号的分集，而隐分集是利用信号处理技术，将分集隐含在传输信号的方式之中。

分集从整体上，可以按照分集维度分为宏分集（Macro Diversity）和微分集（Micro Diversity）。微分集又可以进一步细分为空间分集、频率分集、时间分集、角度分集、极化分集等。本质都一样，就是通过技术手段使得在空间、频率、时间等维度上的干扰变得平均化，从而克服无线变参信道的影响。

2. 宏分集

宏分集（见图 3-30）也称为"多基站分集"，主要用于蜂窝移动通信系统，是指移动台（终端）同时与两个或两个以上的基站保持联系，从而增强接收信号质量的技术，多应用于基站扇区服务交叠区内。

宏蜂窝每小区的覆盖半径大多为 1～25km，但由于路径损耗、阴影效应等原因，在每个小区的边缘或者障碍物遮挡的阴影区域，常常会出现严重的慢衰落，通信质量非常低劣，甚至通信中断（见图 3-31）。这就像很早之前城市的路灯，灯与灯之间隔得太远，总有照射不到的边缘和死角，怎么办呢，多建几个路灯就行了！一个区域同时有两个或几个基站来"管辖"，一个基站的信号传不到，其他基站总有可以的吧，选择一个信号最强的基站进行联系，这样至少能保障通信不中断。

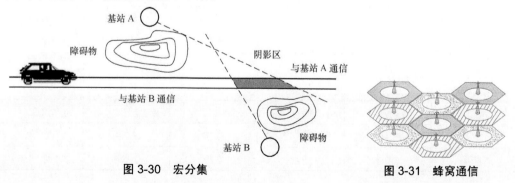

图 3-30　宏分集　　　　　　图 3-31　蜂窝通信

3．时间分集

我们知道，移动无线信道是时变的，只要两次信号发送之间的间隔时间足够长，那么就可以认为，两次发送信号经历的信道衰落就是相互独立的。

那么，间隔时间究竟多长才叫作足够长呢？至少要大于相干时间间隔。这是因为，由于多普勒效应，相干时间内的接收信号之间经历的是相同的衰落，而不同相干时间内的接收信号之间才相互独立。值得注意的是，如果终端是静止的，那就没有多普勒频移，相干时间无穷大，时间分集失去作用。

交织就是典型的时间分集技术，将一段码元分散到不同的相干时间的不同的帧中，多次发送，就算有一个经历衰落而丢失，其他也能恢复出原信息。

我们可以用"排课表"来生动地介绍一下，在一个新成立的学校中，第一任校长没经验，把一门科目的一周所有的课都安排在了一天（见表 3-4），这样一来，只要某个学生周一请假一天，一下子就落下了 6 节地理课的进度，这可太难自己补回了！

表 3-4　第一任校长的排课表

周一	周二	周三	周四	周五	周六
地理	数学	语文	英语	物理	化学
地理	数学	语文	英语	物理	化学
地理	数学	语文	英语	物理	化学
地理	数学	语文	英语	物理	化学
地理	数学	语文	英语	物理	化学
地理	数学	语文	英语	物理	化学

后来换了一个校长，他发现了这个课表存在问题，因此课表就换成了表 3-5。周一每节课之间关联性很弱，周一哪怕请假也可以通过周二至周六的课程补回来。

表 3-5　第二任校长的排课表

周一	周二	周三	周四	周五	周六
化学	化学	化学	化学	化学	化学
物理	物理	物理	物理	物理	物理
英语	英语	英语	英语	英语	英语
语文	语文	语文	语文	语文	语文
数学	数学	数学	数学	数学	数学
地理	地理	地理	地理	地理	地理

再回到交织的正题上来，我们来看看 GSM 的具体例子，虽然 GSM 制式已经退伍了，但例子中蕴含的时间分集的原理是不变的。在 GSM 的 TDMA 中，一个帧有 8 个时隙，每个时隙可以放一个突发脉冲。假设一段语音采样后经过信源编码、信道编码，产生了 456 个比特，我们将 456 个比特分为 8 组，每组 57bit，把两组都放进一个突发脉冲里进行传输。然而人算不如天算啊，无线信道太差了，动不动就有一个突发脉冲被噪声湮没掉了，也就是两个组都全军覆没了，总共就 8 个组，这还怎么玩！

和我们举出的排课表的例子一样，我们把那些比特的排列换一种方式插进突发脉冲里，如图 3-32 所示。这样的话，哪怕第一个冲突丢失（假设该冲突只放了图 3-32 中有灰底的块），对于 1 ~ 57 号信息，也不过是丢了 1、9、17、25、33、41、49、57 这 8 个比特，用信道编码还可以完全恢复。不像第一种编码，整个 1 ~ 57 号信息都丢了，说什么都没用了。

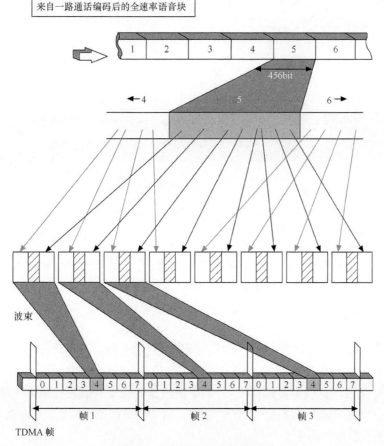

图 3-32　TDMA 块间交织技术

表3-6所示为语音块内交织。那语音块和语音块之间是不是也可以交织呢？答案是肯定的，这就叫块间交织（见图3-32）。

表3-6　块内交织

449	450	451	452	453	454	455	456
441	442	443	444	445	446	447	448
⋮	⋮	⋮	⋮	⋮	⋮	⋮	⋮
9	10	11	12	13	14	15	16
1	2	3	4	5	6	7	8

总结一下，交织就是把码字的 b 个比特分散到 n 个帧中，以改变比特间的邻近关系，因此 n 值越大，传输特性越好，但传输时延也越大，所以在实际使用中必须作折中考虑。信道衰落时不交织与交织的对比见图3-33。

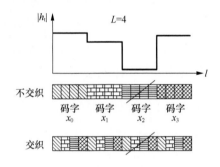

图3-33　信道衰落时不交织与交织的对比

4．频率分集

如果说时间分集是在不同的相干时间内发送同一信息，而频率分集就是在不同的相干带宽内发送同一信息。当两个载波信号的间隔大于相干带宽时，可以认为两个载波信号的衰落互相独立。如果间隔小于相干带宽，不但不会带来分集增益，反而会产生码间干扰（ISI，Inter-Symbol Interference）。

在发信端，将同一信息利用两个频率间隔较大的载波同时发射，在收信端，同时接收这两个信号后合成（见图3-34），由于载波频率不同，两路信号之间相关性极小，衰落概率也不同（有些衰落具有频率选择性）。频率分集能非常有效地对抗频率选择性衰落，但代价是成倍占用更多频带，降低了频谱利用率，这在频谱资源比黄金还珍贵的移动通信中，是非常奢侈的，所以并不常见。

频率分集的典型实际案例是跳频和扩频技术。

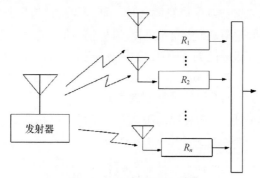

图 3-34　频率分集的实现

（1）跳频

当某个频点受到干扰时，我们希望换到另一个频点上，以避开干扰。实际上，跳频技术最早用于军事上，后来的 GSM 不过是借鉴而已。

无线电通信由于它的灵活和方便的特性，常常被用于战时通信。但是，传统的无线电通信都是在某个固定频率下工作的，很容易被敌方截获或施加电子干扰，使这种通信方式不再起作用。

为此，有两个专家对此进行了研究并申请了专利。这两位专家和发明电话的贝尔先生及发明电报的莫尔斯先生一样，本职工作也与通信毫不相关，一位是管弦乐作曲家乔治·安泰尔，另一位是电影明星兼无线通信工程师海蒂·拉玛，他们利用一个中央的"权力中心"与两个终端设备进行通信，指导这两个设备随机地从一个频率跳转到另一个频率，而且时间点和时间间隔也是随机的（比如 5s），只有基地和两个设备知道什么时候跳变、跳变到哪里以及跳变持续多长时间。从外部看，这个跳频的过程似乎是完全随机地、精确地知道它在做什么以及什么时间做，所以跳频行为实际上不是真正的随机，因此有了叫作"伪随机"的术语。音乐家发明这种技术并不太令人吃惊，在器乐演奏上，指挥家和演奏家也有一个共同的"伪随机序列"——五线谱，这使得他们可以以同一个节拍来完成一场完美的演奏。

与盟军的无线通信系统一样，GSM 也必须考虑干扰和噪声问题，只不过这种干扰一般并非来自敌对方。GSM 也借鉴了跳频技术，不过与盟军采用的方式不同的是，GSM 跳频的时间间隔是固定的，在 GSM 规范中有严格的定义。GSM 跳频示意图如图 3-35 所示。

	TDMA 帧 1								TDMA 帧 2								TDMA 帧 3							
	0	1	2	3	4	5	6	7	0	1	2	3	4	5	6	7	0	1	2	3	4	5	6	7
0 号频点		■																						
1 号频点										■														
2 号频点																			■					
3 号频点																								
4 号频点																								
5 号频点																								

图 3-35　GSM 跳频示意图

GSM 的跳频分为基带跳频和射频跳频两种，什么叫基带信号，没有经过调制的信号就叫基带信号；什么叫射频信号，经过了调制的信号就叫射频信号。所谓基带跳频与射频跳频，其本质都是一样的，都是把 1s 的信号分成 217 份，每一份都通过不断变化的频率发送出去，这就是所谓的跳频。基带跳频和射频跳频其不同之处在于，基带跳频"跳"的是基带信号，而射频跳频"跳"的是经过了调制的射频信号。

基带跳频如图 3-36 所示，图中可以清晰地看到基带信号在调制之前就完成了时隙交换，送到了各块载频，实现了每时隙发射频率的不断变化。

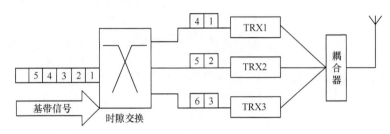

图 3-36　基带跳频示意图

说到这里，我们不禁要问，GSM 系统中如此费尽心机地设计了跳频，到底有什么好处，它能给我们的网络带来什么？

一是可以实现我们之前说的频率分集。不同频率信号其衰落特性不同，对于相距足够远的频率，可看作是完全独立的。通过跳频，可使携带同一部分信息的所有脉冲不会被瑞利衰落以同一种方式破坏掉。

二是跳频可以起到干扰源分集的作用。盟军怕移动通信受到干扰而采取了不断变化频率的方法来避开干扰。GSM 同样也是如此，在业务量密集的地方，网络的容量将受到由于频率复用产生的干扰的限制。载波干扰比（C/I）可能在呼叫期间变化很大。如果不选用跳频，一旦某一频点出现干扰（GSM 系统产生的同频干扰或者外系统干扰源产生的干扰），占用该频点的用户的通话质量就会差得难以忍受。如果采用跳频，该频点的干扰就会为其他呼叫用户所共享，噪声就平均化了，整个网络的性能将得到提高。

（2）扩频

扩频通信的想法最初看起来有点天外飞仙，因为现代无线通信系统都是尽力压缩单个信号所需的带宽，因为空中接口的频率实在有限。不过没办法，谁让空中接口的频率如此有限呢，只能将就着用吧。

CDMA 是使用扩频技术的典型，一个 9.6kHz 的语音话路，也要占用 1.25MHz 的带宽，看起来颇让人气愤。不过 CDMA 有一个本质的特征，就是 CDMA 根本就不是频分复用系统，它根本不需要通过不同的频率来区分终端。它是通过不同的扩频码来区分不同的终端的，它之所以要占用 1.25MHz 的带宽，是因为扩频的需要。

虽然这个想法很诡异，但是这个想法也是有理论基础的，那就是香农定理。

根据香农定理，在信噪比一定的情况下，信道的带宽越大，传输速率越高；在带宽既定的情况下，信道的信噪比越高，传输速率也越高。信噪比一般由发射机的功率、接收机与发射机之间的距离和噪声信号的强度来决定。

如果信噪比很低（S/N 远小于 1），香农定理可以简化为：

$$C/B \approx 1.44\ S/N$$

传输同样速率的信号，如果增加信道的带宽，就可以降低接收机信噪比的要求。降低信噪比可以带来很多好处，如降低发射机的功率；或者发射机的功率不变，接收机与发射机之间的距离可以增加，从而扩大了基站的覆盖范围。此外，降低接收机信噪比的要求还可以对抗干扰（这就是 CDMA 最初用于美国军方通信的原因，对抗电磁干扰的能力强啊；电磁干扰的原理一般是对某个频段的信号进行同频干扰，但是 CDMA 不惧同频干扰，因为它本来就是一个自干扰系统）。

由于带宽的增加可以大大降低 S/N 的要求，C/B 通常被称为处理增益或者扩频增益。说了这么多，我想还有很多人对信道中的干扰心有余悸，对 CDMA 如何解决这个问题心里没底，我们不妨进一步说明一下。

图 3-37 就是 CDMA 的系统框架图，可以看到，与一般的数字通信相比，CDMA 还增加了一个环节，即扩频与解扩。CDMA 是怎样对抗空中接口的干扰的呢，我们先画一个对比图来了解一下，然后再加以说明。

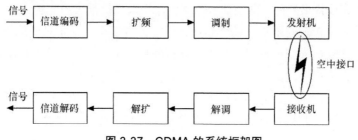

图 3-37　CDMA 的系统框架图

在图 3-38 中，扩频前和扩频后两个图说明，由于信号的总功率是一定的，扩频之后，信号占用的带宽增加了，那么信号在带宽上的平均功率就下降了。解扩前的图说明，当出现一个窄带干扰时，解扩的过程就相当于对这个窄带信号进行一次扩频，将它的窄带频谱展开为宽带，干扰信号的平均能量被大大降低，对其积分后为零从而过滤掉。

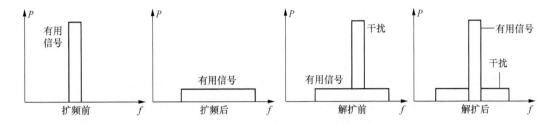

图 3-38　扩频抗干扰示意图

本节对扩频码介绍的已经够多了，但我们并没有讲扩频码到底是怎样的一串比特信息流，频率展宽到底是如何实现的？

我们打个比方，假设对 1 个信号进行 8 倍扩频（为了画图方便我们姑且这么假设，实际的扩频通信中扩频倍数远不止这个数）。假设比特信息流的数据为"1001011"，调制速率为 R，那么我们把它进行 8 倍扩频，就是拿它的每一个用户数据比特与一个包含 8 个比特的码序列。这样得到扩频后的用户数据，速率为 8R，有意思的是，扩频后的用户数据与扩频码有相同的随机特性，这个性质非常重要。

所谓信号的相乘，在二进制中就是基带数字信号与扩频码做模二加得到。模二加是不考虑进位的二进制加法，其结果与二进制异或逻辑运算完全一致，因此也可以用逻辑运算来代替。扩频与解扩如图 3-39 所示，在这里，原始数据是"10"，调制速率为 R，扩频码为"1101100110100011"，调制速率为 8R，信号经过一次扩频后数据速率达到 8R，解扩后又恢复原来的信号及速率。

到这里，大家或许又要问，随便什么码都可以用来当扩频码吗？

如果仅仅着眼于扩频与解扩，那当然什么码型都可以用，反正只要扩频码和解扩码一致就可以把信号恢复出来。可是别忘了扩频通信的目的是什么，在这里是用在 CDMA 里面的，终端的频率完全相同，要区别终端只能靠扩频码。我们知道，要识别两个不同的物体，自然是这两个物体差别越大越好，这样才不至于混淆。所以扩频码既然是用来识别不同的终端的信号的，那么扩频码与扩频码之间自然是差别越大越好，就像中文与英文一样，完全不相关才好，在数学中，这个特性叫作"正交"。

在 CDMA（IS-95）中，Walsh 码和 m 序列通常被采用，下面对 Walsh 码进行介绍。CDMA 里面的 Walsh 码是 64bit 的，我们只介绍 8bit 的，因为通过矩阵运算由 8bit 生成 64bit 是很简单的，所以为了方便起见，我们只介绍 8bit 的，如表 3-7 所示。

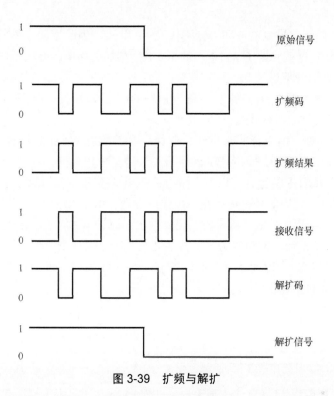

图 3-39　扩频与解扩

表 3-7　8bit Walsh 码

编号	序列
0	00000000
1	01010101
2	00110011
3	01100110
4	00001111
5	01011010
6	00111100
7	01101001

　　Walsh 码来自 Walsh 函数，Walsh 函数的取值为 +1 或者 -1，为了表达方便，可以将 +1 和 -1 转换为二进制的 0 和 1。我们注意到一个特点，Walsh 码除 W0 外，其余码型中的 0 和 1 数量都相等，这个特性非常有用。Walsh 码具有正交性和归一性。

　　所谓正交性，指的就是两个码相乘后积分为 0。比如 W1 和 W3 相乘（模二加）的结果是"00110011"，由于二进制的 0 和 1 分别代表 +1 和 −1，因此累加（离散序列的积分相当于累加）的结果为 0，这就验证了 Walsh 码的正交性。累加更简单的办法是比较 0 和 1 的个数，如果相等，说明累加的结果为 0。

W3 和 W3 相乘（模二加）的结果是"00000000"，累加的结果是 +8，平均值为 +1，这就验证了 Walsh 函数的归一性。

正交性的特点对于抗干扰非常重要，假如一个手机以 W1 作为扩频码，把信号"10"扩频后发送出去，去干扰扩频码为 W3 的手机，经过扩频和解扩，我们看看会发生什么。

从图 3-40 中我们可以看到，以 W1 作为扩频码的手机，它的原始信号可以被自己的接收方正确地解出。它的信号扩频后在空中接口发送，由于 CDMA 手机占用的频率都是一样的，它的信号也可能被其他手机接收，比如被扩频码为 W3 的手机接收。接收了不要紧，从图 3-40 中也可以看到，扩频码为 W3 的手机无法还原来自 W1 手机的窄带的原始信号，解扩后依然为宽带信号，对每个 Walsh 码的 8bit 区间做积分，每个积分区间结果都为 0，就这样可以过滤掉干扰信号。

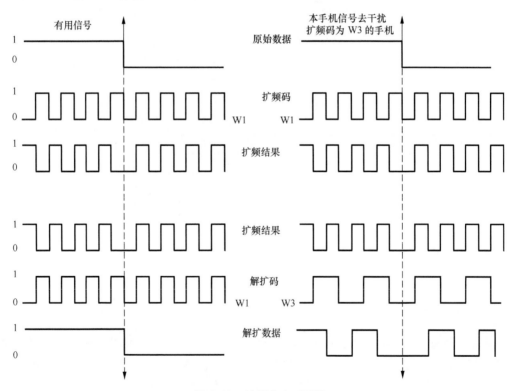

图 3-40　扩频中应对干扰

刚刚是举例证明只要扩频码不同，手机就可以有效过滤掉来自其他手机的干扰信号。下面要证明这个例子具有普遍意义，首先在逻辑电路里有这么一个结论，信号的异或满足交换律和结合律，那么有：

原始信号 $\oplus$ 扩频码 Wa $\oplus$ 扩频码 Wb= 原始信号 $\oplus$（扩频码 Wa $\oplus$ 扩频码 Wb）

我们知道，（扩频码 Wa $\oplus$ 扩频码 Wb）两个 Walsh 码相乘满足正交性，即做模二加（不进位的二进制加法）后 0 和 1 的个数相等。

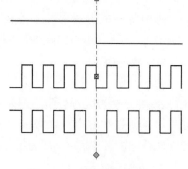

图 3-41　原始信号的模二加

而原始信号与具有正交性的码做异或后不会改变 0 和 1 数目相等的情况，就好比（aaaaaaaa）$\oplus$（01010101），无论 a 取 0 还是 1，对 0 和 1 数目相等的事实没有影响，如图 3-41 所示。

由此可以看出，扩频码和扩频码之间的正交性非常重要，可以借助这个性质来滤掉来自其他 CDMA 手机的干扰信号，从而实现码分复用，有了这个做基础，作为频率分集典型案例之一的扩频技术才最终得以顺利实现。

5. 空间分集

空间分集（见图 3-42）是移动通信中使用最多的分集技术，在模拟频分移动通信系统（FDMA）、数字时分系统（TDMA）、码分系统（CDMA）中都有应用。其基本原理是，在两个间隔一定间距的位置上接收同一信号，只要间隔距离足够大，那么两处接收的信号所经历的衰落是不相关的，也就是说快衰落具有空间独立性。

空间分集也称为天线分集，至少要两根相距为 d 的天线来实现，间隔距离 d 在理想情况下等于半波长 $\lambda/2$ 就可以了，其中 λ 为工作频率。不过在实际中，还要考虑到地物、天线高度等因素，通常情况下，在市区取 $d=0.5\lambda$，在郊区取 $d=0.8\lambda$，d 值越大，相关性就越弱。

我们知道，移动台周围的环境（也就是使用手机的环境）一般来说很复杂，移动台天线和基站天线能直线传播的概率太小了，终端接收的信号往往服从瑞利分布。随着移动台的移动，瑞利衰落随信号瞬时值快速变动，而对数正态衰落随信号平均值变动，这两者是构成移动通信接收信号不稳定的主因。而通过空间分集，不同天线发出的多路信号通过合并技术在接收端合并输出，大大降低了深衰落的概率。

值得注意的是，空间分集技术是发送端在两根（或多根）天线的两个（或多个）时刻发送正交的信号，从而获得分集增益；而另一个很相近的技术——空间复用技术，是在每根天线上的同一时频资源上发送不同信息，

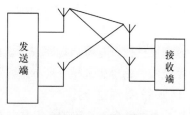

图 3-42　空间分集

以实现在有限频谱资源的情况下提高频谱效率。

我们将空间分集技术、空间复用技术统称为多输入多输出技术，或多进多出技术（MIMO）。多进多出技术在5G中得到了重用，我们将在后面的章节详细解析。

6. 合并技术

刚才，我们详细介绍了几种主要的分集技术。但是别忘了，分集，只懂得"分"可不行，还得在接收端"集"起来。在接收端将 M 条相互衰落独立的支路信号合并起来，从而实现分集增益的技术称为"合并技术"。实际中的合并处理，往往可以视为对这 M 路独立信号的线性叠加。其中 $f_k(t)$ 即为第 k 路信号，而 α_k 为此路信号相应的加权系数。

$$f(t) = \alpha_1(t)f_1(t) + \alpha_2(t)f_2(t) + \cdots + \alpha_M(t)f_M(t) = \sum_{k=1}^{M} \alpha_k(t)f_k(t)$$

合并技术主要有选择合并（SC，Selection Combining）、最大比合并（MRC，Maximal Ratio Combining）、等增益合并（EGC，Equal Gain Combining）和切换合并（Switching Combining）4种。不同的合并方式的本质区别是加权系数与加权方式的不同。

（1）选择合并

选择合并（见图3-43）是最简单的一种，即在 M 路信号中选择信噪比最高的一路，相当于只有这一路信号的加权系数为1，其他路信号为0。

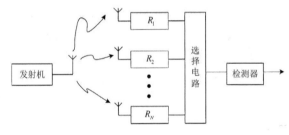

图3-43　选择合并

（2）最大比合并

被选择合并抛弃的支路信号，很多都携带有用信息，不如继续拿来"物尽其用"，改善信噪比。最大比合并就是利用了这样的思想，在接收端将各支路载波调成同相位，再乘以适当的加权系数，然后相加（见图3-44）。事实证明，当加权系数与相应支路信号的信号幅度成正比，与噪声功率成反比时，合并输出的信噪比最大。最大比合并也是目前分集合并技术中的最优选择，具有最好的性能。

（3）等增益合并

等增益合并输出的结果是各路信号幅值的叠加，即各路信号的加权系数都为1。等增益合并又被称为相位均衡，仅对信道相位偏移做校正，而幅度不做校正。在各个支路信号的信噪比相同的特殊情况下，等增益合并相当于此时的最大比合并，实现了输出信噪比最大。

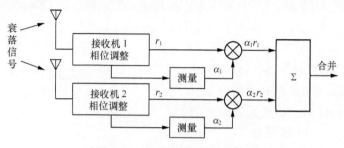

图 3-44　两路信号最大比合并

（4）切换合并

切换合并预设了一个信噪比门限（SNR_0），接收机依次扫描所有支路信号，选择一个信噪比在预设门限之上的分支作为输出信号，如果此支路信号发生变化而低于预设门限时，接收机重新扫描，切换到另一个符合条件的分支。切换合并的优点在于，不需要每时每刻对所有分集支路都进行同时监督，实现起来较为简单（见图 3-45）。

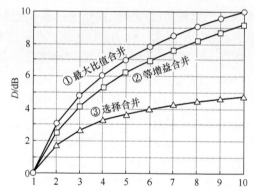

图 3-45　不同合并方式对信噪比的改善（横坐标为分集重数）

3.4.4　均衡技术

前文讲过，移动通信与有线通信一个重要的区别就是移动通信是采用电磁波进行传输的，其传播路径不固定。除了视距传播（LOS，Line of Sight）以外，它还可能产生反射、绕射和散射，由此，就产生了多条路径的信号传播。多径传播不仅带来了瑞利衰落，也带来了让人讨厌的码间干扰（时间色散）。那么什么是码间干扰，又如何来应对它呢？

在带宽受限的信道中，由于多径效应而导致的码间干扰会使传输的信号产生失真，从而在接收机中产生误码。码间干扰被认为是在无线信道中传输高速率数据时的主要障碍。

码间干扰主要来自反射，但与多径衰落不同的是，其发射信号通常来自远离接收天线几千米远处的物体。我们画一个图来帮助大家理解，由基站发送 "1""0" 序列，如果反射信号的到达时间刚好滞后直射信号一个比特的时间，那么接收机将在直射信号中检测出 "0" 的同时，还从反射信号中检测出 "1"，于是导致符号 "1" 对符号 "0" 的干扰。由于多径传播和时延导致的误码如图 3-46 所示。

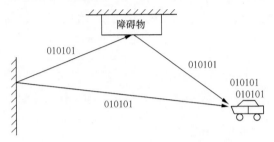

图 3-46　由于多径传播和时延导致的误码

那怎么来应对这个时间色散呢，这就需要用到均衡了。均衡是通过一种叫作"均衡器"的设备，产生与信道相反的特性，来抵消信道的频率和时间的选择性。可能有人会问，移动衰落信道是随机的和时变的，如何能保证你的均衡器就能产生和信道相反的特性呢？

这确实是关键问题之所在，这种能够实时跟踪移动信道时变特性的均衡器，称为自适应均衡器。自适应均衡器有两种工作模式，分别是训练模式和跟踪模式。

例如在 GSM 中，TCH、SACCH、FACCH 等突发脉冲都有一个 26bit 的训练序列。训练序列在 GSM 中的作用其实就是树立一种标准，这种标准用于帮助基站来衡量和判断无线信道的情况并在接收信号的时候予以校正，保证最佳的接收效果。值得注意的是，无论是发射端还是接收端，事先都是知道训练序列的。发射端比如手机，把这个训练序列通过空中接口发送出去，基站接收到信号以后，把训练序列从第一个比特到最后一个比特和自身的核对一遍，发现完全一致。那么很好，这个无线信道太完美了，什么都不需要做，对于收到的语音信号，照单全收就是了。通常情况下事情不会这么顺利，如果发现有些比特位的信息是错的，和约定的不一致，那么就需要利用训练序列的误差，通过递归算法对滤波器的一些参数进行调整，对信道做出补偿，以保证最好的接收效果，这个滤波器就是均衡器。

训练模式结束后，均衡器的参数理论上已经调校到了最优（称为收敛），判决器的误差概率已经很小了，可以说，此时的均衡器已经"摸清"了信道的特性，能够"预测"数据的误差。这时开始工作模式，均衡器对数据采样进行正向均衡或反向均衡（由时隙中训练序列的相对位置决定），去除误差，恢复原始数据（见图 3-47 ~ 图 3-49）。

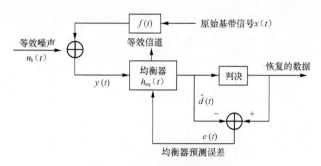

图 3-47　均衡器对数据进行校正

图 3-48　训练序列位于时隙开头

图 3-49　训练序列位于时隙中间

　　按照不同的自适应算法和均衡的实现原理，均衡器又可以分为线性均衡器与非线性均衡器（见图 3-50）。例如，常用的最小均方算法（LMS）通过这种迭代操作寻找最优滤波器参数：新权重＝原权重＋常数 × 预测误差 × 当前输入向量。限于篇幅，在此不一一展开，有兴趣的朋友可以自行探究。

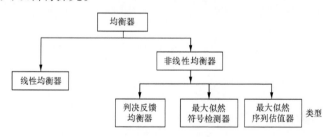

图 3-50　均衡器类别

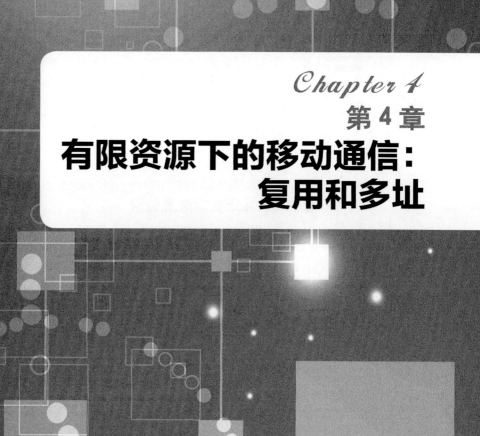

Chapter 4
第 4 章

有限资源下的移动通信：
复用和多址

前几章不但介绍了点对点无线通信模型，还探究了移动无线信道的衰落及其应对方案。可以说，已经可以通过前几章的知识，搭建起一个通信质量较好的点对点无线通信模型了。

但是，移动通信的问题并未得到完全解决。这个时代，有人居住的各个角落无时无刻地发生着通信的行为，看不见摸不着的空气充斥着无数的承载大量信息的电磁波，如何把不同的用户区隔开呢，如何把不同的"车辆"引导到不同的"车道"上去避免它们互相干扰呢？这就涉及频段分配的问题了，有人说，有人的地方就有江湖，而我们要说，有人的地方就有资源分配与利益博弈。在移动通信中，频谱资源比黄金还宝贵，这是由客观的物理事实决定的。而在给定的有限频谱资源的约束下，采用哪种多址接入技术，是移动通信系统的关键。

所以，有了点对点通信模型还不能高枕无忧，还得学会"精打细算过日子"，设计使得频段资源最大化利用，并且能区隔多用户的机制——复用和多址。

 ## 4.1 通信狂想曲

4.1.1 通信狂想曲一：用电台组成通信网

"千里眼""顺风耳"，这是人们梦想了几千年的通信方式。它们因马可尼的发明而成为现实，马可尼也因此载入通信的史册成为不朽。

马可尼发明电报后，军队、政府机构、大型企业开始拥有这种远距离通信设备，可以实时地进行沟通，但是并不是每一个人都能享受到它的好处。于是，一个新的梦想诞生了，这个梦想属于每一个人，那就是"让任何人在任何时间、任何地点可以和任何的另一个人交换任何信息"，听起来很拗口，通俗地说就是"我想要一个手机"！这个梦想在今天看起来很简单，几百块钱就能解决，但是把历史的页卷翻到1940年，那个没有移动通信网的年代，你还会觉得简单吗？

那好，问题就来了，现在把你放到1940年，你想拥有一个手机，能够随时随地和你朋友打电话，请思考一下该怎么办？不要求描述具体的细节，但是要讲出大致的思路。

你的所有学识和经验，只来源于那个时代。凭空想象一个新的东西总是很困难的，于是，你总会从身边已有的东西上面寻找线索，那么在1940年，你很可能会构想这样一个美妙的主意——既然无线电台就可以实现远距离的无线通信，那么给每个人发一个电台行不行？就像电视剧《永不消逝的电波》那样，多酷呀！

有这个想法一点也不奇怪，1940 年，第二次世界大战开始了，电台的使用可是频繁得很，通过电台来对照一下"5 个任何"的梦想。

（1）任何人：如果国家足够有钱，给每个人发一个电台确实不是什么遥不可及的梦想。

（2）任何时间：只要你的电台不是山寨货，那么在保质期内任何时间工作也不是一件很困难的事情。

（3）任何地点：日本袭击中途岛的电报竟然能被千里之外的美国窃听，这说明在地球上绝大多数地方收发电报都没太大问题。

（4）任何信息：这个有点困难，第二次世界大战时，无线电台打打电话是没有什么问题的，你也可以用莫尔斯电码代替短信，但是要发彩信啊、传视频啊，显然那个时候的无线电台完成不了这样的工作。但是这毕竟是 1940 年，不是 2020 年。

上面的解释看起来很完美，可是事情真是这样吗？

首先因为要考虑发射电报"任何地点"都能收到，发射功率就得很大，嗓门够大，才能穿透层层阻碍，从日本太平洋舰队传到美国五角大楼。发射功率一大，这电台的体积就小不了。首先从图 4-1 和图 4-2 来看看电台和步话机，相信大家都从电视里或者博物馆里看到过，应该对它有个比较直观的认识。

先不谈别的，这样大小的一个铁疙瘩，背在身上可不是一般的沉，拿这物件当手机估计一般人还真承受不了。说到这里估计有人要反驳，随着技术的进步，也许将来有一天这电台可以变得很小，可以握在我们手中，到时候不就成了，现在有点不方便，大家还是可以将就的嘛。

图 4-1　无线电台　　　　　图 4-2　第二次世界大战时的步话机

事情果真是这样的吗？再来看看电磁波在空中的传播，如图 4-3 所示，电磁波在空中是向四面八方发射的，在同一频段的电磁波是会互相干扰的。这个理由其实不难明白，比如人说话的频段一般在 20～3400Hz，如果好几个人同时和你说话，那么你要分辨起来就有点困难，因为他们的声音都在同一个频段，会互相干扰。如果是一个人和一只蝙蝠同时向你吼嗓门，那么就不存在干扰的问题，因为蝙蝠发射的是 20kHz 以上的超声波，与人发声的频段差得远。

图 4-3　两个发射源传送电磁波互相干扰

哦，原来障碍在于这些电台不能用相同的频段，既然如此，给全球所有的电台都分配不同的频段不就行了么。假设一个电台需要占用 25kHz 的频段，全球有 20 亿人需要用电台打电话，那么只需要 $25\text{kHz} \times 2 \times 10^{10} = 5 \times 10^5 \text{GHz}$ 频段的带宽分配给全球这些人用也就够了，有什么问题吗？

聪明的同学或许发现了，这样做存在一个很大的漏洞，那就是"怎么才能知道张三在哪个频段上呢？"在第二次世界大战的各支军队里，这种每个电台用不同频段的方法之所以还奏效，是因为要管理的通信单元还不够多，就算每个连配一个电台，一个连以 200 人为单位，那么一支 100 万人的军队，也许 5000 个电台就够了，就拿本子记，问题也不是太大，但是当通信单元达到 20 亿个，假如 1 页可以记录 100 条对应关系，也得 2000 万页，这得是一本多厚的本子！或许还有人要争辩，随着数据库技术的发展，将来也许可以把这 20 亿条信息都存到手机里，问题不就解决了。

好，就算数据库建立了，一个要命的问题也来了，如果在这 20 亿人之外新增了一个手机用户名叫李四，其他 20 亿人如何才能知道他用的是哪个频段？如何才能找到他？难道一个个通知 20 亿人刷新数据库么……

又有聪明的人想到了，可以建立一个中央数据库，大家定时去那里下载最新的就是了。好吧，虽然困难，虽然麻烦，倒是好歹还是有解决办法的。但是也就是说，到现在为止，用电台来实现个人通信的想法虽然问题较多，但是问题还只是不好用，或者说很难用，不是不能用。

接下来，真正的也是最致命的挑战来了，我们面临的一个现实问题直接否决了这个方案，那就是，适用于移动通信的频段很少，完全不够用，想从中分出 $5 \times 10^{5} \mathrm{GHz}$ 给大家来实现个人通信，那纯属是不可能实现的事情，原因将在下节中解释。

电磁波在同一频段的干扰造成了无线频段资源的有限性，而无线通信频段资源的有限性则构成了移动通信各种解决方案的约束条件。无论在我们虚构的这套电台解决方案里，还是在后面的 GSM、WCDMA、TD-SCDMA、LTE、5G NR 乃至所有的移动通信领域，大家都会深刻领会到——无线资源的频段是稀缺的、有限的。而正是这种稀缺性和有限性给我们造成了巨大的麻烦，并且导致了我们采取各种技术手段来克服它，这一点请大家务必牢记！一直在说频谱资源很有限，那么到底有多有限呢，本章中会为大家详细分析。

4.1.2　通信狂想曲二：参照广电网络的架构

上一小节已经用频谱资源有限的理由把用电台搭建移动通信网的想法给否决了，一时间大家是愁眉苦脸，在 20 世纪 40 年代，除了电台，跟通信沾边的事情也想不到别的了，没什么思路。也罢，我们把时间拨到 1985 年，这个时候距离马可尼发明无线电报已经整整 90 年了，但是那时中国暂时也没有移动通信网，大哥大也是在 1987 年才出现的，在这个时间点上，我们又会不会有新的思路呢？

有的！中国这时候黑白电视已经逐渐开始进入寻常百姓家，这个时候的电视是通过天线来接收无线信号的，而不是像后来一样通过有线闭路接入。广电在每个城市几乎是最高的地方建一个发射塔，向四面八方发射信号。电视机作为接收终端，接收广电的信号，并解调出来，就出现了电视画面，你不妨把这个过程也看作"通信"，毕竟有收有发，有调制有解调，与通信还是有那么一点神似。不仅电视，城市里的广播电台也采取这种模式。如果把电视和广播电台也看作"通信"的话，那么我们在 1985 年来搞移动通信网也就不能完全算无先例可循了，我们能不能复制一把广播电台这种模式呢？

这个主意看起来不错，至少我们在前面担心的终端个头的大小现在看起来不是问题，因为手持收音机的大小与大哥大也差不多。那就这样吧，参照广电网的模式，在每个城市里竖一个发射塔，然后手机终端的设计就参照收音机，是不是就可以组成移动通信网了呢？

可能有人觉得对于移动通信而言，一个城市一个发射塔是不够的，因为移动通信用的是2000MHz比较高的微波频段，而2000MHz的绕射能力不如低频的中波和短波的，那么就多建几个发射塔吧，比如一个城市3～4个，是不是就可以了？事实上，参照广电网搭建移动通信网这件事情还真不是空谈，早期的移动通信系统还真是这么干的。20世纪70年代在纽约建立了贝尔移动系统。这个系统建在高塔上，用大功率的发射机来获得一个广覆盖，最广可以覆盖$2800km^2$！这比整个北京市海淀区的面积还要大！

一个发射机就能覆盖$2800km^2$的距离，让这么广大地区的人民可以随时随地享受通信的快乐。然而，这个通信系统有一个致命的缺陷，它竟然只有12个频道，只能容纳12个用户同时通话。也就是说，虽然它满足这个区域的人们"任何时间""任何地点"通信的梦想，但明显不能满足"任何人"和"另外一个任何人"通信的需求。

广电模式不是运行得好好的么，一个广电的发射塔不是可以让千家万户看上电视么，怎么到了电信运营商这里这种模式就走不通了呢，问题出在哪里？

我们来看看广播和通信这两个词在英文里的区别，广播叫作"Broadcast"，英文单词直译是广泛地扔，只需要发射塔向电视机发射信号，不需要电视机向发射塔反馈信息。假设现在在100MHz的频段上给某个电视台分配25kHz的带宽（100.000～100.025MHz），那么只需要发射塔来占用这25kHz带宽发射就好了，所有电视机只接收信号不发射信号，也就是说一个城市只有一个发射源，这当然是不会产生干扰的，如图4-4所示。

而通信这个词，在英文里叫作"Communication"，所谓"Com"，是指交互的意思，不仅发射塔要给用户终端发送信息，用户终端也要给发射塔发送信号！问题就来了，假设现在只有一个用户终端要和发射塔交互信息，那么发射塔还是如上述所示占用"100.000～100.025MHz"所示的带宽，由于这25kHz已经给发射塔发射的信号用了（也称作下行信号），那么用户终端就不能再占用这25kHz的带宽给发射塔发射的信号了，于是，用户终端对应地找一个频段，假设是"50.000～50.025MHz"的25kHz的带宽来发射信号（称作上行信号）。这只是第一个用户，出现第二个用户怎么办呢？

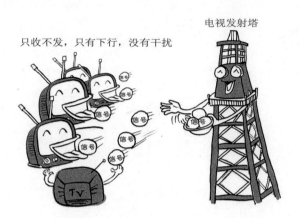

只收不发，只有下行，没有干扰

电视发射塔

图 4-4　广电模式，只有下行，没有干扰

如果说需要交互是电信模式和广电模式的第一个区别，那么每个用户的信息都各不相同则是电信模式和广电模式的第二个区别。早期的时候，可能只有一个电视台，每个用户看到的台都是一样的。当有用户想看第二个电视台的时候，广电就增加一个"频道"，也即是说增加"100.025 ～ 100.050MHz"的带宽，用于承载第二个电视台的信息，所谓 CCTV-1 到 CCTV-13，就是通过将信号运行在不同的频段上来实现的。

同样，当出现第二个电信用户终端时，电信的发射塔也需要增加一个"频道"，也即增加"100.025 ～ 100.050MHz"的带宽。不同的是，这个终端用户上行也需要增加同样多的带宽，即"50.025 ～ 50.050MHz"（见图 4-5）。假如说给贝尔移动系统上下行各分配 300kHz 的带宽，那么能支持的用户数也不难算出，300kHz/25kHz = 12 个用户。

300kHz 或许显得不是特别多，但是读者可以设想一下，在这种模式下如果要支持 3000 个用户、30000 个用户需要的带宽又将会是多少？显然，这个模式是不足以满足现代移动通信的需要的。于是，先行者们想出了一个办法——降低发射塔的发射功率，缩小覆盖半径。这样可以让同一个频段在不同的空间内得到重复利用，称之为空分复用。原来可以覆盖 2800km² ，现在只覆盖 2.8km² 总行了吧，这 2.8km² 或许只有 30 个用户需要同时打电话，那么只需要上下行各分配 30 × 25kHz=750kHz 就行了。这样，就形成了现代移动通信系统的雏形（见图 4-6）。图 4-6 所示的移动通信系统相对贝尔移动系统发射塔数量增加了 100 倍，同时在相同频谱带宽内能支持的用户数也大大增加（实际上没有 100 倍，因为电磁波不可能控制得那么完美，不同发射台覆盖的区域完全无重叠、无干扰）。这些发射塔通常意义上也称作基站。基站和基站之间的用户怎么实现通信呢？会有更上一级的通信设施基站控制器（BSC，Base Station Controller）乃至移动交换中心（MSC，Mobile Switching Center）进行处理，那是后话。

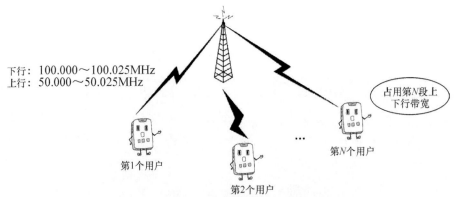

下行：100.000～100.025MHz
上行：50.000～50.025MHz

占用第N段上下行带宽

第N个用户

第1个用户

第2个用户

下行：100.025～100.050MHz
上行：50.025～50.050MHz

图4-5　贝尔移动系统，从第1、2到N个用户

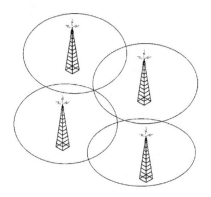

图4-6　现代移动通信系统雏形

4.2　认识频谱资源

4.2.1　空中接口频域资源

电影《天下无贼》里有一句话很逗却很有道理——"21世纪什么最贵？人才！"这句话放到移动通信的语境里，我们也可以问一句："对于移动通信什么最贵？"答曰："空中接口的频率！"

用任何语言来形容空中接口频率的重要性都不为过：不可或缺、无与伦比、至关重要……这样形容夸张吗？一点都不夸张。空中接口的频率对于运营商而言无疑是最重要的战略资源，或许很多人不相信这一点，本节就将对这一问题展开间接的论证。

在中国，无线频谱资源是由政府直接分配给运营商的，所以很多人对无线频谱资源蕴含的巨大价值并不敏感。从某种程度而言，无线频谱资源比石油、天然气等不可再生的化石燃料资源更加宝贵！

如果你深究移动通信系统的技术细节，就会发现，对于移动通信而言，最头疼的问题倒不是大尺度衰落和瑞利衰落，而是空中接口的频率竟然如此稀缺，以至于不得不设计无数复杂的技术来有效地利用它。

移动通信相对于有线通信而言，最大的区别就在于空中接口（见图 4-7）。何谓空中接口？空中接口，简称空口，其实就是相对于有线通信的线路接口的。有线通信的接口看得见、摸得着，相当于是铁路，不同的火车是不同的线路，不容易发生混乱。而由于所有的移动通信都要经过一段在空中发生的电磁波传递信息的过程，相当于很多辆汽车涌入一段公路，因此为了让数据有效地、低时延地在手机和基站之间完成交换，必须得有一个"交通规则"来制约，因此空中接口的设计显得尤为重要。空口就是一系列的手机和基站之间的无线传输规范的总称，例如，每个无线信道的使用频率、带宽、接入时机、编码方法等。

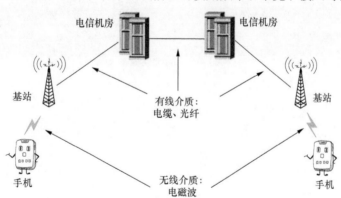

图 4-7　空中接口和有线接口的区别

移动通信中各种复杂的技术，几乎都与空中接口有关，空中接口技术在移动通信中的地位，简直可以称得上是"皇冠上的明珠"。而这一切最主要的原因还是空中频率的稀缺性。

4.2.2　为什么空口频率资源很宝贵

无论是军事还是商业，通常都遵循着"克劳塞维茨准则"。在军事上，讲究把最多的兵力配置在具有决定性的方向上；在商业上，也往往要求把最多的资源配置在具有决定性的方向上，追求最大的边际效用。欧美的电信运营商们在频段拍卖会上豪掷千金，频频拍出让人瞠目结舌的天价，无疑从一个侧面印证了频率的重要性。

现在大家知道了，空中接口的频率很贵、很值钱，是运营商要去争夺的战略资源。但是为什么空中接口的频率这么值钱？而有线通信中的频率资源也这么值钱吗？

空中接口的频率之所以值钱，是因为移动通信中电磁波的传播方式和有线通信中的完全不同。移动通信中传递信号的电磁波，如同太阳光一样，是向四周发散传播的，其传播方式在视距的情况下遵循自由空间传播模型，同频率之间，信号与信号的干扰不可避免；而有线通信中传递信号的电磁波，却可以控制其传播路径，一条线路上的信号对另一条线路上的信号完全没有干扰。

比如说同轴电缆，几根同轴电缆往往套在一个大的保护套内，如图 4-8 和图 4-9 所示。同轴电缆的外保护套是接地的，故外部噪声很少能进入其内部，从而避免了干扰。

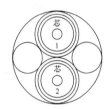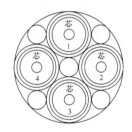

图 4-8　同轴电缆

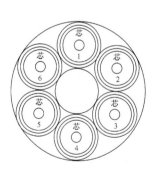

图 4-9　同轴电缆（多根组合）

又比如说光纤，现在大容量、高速率的有线通信几乎都以光缆作为载体。图 4-10 所示为光纤的剖面图，其芯线的直径为 $2a$，包层的直径为 $2b$。芯线的折射指数为 n_1，包层

的折射指数为 n_2。

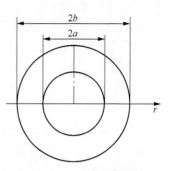

图 4-10　光纤的剖面图

对于无线信道，情况比有线信道要复杂得多，我们无法改变电磁波在空气中的传播特性，若不分开频段，无数电磁波在空中传播就像在开碰碰车一样，一团乱麻。既然无法有效地控制信号的传播路径，自然也就无法有效地控制同频率信号之间的干扰。既然无法控制干扰，那么在全国组网运营了这个频段，就不能再用这个频段了，否则非得打架不可。频段必须被独占使用代表了它的稀缺性，而稀缺性决定了它的价值，要是它像空气一样谁想用都可以用，那就不值钱了。而在有线通信中则完全没有这个概念，这条线路采用什么频段传递信号与其他线路完全没有关系，谁若异想天开想把固网的频段也搞个拍卖，估计会被笑掉大牙。

同样的，在有线介质上传播数据，要想实现更高的数据传输速率相对容易，实验室中测得的单条光纤最大速度已达到了 26Tbit/s，足足是传统网线的数万倍，若还嫌不够，拉专线或者多拉几条网线不就行了！但是，对于无线信道的空中传播来说，速率提升却没那么简单。

注意： 空中接口频率的稀缺性对移动通信产生了非常深远的影响。移动通信中的很多技术，包括复用、无线资源管理、功率控制等都是为了尽最大可能、有效利用频率资源而设计的。

4.2.3　高频和低频有什么区别

大家应该已经知道了频率资源很宝贵，但不同的频率是不是都能用于日常的移动通信呢？那就先来看看，不同的频率意味着什么，高频和低频有哪些区别。

距离等于速度乘以时间，同样的，电磁波一个波动的距离（波长）等于电磁波速度（光速）乘以一个周期的时间，其中，一个周期的时间可以表示为频率的倒数。由于光速恒定，电磁波波长与频率成反比，从这个最为基本的波长与频率的关系等式，其实就可以推出不同频率的实际应用的意义。

$$\lambda = cT = c/f$$

随着电磁波频率从低到高，电磁波的波长便从高到低变化，看着长长的频率轴线，大家可能会产生频率资源并不紧缺的错觉，实际上，这其中并不是所有的频段都能为移动通信所用，有些频段是肥沃的"黑土地"，有些频段是尚未开垦、充满未知的"荒地"，还有些频段就是寸草不生的"盐碱地"。各频段能不能为移动通信所用、为何种移动通信所用，主要考虑以下几个因素。

（1）天线长度的考虑。在介绍信号调制的时候我们已经讲过，之所以不能将频率很低的信号直接用于移动通信，是因为天线的长度在波长的 1/10 ～ 1/4 之间，频率太低，则发射信号的天线越长，在实际工程中需要考虑天线的长度。因此，频率过低的电磁波就直接被排除了。

当说起手机天线时，大家可能会觉得这已经是旧时代的产物了，也许脑海中还会浮现起笨重的"大哥大"，但实际上，天线并没有消失，只是因为随着通信频率越来越高，波长越来越短，天线自然就变短了。对于目前的智能手机而言，天线已经小到足以"藏进"手机内部的射频模块中了（见图4-11）。

（2）绕射能力和穿透能力的综合考虑。根据公式 $E=hv$（E 是电磁波能量，h 是普朗克常数，v 是频率），频率越高，能量越大，穿透能力越强，是名副其实的"穿墙王"，但是，高频信号更接近直线传播，其绕射能力较弱，信号衰落大，传输距离近。举个例子，卫星通信处于特高频频段，那么地球上接收卫星信号的卫星锅就必须像向日葵朝着太阳一样时刻朝向卫星，偏一点点，信号就会受到影响（见图4-12）。

图4-11 手机天线去哪了　　　　　　　　图4-12 卫星锅

与之相反，低频信号能量较小，穿透能力较弱，但是，却有着"长征精神"，绕射能力强，传输距离远。因此，高频频段更适合在有着密集基站的城市中提供服务，而低频频段则适合为基站稀疏的广大农村、偏远地区提供广域和深度的覆盖。

例如，我们熟悉的光波也是同样的道理，红色光是可见光中频率最低的、波长最长的，因此比起其他颜色的光更适用于穿透空气中的雾气和杂质，作为信号来警示远处司机及时刹车；而频率更高、波长更短的紫外线有着较高的能量，能起到消毒杀菌的效果，而频率再高一些的 X 光还能透视人体！

（3）数据传输速率的考虑。频段越高，往往有着更高的发挥空间，有着更大的带宽。很简单的数字游戏，1～2MHz 的频率范围，升级成 1～2MHz 的频率范围，那带来的带宽提升和速率升级简直是"降维打击"！其实，这也是因为过去并没有完全掌握高频通信技术，都只能争着在较低的频段抢下一个立足之地，拥挤在"慢车道"，而随着通信技术的不断进步，我们渐渐拥有了"开上高速路的技术"，一下子有大片的"频段荒地"被开发，天空海阔，放飞自我不是梦！从 1G 到 5G，其实"频段越高—带宽越大—速率越快"

一直是贯穿其中的一条清晰主线，5G 已经在毫米波波段深耕，甚至已经逼近无线电波的频率极限。

（4）人体电磁场暴露的考虑。由于 5G 通信的频率已经进军 6GHz 以上，人体暴露在高频电磁场中可能受到的不良影响也逐渐引发人们的关注，但总体来看，目前的 5G 标准的安全边际是足够的，大家大可放心。不同频段与波段的对应关系如图 4-13 所示。

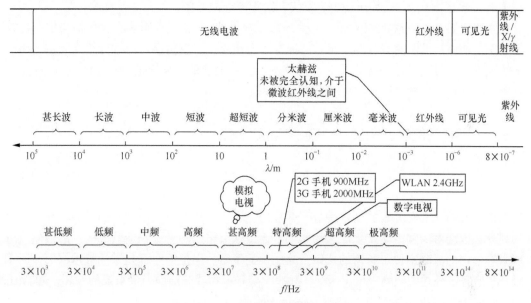

图 4-13　不同频段与波段的对应关系

甚低频、低频、中频、高频频段主要用于远距离导航、海底通信、海上通信、军事通信等远距离移动通信，目前主流的 4G LTE，属于特高频、超高频，而 5G 则已经发起了向极高频，即毫米波波段的进攻。

具体来说，长波主要沿地球表面进行传播，又称地波；也可在地面与电离层之间形成的波导中传播。传播距离可达几千千米甚至上万千米。长波能穿透海水和土壤，但波长越长，干扰噪声也越大。长波多用于海上、水下和地下的通信与导航。比如说潜艇，一般就用长波进行通信。也许有人会问：潜艇为什么一定要依赖长波台呢？因为无线电短波、中波都不能进入水中，只有长波能进入水中，最深可达 40 多米，这样遨游碧波下的潜艇，就不必浮出海面来接收陆地上的指令了，在水下就可收到，从而能更好地完成隐蔽和作业。

中波在白天主要靠地面传播，夜间也可由电离层反射传播，主要用于广播和导航。一般中波广播（MW，Medium Wave）采用了调幅（AM，Amplitude Modulation）的方式，所以在不知不觉中，MW 和 AM 之间就画上了等号。实际上 MW 只是诸多利用 AM 调制方式的一种广播，像在高频（3～30MHz）中的国际短波广播所使用的调制方式也是 AM，甚至比调频广播更高频率的航空导航通信（116～136MHz）也是采用 AM 的方式，只是日常所说的 AM 波段指的就是中波广播（MW）。

短波主要靠电离层反射的天波传播，可经电离层一次或几次反射，传播距离可达几千千米甚至上万千米，适用于应急、抗灾和远距离越洋通信。

微波主要是以直线视距传播，但受地形、地物及雨/雪/雾影响大。传播稳定、传输带宽大，地面传播距离只有几十千米；能穿透电离层，对空传播可达数万千米。主要用于干线或支线移动通信、卫星通信。在本书中，主要关注的是微波的 300MHz～3GHz 这一频段，因为它是当前移动通信网组网的主要频段。

4.2.4 运营商的三国争霸——工作频段分配

运营商的经营管理常常作为案例被搬上管理学或者营销学的课堂。对于中国移动和中国联通的经营，从公司启动的时间到市场细分，从定位到战略，从广告宣传到促销手段，从渠道到直销，都有无数的文章进行了详尽的分析。但缺乏对频段划分的分析，其实频段的划分必定会对组网策略产生深远的影响，而组网策略必定会影响运营商的产品战略，进而影响公司的战略定位。所谓的营销策略、传播策略、渠道策略都是讲的战术层面，无不服从和服务于公司的战略定位，因此，频率无疑是公司战略层面上最重要的一环，900MHz 与 1800MHz 给一个公司带来的利益是完全不同的。

频段之于通信运营商，就如地理空间之于军事家一样，不同的地理空间，或有气势磅礴的黄河险渡，或有万夫莫开的峡谷关隘，有着不同的战略意义。运营商的工作频段的分配无形之中深刻地影响了整个通信产业的发展。

具体地说，频段究竟能带来多大的影响呢？一方面，是由于频率数值的不同带来的影响，上文对于不同频段的讨论中已经阐释了。另一方面，全球移动通信一个很重要的特点就是无线接入技术在不同频段上的通用性，由于不同国家和地区使用的通信频段是不同的，所以大多数的 2G、3G、4G 标准的手机都能够支持多个频段，从而具有全球漫游的能力，从无线接入的视角来看，频段的影响较小。

对于 5G NR 而言，物理层规范并没有对不同的频段做出特殊的规定，但是，由于其频率跨度实在太大了，所以在 NR 参数集的差异化应用等方面，不同频段有一定的特殊性。

就产业层面而言，我们并不需要去深究不同的频段对于不同运营商的商业意义。但是如果我们的目光能更深邃一点，看得更深、更远一点，对我们并没有坏处。我们起码可以知道，为什么和记黄埔、T-Mobile、Britain Telecom、Vodafen、NTT、DoCoMo 这些国际巨头都如此舍得在频率资源上花大价钱。

1. 4G LTE 的频段

虽然，我国长期支持 2G、3G 并存，但相信如果不是在很偏远的地区，我们很难再用到它们。4G LTE 网络分为 FDD-LTE 和 TDD-LTE 两种模式，它们的区别主要有以下几点。

（1）单向和双向。TDD-LTE 为时分双工，意思是发射和接收信号是在同一频率信道的不同时隙中进行的；FDD-LTE 为频分双工，意思是采用两个对称的频率信道来分别发射和接收信号。利用车道举例子，TDD 是单车道，单向通过，FDD 是双车道，双向通行，因此效率更高。

（2）TDD 与 FDD 工作原理不同。FDD 是在分离的两个对称频率信道上进行接收和发送的，利用保护频段，也就是频段的"隔离带"，来分离接收和发送信道。FDD 必须采用成对的频率，依靠频率来区分上行和下行链路，其单方向的资源在时间上是连续的。在支持对称业务时，也就是对接收和发送的需求差不多时，FDD 能充分利用上下行的频谱，但在支持非对称业务时，频谱利用率将大大降低。此外，TDD 与 FDD 在帧结构、物理层技术、无线资源配置等方面也有着具体的区别，有着各自的优势和不足。并且，这两种模式支持的频段也是不同的（见表 4-1 和表 4-2）。

表 4-1　TDD-LTE 支持的频段

频段 Band	上行频率（UL） BS 接收的工作频段	下行频率（DL） BS 发送的工作频段	制式 双工模式
33	1900MHz～1920MHz	1900MHz～1920MHz	TDD
34	2010MHz～2025MHz	2010MHz～2025MHz	TDD
35	1850MHz～1910MHz	1850MHz～1910MHz	TDD
36	1930MHz～1990MHz	1930MHz～1990MHz	TDD
37	1910MHz～1930MHz	1910MHz～1930MHz	TDD
38	2570MHz～2620MHz	2570MHz～2620MHz	TDD
39	1880MHz～1920MHz	1880MHz～1920MHz	TDD
40	2300MHz～2400MHz	2300MHz～2400MHz	TDD
41	2496MHz～2690MHz	2496MHz～2690MHz	TDD
42	3400MHz～3600MHz	3400MHz～3600MHz	TDD
43	3600MHz～3800MHz	3600MHz～3800MHz	TDD
44	703MHz～803MHz	703MHz～803MHz	TDD

表 4-2　FDD-LTE 支持的频段

频段 Band	上行频率（UL） BS 接收的工作频段	下行频率（DL） BS 发送的工作频段	制式 双工模式
1	1920MHz ～ 1980MHz	2110MHz ～ 2170MHz	FDD
2	1850MHz ～ 1910MHz	1930MHz ～ 1990MHz	FDD
3	1710MHz ～ 1785MHz	1805MHz ～ 1880MHz	FDD
4	1710MHz ～ 1755MHz	2110MHz ～ 2155MHz	FDD
5	824MHz ～ 849MHz	869MHz ～ 894MHz	FDD
6	830MHz ～ 840MHz	875MHz ～ 885MHz	FDD
7	2500MHz ～ 2570MHz	2620MHz ～ 2690MHz	FDD
8	880MHz ～ 915MHz	892.5MHz ～ 960MHz	FDD
9	1749.9MHz ～ 1784.9MHz	844.9MHz ～ 1879.9MHz	FDD
10	1710MHz ～ 1770MHz	2110MHz ～ 2170MHz	FDD
11	1427.9MHz ～ 1447.9MHz	1475.9MHz ～ 1495.9MHz	FDD
12	698MHz ～ 716MHz	728MHz ～ 746MHz	FDD
13	777MHz ～ 787MHz	758MHz ～ 768MHz	FDD
14	788MHz ～ 798MHz	758MHz ～ 746MHz	FDD
15	预留	预留	FDD
16	预留	预留	FDD
17	704MHz ～ 716MHz	734MHz ～ 746MHz	FDD
18	815MHz ～ 830MHz	860MHz ～ 875MHz	FDD
19	830MHz ～ 845MHz	875MHz ～ 890MHz	FDD
20	832MHz ～ 862MHz	791MHz ～ 821MHz	FDD
21	1447.9MHz ～ 1462.9MHz	1495.9MHz ～ 1510.9MHz	FDD
24	1626.5MHz ～ 1660.5MHz	1525MHz ～ 1559MHz	FDD
25	1850MHz ～ 1915MHz	1930MHz ～ 1995MHz	FDD
26	814MHz ～ 849MHz	859MHz ～ 894MHz	FDD
27	807MHz ～ 824MHz	852MHz ～ 869MHz	FDD
28	703MHz ～ 748MHz	758MHz ～ 803MHz	FDD

　　Band 是人为划分出的频段，Band 1 ～ 28 是 FDD-LTE 频段，由于 FDD 上下行采用的

是独立的频段，所以上下行频段不一样；Band 33 ~ 44 是 TDD-LTE 频段，由于 TDD 上下行共用频段，所以上下行频段一致。

对于 LTE 网络，中国移动在 TDD 拥有 1880 ~ 1900MHz、2320 ~ 2370MHz、2575 ~ 2635MHz 共 130MHz 的带宽；中国电信在 TDD 拥有 2370 ~ 2390MHz、2635 ~ 2655MHz，在 FDD 拥有 1755 ~ 1785MHz、1850 ~ 1880MHz，共有 100MHz 的带宽；中国联通在 TDD 拥有 2300 ~ 2320MHz、2555 ~ 2575MHz，在 FDD 拥有 1955 ~ 1980MHz、2145 ~ 2170MHz，共有 90MHz 的带宽。对照频段划分表可知，Band38、39、40 归属于中国移动的 TDD-LTE，Band40、41 归属于中国联通和中国电信的 TDD-LTE，Band3 归属于中国联通和中国电信的 FDD-LTE。

中国无线电波频段分配如图 4-14 所示。

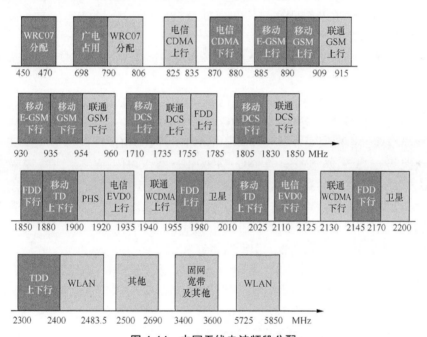

图 4-14　中国无线电波频段分配

对于 LTE 频段而言，2000MHz 频段比 800MHz 频段的频率资源要丰富得多，不过由于 2000MHz 频段电磁波穿透墙体或是其他障碍物造成的路径损耗远远大于 800MHz，2000MHz 在运营商那里远不如 800MHz 受欢迎。800MHz 左右的频段信号覆盖更广、绕射能力更强、组网成本更低，是公认的"黄金频段"，也是运营商争夺的焦点。

有家运营商曾经对 LTE 频段进行组网实验，为了覆盖同样一片区域，如果要达到与 800MHz 相同的覆盖效果，采用 LTE 1.8GHz 组网所需的基站数量是采用 LTE 800MHz 的

4.5 倍，2.1GHz 所需的基站数量是 800MHz 的 6 倍，而 2.6GHz 所需的基站数量竟然是 800MHz 的 9 倍！一个个基站可都是用真金白银建造的，运营商为了节省开支，可不得争破了头！

2018 年 4 月 5 日，作为获得 FDD 牌照的代价，工业和信息化部要求中国移动腾退 904 ～ 909MHz 与 949 ～ 954MHz，共计 10MHz 的低频资源给中国联通，这样一来就增强了中国联通在农村地区的覆盖能力，用户的信号体验也得到了提升。

或许又有人要问，这个频率有这么金贵吗，我再搞个 LTE 500MHz 甚至 LTE 300MHz 频段就可以了嘛，问题不就解决了？这个问题我们倒是也希望如此，这样一来问题就简单了，但实际上是做不到的。频率的分配不是我们说了算，而是国际电信联盟（ITU）说了才算，从交通到电力，从微波电视到集群通信，要用到移动通信的行业很多，想得到新的、适合移动通信的频段是非常困难的。

2. 5G NR 的频段

说完了 4G 的频段分配，再来看看 5G 的频段分配。5G 的频段分配，更是大家关注的焦点中的焦点。

2018 年 12 月 6 日，工业和信息化部已经向中国三大基础电信运营商发放了全国范围 5G 中低频段试验频率使用的许可。中国电信获得 3400 ～ 3500MHz 共 100MHz 带宽的 5G 试验频率资源；中国联通获得 3500 ～ 3600MHz 共 100MHz 带宽的 5G 试验频率资源；中国移动获得 2515 ～ 2675MHz、4800 ～ 4900MHz 共 260MHz 的 5G 试验频率资源，其中，2515 ～ 2575MHz、2635 ～ 2675MHz 和 4800 ～ 4900MHz 频段为新增频段，2575 ～ 2635MHz 频段为重耕中国移动现有的 TD-LTE(4G) 频段。这样的分配方式，可谓是平衡了各家的利益。

为什么说这是一次平衡的分配？且听慢慢道来。

5G 波段主要分为两个技术方向，即 Sub-6GHz 以及 mmWave(毫米波)。

其中 Sub-6GHz 的基础设施将继续利用 2.5 ～ 2.7GHz，以及增加 3.3 ～ 3.8GHz 和 4.4 ～ 5GHz，Sub-6GHz 顾名思义就是利用 6GHz 以下的所有现有的和新增的频段资源。这一类频段被 3GPP 在 Rel-15 中称为频率范围 1(FR1)。

而频率范围 2(FR2) 则包含 24.25 ～ 52.6GHz 范围内的新的频段。对这部分毫米波频段而言，频率的数值差异导致了更为本质的数值差异，无论是终端还是基站，都将引入许多专属于 5G NR 的新技术，并更广泛地使用大规模 MIMO、波束赋形以及高集成度的高级天线系统。

3GPP 定义了工作频段的概念，一个工作频段指的是上下行链路对应的频率范围，每个工作频段都有一个专属的编号，NR 频段编号为 n1、n2、n3 等。如果同一个频段被定义为不同的无线技术接入的工作频段时，编号会使用相同的数字，但编号的形式不同，例如，3G UTRA 的频段编号使用罗马数字Ⅰ、Ⅱ、Ⅲ，4G LTE 的频段编号使用阿拉伯数字 1、2、3。

3GPP 的 NR Rel-15 规范，划定了 FR1 的 26 个工作频段以及 FR2 的 3 个工作频段，并给出了 n1 ～ n512 的编号规则。

（1）再次定义为 5G NR 的 4G LTE 频段被称为重耕频段。对于 LTE 重耕频段中的 NR 频段，NR 的频段号只需要在 LTE 的频段号前面加 "n"。

（2）在 NR 新频段中，n65 ～ n256 预留给 FR1 中的 NR 频段（其中某些频段可以额外用于 LTE），n257 ～ n512 预留给 FR2 中的 NR 新频段。

这样的频段编号规则为 NR "预留" 了频段号，并且也能够兼容 LTE、UTRA。

由于 Sub-6GHz 在技术上相对更成熟，毫米波还在研究阶段，综合考虑之下，3300 ～ 4200MHz 的频段最受全球关注，其中，3400 ～ 3800MHz 是欧洲的先锋实验频段，中国与印度计划分配 3300 ～ 3600MHz，日本计划分配 3600 ～ 4200MHz，北美计划分配 3550 ～ 3700MHz 并初步讨论 3700 ～ 4200MHz。此外，2 ～ 6GHz 的许多潜在的原归属 LTE 的频段被 "重耕" 为 5G NR 频段。

4G LTE 的双工配置有 TDD 和 FDD，那么 5G 支不支持呢？答案是肯定的。由于 5G NR 频段包括对称和非对称频谱，因此要想所有频段都得到充分的应用，必须采取灵活的双工配置，不仅支持 TDD、FDD，还在一些特定频段引入补充下行链路（SDL）、补充上行链路（SUL）。

中国也采用了 Sub-6GHz 作为 5G 的实验频段。现网待分配的，共 2.6GHz、3.5GHz 以及 4.9GHz 3 个频段，而由于 5G 的特点，每家运营商都需要有更大的带宽。

潜在待分配的 5G 频段见表 4-3。

表 4-3　潜在待分配的 5G 频段

待分配的 5G 频段	2.6GHz	3.5GHz	4.9GHz
频谱范围	2515 ～ 2675MHz	3400 ～ 3600MHz	4800 ～ 5000MHz
总频宽	160MHz	200MHz	200MHz

而 Sub-6GHz 频段的内部，还可以继续细分成许多小的频段，其中，3.5GHz 频段的技术和产业成熟度最高，所以中国电信和中国联通可以说是各获得了 100MHz 带宽的主流的 3.5GHz 频段。但是，由于该频段高于中国电信和中国联通的 4G 主频段 1.8GHz，由于电磁波频率越高，波长越短、衰减越快的特点，5G 基站的覆盖密度需要大大增加，预计为 4G 基站的 1.5 倍左右。

中国联通和中国电信在 3.5GHz 上建网后，由于两家的频段相邻，而现有的滤波器和功率放大器又都支持 200MHz 的带宽，即同一套无线设备就能同时发射中国电信、中国联通两家的 5G 信号，中国电信和中国联通已经强强联手，选择共建共享 5G 网络。两家完成组网之后开启载波聚合，这相当于两条小路合并成一条大路，将有希望达到更高的数据传输速率。

再来看中国移动，虽然获得了 2.6GHz 频段的 160MHz 以及 4.9GHz 频段的 100MHz，但是由于 4.9GHz 目前技术和产业成熟度低，且绕射能力差、覆盖范围小、建设成本较高，只能作为一个补充频段，难以作为主力。不出意外的话，中国移动的 5G 建设将会以 2.6GHz 为主力。虽然 2.6GHz 没有 3.5GHz 成熟度高，但这是中国移动 4G 的主要频段，中国移动有着丰富的时分双工的技术经验，可以采取非独立组网等方式，借助 4G/5G 动态频率分配等 4G/5G 协同组网技术，在同一频段部署 4G 和 5G，依托其固有的 4G 基础建设资源，节约成本。并且，2.6GHz 比 3.5GHz 频段更低，覆盖能力更好，基站密度要求相对较低。不同频段的覆盖范围如图 4-15 所示。

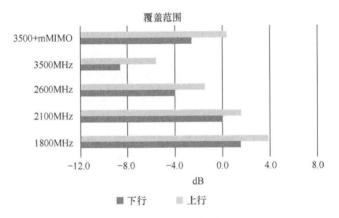

图 4-15　不同频段的覆盖范围

可能有人会问了，那中国移动能不能频段再低一些，这样成本不就更低了？答案是实在很难再低了，这主要是因为中国移动的频段和我们熟悉的北斗 1 号卫星的隔离问题。中国北斗 1 号卫星系统是全天候、全天时提供导航信息服务的卫星导航系统，在国际电联登记的频段为卫星无线电定位业务（RDSS）频段，上行频段为 L 频段（频率 1610 ～ 1626.5MHz），下行频段为 S 频段（频率 2483.5 ～ 2500MHz），这是不是和中国移动的 2.6GHz 非常接近了！由于卫星导航需要高精度，为了避免系统之间的干扰，必须要在两个频段之间设置必要的空置频段作为隔离带（见图 4-16）。

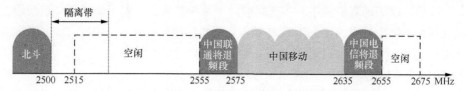

图 4-16　中国移动 2.6GHz 频段和北斗隔离带的关系

目前，工业和信息化部又分配了 3300 ～ 3400MHz 的频段给中国电信、中国联通、中国广电共建共享 5G 室内覆盖场景。

 ## 4.3　复用与多址

4.3.1　复用与多址的区别和本质

复用与多址的目的，就是为了尽可能多地让多个终端利用同一个频段，为了发挥每个频点上的价值。而复用与多址，就是出于这样的目的而设计的"省吃俭用"的办法。

从 1G 到 5G 的移动通信系统设计了各种各样的多址复用技术（见表 4-4），比如 1G、2G 的频分多址（FDMA）、时分多址（TDMA），3G 的码分多址（CDMA），而 4G 则引入了正交频分多址（OFDMA），而 5G 更是在此基础上使出浑身解数，关键技术更为复杂，留待后文细细说来。

表 4-4　各代无线通信主要采用的多址技术

1G	2G	3G	4G	5G
FDMA	FDMA、TDMA	CDMA、SDMA	OFDMA	MIMO、NOMA、FOFDM 等

1. 复用与多址的区别

复用与多址常常被一起提及，但很多教科书都没有讲清楚它们的区别。复用（Division Multiplexing）与多址（Division Multiple Access）的区别在于，复用针对资源，用于信息传输过程中，提高信道容量；而多址针对用户，用于系统接入过程中，识别与区隔不同用户。

复用是基于时间、频率、空间、正交码等维度，对无线资源进行细粒度的划分，划分为多个子信道，以实现资源复用。多址则应用于系统接入，主要是为了划分资源块，让更多终端能够在不发生冲突的情况下获取服务，例如在频分多址中，把 6MHz 的频率资源分为 2 个 3MHz，每个 3MHz 的子信道就成了能"区隔"用户的"址"。

2. 复用与多址的本质

知道了复用与多址的区别，其本质也就好理解了（见表 4-5）。核心就是以一个维度进行"区分"，让其他维度进行"复用"。形象地理解，如果把频率资源比作房间，那么频分多址就是把大房间分割成很多个"子房间"，让不同的用户在不同房间中说话；而正交频分多址还是把大房间分成很多"子房间"，但子房间与子房间之间有重叠，子房间数量更多了，频率利用率更高；时分多址则是大家都在一个房间里，A 说完了 B 说，B 说完了 C 说，轮流发言；码分多址则是大家用不同的语言发言，A 用中文，B 用英语，C 用法语。

表 4-5　不同复用技术的本质

复用类型	正交信道（相互区别的维度）	可复用的资源
空分复用	空间	时隙、频率、码
频分复用	频率	时隙、空间、码
时分复用	时隙	频率、空间、码
码分复用	正交码	时隙、频率、空间

每种技术都有着较为复杂的物理层的实现，为了应对多址复用带来的种种干扰问题，为了对抗"多址复用后遗症"，还有很多种锦囊妙计，总之，一部移动通信技术发展史，简直就是一部无限的人类智慧与有限的频谱资源进行浴血奋战的斗争史。

4.3.2　复用与多址的方式

1. 频分复用

在处理新增用户接入的问题上，GSM 和贝尔移动系统是一脉相承的，每新增一个用户，就给这个用户分配 200kHz 的频宽（GSM 的频宽是 200kHz），这种操作方式也叫作频分复用（FDM，Frequency Division Multiplexing）。所谓频分，就是把一段频谱切成 N 块，每块分给一个载波，让这个载波去承载用户。

频分多址技术和频分复用技术的区别（见图 4-17）就在于，前者多了一个把不同的载波动态分配给不同用户的环节。这也很好理解，大多数用户并不需要一个载波，如果将一个载波只分配给一个用户，那么资源的利用率肯定不高，多个用户如果能共享一个载波，那么就像"拼车"一样，整体效率就提升了。这和计算机将有限的内存分配给多个不同的程序是一个道理，只不过前者发生在计算机中，而频分复用和频分多址则是发生在信号调制环节。

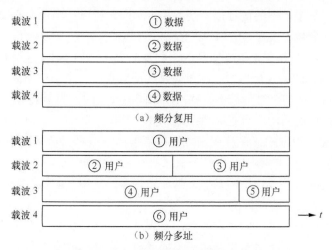

图 4-17 频分复用与频分多址

所谓频分复用，其实并不新鲜，在广电的架构下就有这种技术。以前的电视信号是通过微波传输的，如今是通过有线同轴电缆进行传输的，不管哪种传输方式，并没有改变不同的电视台使用频分复用进行区分的实质。看电视的时候经常调换频道，想必大家对频道这个概念已经非常熟悉。其实这里说的频道，指的就是频率段，不同的电视台占用不同的频率段，以和其他电视台进行区别，这就称为频分复用，比如 CCTV1～CCTV8 就是一个典型的频分复用系统。

如果说以电视打比方还显得有点模糊的话，那么用同属广电系的广播打比方就要亲切多了。因为电视并不自报家门告诉你它用的哪个频段，而广播则不一样，当你收听广播的时候，广播电台总要无数次地把它所使用的频率告诉你，生怕你下次会遗忘它。比如 FM97.5，湖南音乐频道；FM98.1，长沙交通频道。它们传送美妙的音乐也好，广播实时的路况信息也罢，总之用的是不同频率的信号，井水不犯河水，不至于互相干扰。

电信系统的架构和广电系统的架构其实有颇多相似之处，我们可以把基站的发射机（或者说载频）理解为一个个的电台，电台与电台之间采用不同的频率，那我们的载频与载频之间也采用不同的频率，传输多路数据，这样就构成了一个移动通信的频分复用系统。

电信系与广电系虽然有很多相通的地方，但是有一个地方是截然不同的。那就是广电的构架是单向的，无论电视也好广播也罢，都是它们向观众或者听众发送信号，没有观众或者听众向电视台或者电台发送信号。广电系的频分仅仅是前向链路（下行链路）的频分，它是没有反向链路的，所以也谈不上反向链路的频分。还有一个最大的不同，就是广电系传递给每一个用户的信号都是一样的，所以它可以以广播的形式向用户传播，一个频道就可以服务于成千上万个用户，因为用户收到的信号没有什么区别。而电信系的用户是在沟通和交流，显然每一个用户的信号都与别的用户不同，所以一个用户必须独占一个频道来实现通信，如果这个频段还有其他用户的信号，那很糟糕，双方会互相干扰。

在 GSM 里面的频分复用是这样实现的，就是把 890～915MHz 这个频段均匀地划分成124 块，每一块占用 200kHz 的频段，也就是常说的频点，一个用户通话的时候就独占一个频点，它周围的用户在这个时刻是不能够占用相同的频点的，要不就会有干扰。

频分复用系统最鲜明的优点是信道复用率高、复用路数多、分路方便，是目前模拟通信中最主要的一种复用方式，在有线、微波通信系统及卫星通信系统中得到了广泛应用。例如，卫星就是按照频率的不同，把各个地球站发射的信号安排在卫星频带内的指定位置，再按照频率的不同来区分地球站的站址，从而实现多址复用，能够有效减少多径效应以及频率选择性信道造成的接收端误码率上升。

但是，由于频分复用系统的收发两端需要大量载频，且相同载频必须同步，需要复杂的设备来保证。另外，为了将信号调制为不同频段，还必须要有大量的频带特性陡峭、稳定性高的各种频带范围的带通滤波器，这都增加了建设和维护成本。

在这个阶段，可以把一个载波理解为一块载频，载频的形状如图 4-18 所示。很多人可能没有去过基站，不理解载频的概念，你不妨把一块载频当成一个电台，其主要工作之一也就是发射信号。一个电台是可以为 N 个用户服务的，因为每个用户听到的内容都是一样的；而一个载频就只能为一个用户服务（假设只有频分，没有时分和码分），因为每个用户通话的内容都是不一样的，在此时还没有办法在一个载波上共存。看到这里，就理解通信"Communication"相对广电"Broadcast"的烦恼之所在了吧。广电里一个电台可以让成千上万的用户收听到广播，而在通信里这么大一块铁疙瘩只能给一个用户使用，亏大了！

此外，由于带通滤波器几乎不可能做到百分百的理想滤波，并且信道本身具有非线性的特性，通过放大器时可能会产生非线性失真，频分复用系统的路间干扰也不可忽视。如果各路信号频谱交叉重叠，通着通着话，就可能不小心串到了别人的另一个通话中，这就称为"路间串话"，想想还是很惊悚的。所以为了避免各子载波之间的干扰，有时候必须要在相邻的子载波之间保留较大的间隔，留出"隔离带"，这样一来，频谱利用效率就降低了。因此，频分多址在移动通信中已经不再是最主流的多址方式。

图 4-18　摩托罗拉的第二代载频

2. 时分复用

频分复用和空分复用一起，为移动

通信作出了杰出的贡献。但是还有一件事令我们非常郁闷，那就是一个用户通话的时候需要独占一个频点，也就是说一个收发信机（一块载频）就被他一个人霸占了，这令人相当不爽。人类解决问题的智慧总是相通的，面对这个资源独占型难题，我们不妨也向广电取取经。

在 Y 市，要举办一场招商引资的晚会，那可谓人山人海，锣鼓喧天，鞭炮齐鸣，红旗招展……这样的盛况谁不想参加呢，于是导演就郁闷了，一个晚会总共就那么几首歌，这么多歌手要唱，这怎么都分不匀啊。后来不知从哪里来的灵感，这位天才的导演总算想出了一个完美的解决方案，那就是歌分复用（Song Division Multiplexing），把一首歌分成 8 部分，8 个人一人唱一句，不就都解决了。

所谓歌分复用当然是开玩笑的，但是 GSM 的时分复用与此也颇为类似。如果把一首歌比作一个 TDMA 帧的话，那么一人唱一句就好比一人占用一个时隙（Time Slot）。前文讲过，所谓复用技术，就是区隔用户的技术，在时分复用中，使用相同频率的用户是通过在不同的时间（时隙）里工作来区分的。

GSM 空口使用 TDMA 技术将一个载波划分成 8 个时隙，最多可以分配给 8 个不同的用户使用（见图 4-19）。

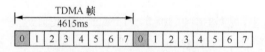

图 4-19　GSM 的 TDMA 帧结构

GSM 电路交换网络采取的 E1 接口，也使用了 TDMA 技术，将一个 PCM 帧划分成 32 个时隙（见图 4-20），一个时隙每 125μs 就可以传输 8bit 的数据，在其中第 0 时隙相当于指针，传输控制信息，其余 31 个时隙用于传输数据。也可以结合在信源编码一节介绍的 8kHz、8bit 采样位深的 PCM 编码的语音数据，算出码率约为 2Mbit/s。

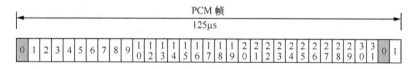

图 4-20　PCM 的 TDMA 帧结构

3. 码分复用

本节要谈谈码分复用与码分多址。CDMA 的概念源于一个你绝对想不到的人，美丽的电影演员——海蒂·拉玛。拉玛 1913 年出生于奥地利的维也纳，我们也许有理由相信，这座音乐之都对拉玛的人生产生了深远的影响，因为她后来提出的跳频，就是源于钢琴演奏！

拉玛对跳频通信的研究最初是因为第二次世界大战。在战场上，当你发射鱼雷的时候，对手通常有办法使它失效——对无线电信号进行干扰，使鱼雷偏离原有目标。因为早期的通信是在一个单独的频道上传输（嗯，你想得很对，就是在上一小节所说的频分的那么一小块里进行信号传输的），敌方只需简单地探查频道，之后制造足够的电磁噪声来干扰鱼雷引导信号即可。

拉玛的丈夫曼德尔是个武器制造商，这使得她有兴趣研究规避鱼雷引导信号被干扰的方法，而她后来的合作者安太尔是一个非常著名的作曲家，这给了她灵感。

拉玛和安太尔关于"免干扰通信系统"的主要原理，用简单的图画和区区百余字描述在了一张小纸片上，其基本想法就是为了避免干扰必须从一个频率跳到另一个频率。而信号的发射者和接收者所采用的频率必须像管弦乐一样达到同步。这张小纸片因为首次提出了"跳频"的概念而成为不朽。1942 年 8 月 11 日，安太尔和拉玛的研究被授予美国专利"2292387 号"，名称为"秘密通信系统"。

跳频后来又演化成了扩频通信，并成为高通公司 CDMA 技术的基础，而高通公司也凭借 CDMA 成为通信业界一颗耀眼的明星。

相信有读者会想起来，在如何应对信道衰落的相关章节也介绍过跳频和扩频，但在这里，我们有必要重温一下跳频和扩频的概念，以便于我们更好地理解 CDMA。

跳频通常是一种序列方式，信息在一段时间内（间隔时间内）在一个频率上传输，然后又跳到另一个频率。扩频技术由跳频的概念发展而来，但它更先进。在扩频通信中，信息能在多个频道上同时发送。

打个比较粗浅的比喻，跳频就好比按一定的顺序比如说"哆，来，咪，发，唆，拉，西"敲击钢琴键盘。由于钢琴键盘每个音符的频率都是不同的，所以这种周而复始的音符变动其实也可以理解为频率的变动，拉玛或许就是从这一点上领悟到"跳频"的真谛的吧。当然，这个敲击序列不会像"1234567"那么有规律，一定是看起来混乱但是收发双方都知道运行规律的，要不然也就起不到保密的效果了。你可以把那个"看似混乱但收发双方都知道的序列"理解为一首歌的五线谱，信号的发射方和接收方都可以根据这个五线谱了解到接下来的音符会是哪个，也即"跳到哪个频道进行通信"。

而扩频像什么呢？咳咳，就好比你伸出两个巴掌，同时敲击所有的音符键，在所有的频道上同时传送信号。这个比方倒是形象了，但是从这个例子中不好解释这么做有什么好处，别急，接下来就会介绍到。

假设现在有 5MHz 频段，GSM 会怎样分配给用户呢，如表 4-6 所示。

表 4-6　GSM 的复用方法

		时分							
		时隙 1	时隙 2	时隙 3	时隙 4	时隙 5	时隙 6	时隙 7	时隙 8
频分	频点 1	用户 1	用户 2	用户 3	用户 4	用户 5	用户 6	用户 7	用户 8
	频点 2	用户 9	用户 10	用户 11	用户 12	用户 13	用户 14	用户 15	用户 16
	频点 3								
	频点 4								
	频点 5								
	频点 6								
	频点 7								
	频点 8								
	⋮								
	频点 25								用户 N

GSM 是一个典型的频分以及时分的复用方法，符合大家的传统认知。而到了 WCDMA，则出现了这样不可思议的一幕，如表 4-7 所示。

表 4-7　WCDMA 的复用方法

		5MHz 频宽
码分	扩频码 1	用户 1
	扩频码 2	用户 2
	扩频码 3	用户 3
	扩频码 4	用户 4
	扩频码 5	用户 5
	扩频码 6	用户 6
	扩频码 7	用户 7
	扩频码 8	用户 8
	⋮	⋮
	扩频码 N	用户 N

在这 5MHz 的频宽内，频分的概念消失了，时分的概念也消失了。所有用户都要

占用 5MHz 的频宽，我们知道，不同的信号由相同频率的电磁波传播是会相互产生干扰的，就好比不同的人说话所产生的声波因为承载在相同的频率上（20 ～ 3400Hz）会互相产生干扰一样。接收端的所有用户都工作在 5MHz 的频段上，这些用户不论是从时间上来看也好，从频率上来看也罢都是一样的，那它们靠什么来进行区分呢？答案是：靠码字！

这个答案是如此令人费解，以至于高通在创始 CDMA 的时候不得不特意描绘了一个场景以供大家理解，那就是著名的"鸡尾酒模型"。

高通把各种无线技术比喻为在一个大厦中的聚会。如果聚会上的交流基于 FDMA 技术，每个一对一的谈话都将在独立的房间内举行，这个房间就代表了分配给你的频段。你和你的朋友在房间内谈话，彼此可以互相清晰地听见对方谈话，既然房间里只有你们两人，那么声音大一点也无所谓（对于 GSM 这样的 FDMA、TDMA 系统，功率控制远没有 CDMA 系统重要）。假如一个大厦只有 20 个房间，那么一次就只能有 20 场会谈，假如有几百人来赴宴，其他人就要意兴阑珊地离开了。

为了解决这个缺陷，用 TDMA 技术来补充是个不错的选择。同样几百人的宴会，每对客人可以进入房间进行一对一的会谈，但是不能谈太久就得让给下对客人，比如说 30s 后就将房间让出来，这样通过依次轮替的方法可以让更多的人有交谈的机会，从而提高容量。

而 CDMA 更像是鸡尾酒宴会，大家可以在一个大房间里进行交谈。既然都是在一个屋子里，如果都是用中文说话，那麻烦就大了，你会不断地被与你无关的人说的话所干扰，甚至搞得你无法和你想交流的对象进行正常的交流。这时候如果大家所采用的编码方式不同，比如你用中文，张三用英语，李四用意大利语，王五用西班牙语，情况就会好得多。你的对家用中文作为"扩频码"和你说话，尽管背景噪声很嘈杂，但是你还是可以很好地分辨出他的声音，OK，可以正常交流。这时候张三说的英语的声波过来干扰了，怎么办呢，这时候你的大脑就相当于处理机，它就会这么反应："对不起，哥们，英语我一窍不通，您的扩频码我不认识，只当是背景噪声直接过滤了。"

请注意，扩频码有一个特点，那就是必须正交。正交在数学里的概念就是完完全全不相关，也即两个信号的乘积在某个区间内积分为零。换句话说，就是你这编码和编码之间要没什么相关性，英语和汉语就适合做扩频码，因为英语和汉语没什么相关性，很容易就可以区分（其实这句话并不完全正确，汉语里有很多舶来品，比如沙发——Sofa，好莱坞——Hollywood）。但是湖北话和湖南话做扩频码就不合适了，重叠部分太多了，一起说会干扰得一塌糊涂。

应当注意的是，人对世界的理解是多维的，即使是耳朵对声音的理解也不止一个维度，虽然大家说话的声音都是 20 ～ 3400Hz，但是人们可以通过音色、音调和响度对声音信号进行区分，甚至可以借助视觉对对方的话语进行理解，因为人说话的时候往往还有表情。所以即使没有正交，人判断和区分信号也相对容易。而机器只能理解比特信息流，它只能从一个单一的维度去思考，所以它的要求自然比人类要严格得多，如果要进行码分复用，那么它所采用的扩频码之间必须正交，以有效区分。

说到这里，相信大家也明白扩频码大致是怎么回事了。但是估计很快就有人会有疑问，在"鸡尾酒宴会"中，要找到两两正交的扩频码是很简单的事情，英语和汉语、韩语与日语，差别都非常大，几乎可以理解为完全没有什么相关性。而机器所使用的都是"0"和"1"（按习惯分别用电平值"+1"和"−1"表示），你果真能找到那么多没有交集、完全不相关的序列吗？

在这里，首先要搞清楚对于两个序列，什么叫作不相关，定义很简单，两个序列乘的结果加起来等于 0 就叫作不相关。比如说 {+1, −1} 和 {+1, +1} 两个序列，相乘的结果就是 $1 \times 1 + 1 \times (-1) = 0$，等于 0 就叫作不相关。

我们很容易就能推出一大堆这样的序列，比如 {+1, +1, +1, +1} 和 {+1, +1, −1, −1}，乃至可以按图 4-21 所示的码树一直推演下去。大家不难得出，每个纵列的码序列相乘的结果都是 0，也就是说是完全不相关的。我们可以把每个序列当成一门语言，序列和序列之间是相互正交的，就好比语言和语言之间是正交的一样。那么只要把原始数据用这个序列来编码，就可以让不同人的原始数据进行正交。我们把用这个序列来对原始数据进行编码的过程叫作扩频，而这个序列就叫作扩频码。

三大 3G 标准的扩频码都产自 Walsh 序列，图 4-21 就是 Walsh 序列生成的一种简单的演示。在 cdma2000 中，扩频码也称为 Walsh 码，而在 WCDMA 和 TD-SCDMA 中则称为正交可变扩频因子（OVSF, Orthogonal Variable Spreading Factor）码，其实两者来源都一样，只是生成方式略有不同而已。更多扩频码的内容可以参考第 3 章相关内容。

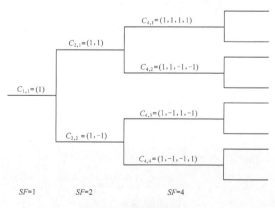

图 4-21　扩频码的生成

4．空分复用与蜂窝

（1）从大课堂到小课堂——空分复用

前文讲过了空中接口的频率资源非常珍贵，那么如何利用好这些频率显然是一个很重要的课题。显然，我们希望在分配的有限的频段中支持尽量多的用户。那么我们要提高频谱资源的利用率，要解决的就是干扰问题。解决干扰问题的方法有很多，如频分、时分、码分等方式，但还有一个最朴素的想法我们没讨论，能不能把用户直接在空间上给区隔开呢？还真有这样的技术，那就是空分复用。

例如，大学上课有时在很大的阶梯教室，哗啦啦的好几百人在讲台下面。老师讲课的时候有一个扩音话筒和音箱，感觉和听广播差不多。这种授课方式很快就被证明了不适合教学，因为教学是双向的，只有教师授课这条前向链路是不行的，学生有疑问是要发问的，必须要有可以发问的反向链路。然而在这种大教室模式下，学生你一言我一语，搞得整个教室喧嚣无比，大家说话的频率都是 20 ～ 3400Hz 这个区间，谁还不能干扰谁啊。眼看这种广覆盖模式的教学搞不成了，学校采取了小教室授课的模式，你们这些学生说话的频率不就在那个区间，人多了就会互相干扰吗，那好，从空间上把你们隔开了，学校不过是多用几间教室，多配几个老师，能教的学生就增加了，用通信的术语说，容量就增大了。

早期的移动通信与这也有点类似，20 世纪 70 年代在纽约建立了贝尔移动系统。这个系统建在高塔上，用大功率的发射机来获得一个广覆盖，最广可以覆盖 2800 平方千米。但是很遗憾，它只有 12 个频道，只能支持 12 个用户同时通话。

一个基站可以覆盖这么大的区域无疑是令人羡慕的，按这种效率，几千个基站就能实现美国境内的全覆盖。但是如此大的覆盖范围带来的问题比惊喜更多。只能支持 12 个用户，那么这个系统能做什么用呢？用于军事，算了吧，还不如用电台呢。贝尔移动系统要商业化，要赚钱，当然希望容纳尽量多的用户。

贝尔移动系统首先想到的是希望从政府那里获得更多的频谱资源。政府当然不干，频谱资源多宝贵啊，无绳电话不要用吗，集群通信不要用吗，公共交通不要用吗，微波电视不要用吗，卫星通信不要用吗……总之，这里的频段都有主了，没有主的也是为了未来而准备的，你总不能把子孙后代的资源也占掉吧，你自己想办法去。

贝尔移动系统碰了一鼻子灰，甚是郁闷，不得不从自身想办法。一个靠谱的主意是把发射机的功率做小，然后增加基站的个数。这样，虽然分配的频谱段没有增加，但是系统能容纳的用户增多了，如图 4-22 所示。

图 4-22 中假设基站处于圆心，圆形覆盖的区域即基站的覆盖半径。这仅仅是一个基本的思路，在实际应用过程中，不会像画图这样完美，电磁波在空中要经过衍射、散射和反射，实际形成的传播路径和传播范围是十分复杂的和不规则的，不会像画图一样是个圆

形，另外基站和基站之间也不可能如图 4-22 所示组成一个个等距的圆形。实际上基站与基站之间会有大量重叠覆盖的区域，在这些区域中，同样频率的信号是个问题，它们一样会互相干扰，一样会降低系统的容量。基站实际的覆盖效果如图 4-23 所示。

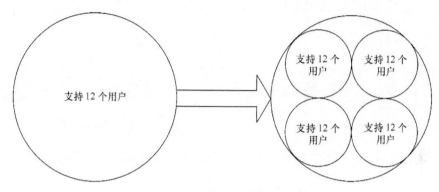

图 4-22　增加系统容量的方法

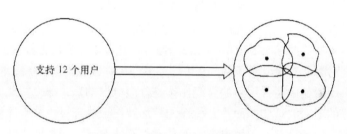

图 4-23　基站实际覆盖效果图

在降低发射机功率以控制覆盖范围之后，设计者又开始从天线上做文章。已知早期的天线是全向天线，其电磁波是向四面八方均匀发射的，如图 4-24 所示。

图 4-24 所示的全向覆盖的方式在基站的实际覆盖上显然会遇到问题，12 个频段都用上的话，在交叉覆盖的地方信号会干扰得一塌糊涂。于是，我们希望信号可以使用定向波束来覆盖，于是就产生了扇形定向天线，如图 4-25 所示。

采用定向天线后，我们就可以控制将不同频率的信号通过不同的天线定向发射到某一方向，从而避免在信号重叠区域的干扰。定向天线也是蜂窝通信中非常重要的组成部分。

这就是蜂窝通信的理念，当希望增加更多用户时，就进行小区分裂，把一个大的小区划分为很多小的小区，用蜂窝来命名是不是很形象呢！同时降低发射机的发射功率，以减小单个发射机的覆盖范围，尽量避免同频干扰，从而可以通过增加发射机的数量来服务于更多用户。

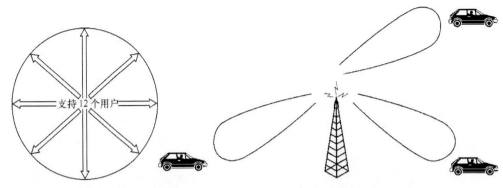

图 4-24　全向天线的电磁传播　　　　图 4-25　定向天线的应用

值得注意的是，虽然蜂窝本身就是一种广义上的"空分复用"，但移动通信中的空分复用往往特指智能天线相关技术。

（2）波束赋形与智能天线技术

对于舞台上应用很多的追光灯，相信大家都不会陌生了。这种灯有两个特点，第一个特点是追光灯不像普通电灯一样光线向四面八方散射，它把光线聚集起来，投向演员表演的区域，而周围基本上没有什么亮光；第二个特点是它会跟随演员在舞台上的活动而移动，演员走到哪里，它的灯光就走到哪里，真可谓"月亮走，我也走"。

如果把在移动通信中通常用到的天线比作是普通电灯的话，那么智能天线就好比是聚光灯。普通天线的电磁波是向四面八方传播的，而智能天线却可以将电磁波聚焦于某些方位；普通天线的电磁传播并不随用户方位的移动而有所改变，而智能天线却可以随着用户的变化来改变自己的传播方式。

介绍智能天线之前，首先介绍一下波束赋形（Beamforming），它又叫波束成形、空域滤波，是一种使用传感器阵列定向发送和接收信号的技术。这名字听着很唬人，波是看不见摸不着的，怎么还能给它"赋形"呢？实际上，这里的"赋形"不是说给波赋予形状，而是通过调整相位阵列的基本单元的参数，使得某些角度的信号获得相长干涉，而另一些角度的信号获得相消干涉，从而实现定向发射和接收。

采用波束赋形技术的阵列天线就称为智能天线。因此，采用智能天线实现的 SDMA，也被称为基于波束赋形的 SDMA。

智能天线之前主要应用于雷达、声纳等军事，从 20 世纪 90 年代才逐渐转入民用通信领域。直至智能天线应用于民用通信，SDMA 才真正找到了一个可行的实现方案。

美国 Arraycom 公司在 PHS 系统中实现了智能天线。1997 年，北京信威通信技术股份有限公司成功开发出采用智能天线技术的 SCDMA 移动通信系统。1998 年我国向国际电信联盟提交的 TD-SCDMA RTT 建议是第一个以智能天线为核心技术的码分多址通信系统。除此之外，WiMAX 也将智能天线定义为一项可选技术。大家看这些名字就知道，PHS、TD-SCDMA、WiMAX 都是时分双工的系统，而 WCDMA、cdma2000，这些频分双工的系统都没有采用智能天线，这是为什么呢？

这是因为 TD-SCDMA 采用的是时分双工模式，基站和手机采用相同频率的信号，所以基站在接收手机上行信号时判断出手机信号的方向，由于上下行频率相同，传播路径基本对称，因此根据这个方向在下行方向发射信号就可以达到定向发送给手机的目的。这是 TD-SCDMA 与生俱来的优势，作为频分双工的 WCDMA 和 cdma2000 系统无法进行复制。

智能天线的所谓"智能"，主要是从两个方面来体现，第一是说它可以"跟踪"用户终端的具体位置；第二是说它可以根据用户的位置，定向地向用户发射电磁波。

智能天线的运作与雷达也颇有点相似，雷达向天空中发射电磁波，电磁波被战机反射以后，雷达就可以根据反射的电磁波的情况判断战机的位置，并不断对其进行跟踪，如图 4-26 所示。应当说智能天线实现对手机位置的跟踪锁定来得比雷达还要容易得多，因为手机是主动向基站发射电磁波的，智能天线只需要接收这些电磁波并对手机的位置进行持续跟踪就可以了。

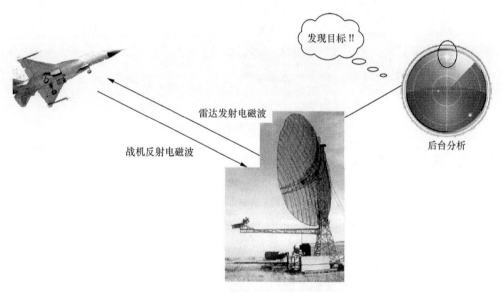

图 4-26　雷达如何"跟踪目标"

话说智能天线有跟踪用户方位和定向发射信号两大特点，这两大特点其背后的技术机理又是怎样的呢？这样做又有什么好处呢？

首先来看看智能天线的构造，图 4-27 所示是一个单极化 8 阵元智能天线和普通天线的对比。

从图 4-27 中看出，智能天线比普通天线要宽很多，之所以要宽很多，是因为它是由多根小天线共同组成的天线阵列，这些小天线排在一起，外面罩个壳，就成了智能天线现在这副模样。智能天线宽大的体型给它的建站造成了不少麻烦，很多居民有这么一种潜意识：基站天线越大，其辐射就越强。加上这些小天线又引出许多馈线，密密麻麻的，和"大门板"般的天线堆在一起，很容易引起人们的注意，所以在施工建设过程中所受的阻力不小。其实智能天线只是内部阵元的根数有所增加，与电磁波辐射的强弱并无直接关系。由于智能天线能够定向地跟踪手机，只需要向某个区域发射电磁波，其基站的辐射相对而言其实要更低。

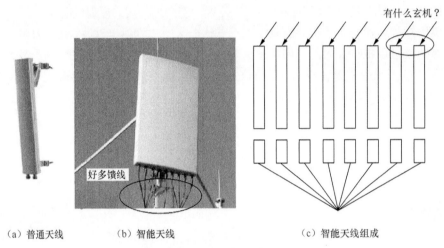

（a）普通天线　　　（b）智能天线　　　（c）智能天线组成

图 4-27　智能天线与普通天线

那么，现在问题就来了，智能天线为什么要由多根小天线组成呢？这样做与跟踪用户方位是不是有什么关联呢？

图 4-28 就是对图 4-27 顶端的"有什么玄机"的说明，我们知道，只要手机的电磁波不是面对智能天线垂直入射，那么电磁波到小天线 2 和小天线 8 的距离就会不一样，图中到小天线 2 的距离多了 d。又由于小天线 2 和小天线 8 的距离 ΔL 也是固定的（天线制作的时候就确定了）。那么要知道手机所在的方位角 θ 就变得非常简单，即 $\theta = \arccos(d/L)$。

我想肯定有朋友要问，ΔL 是固定的，θ 是算出

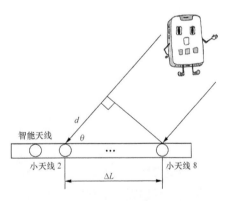

图 4-28　如何判别手机的方位

来了，那个路程差 d 又怎么得知呢？路程差可以根据延迟的码片时间乘以光速计算出来。

上面所说的是如何对手机的方位进行"跟踪"，跟踪的目的是将下行信号定向地发射给手机，那么又如何做到"定向"发射呢？

这源于波的干涉特性，波的干涉是智能天线得以实现的最根本的原理。物理学知识告诉我们，频率相同的两列波叠加，会使某些区域的振动增强，某些区域的振动减弱，而且振动加强的区域和振动减弱的区域相互隔开，这种现象叫作波的干涉。波的干涉是波的基本属性，电磁波也不例外。智能天线中的阵元（从小天线 1 到小天线 8）所发出的电磁波信号经过一定的调节，发生了干涉现象，所以会增强在特定方向上的传播，同时其他无关方向上的电磁波则会相应地被削弱，故而也就可以产生定向的电磁波了。

到这里为止，基站是如何"跟踪"手机用户方位以及如何"定向"给手机用户发射信号的就阐述完了。但是，还有一个问题依然没有回答，那就是这样做有什么好处？

① 提高基站的接收灵敏度，基站所接收的信号应该为各天线单元之和。从理论上而言，图 4-29 所示的智能天线所接收的信号的幅度就应该约为单天线所接收的信号幅度的 8 倍，基站把这 8 根小天线的信号汇拢，上行方向接收的信号的总强度就能提高，从而就能有效提高基站的接收灵敏度。这也不奇怪，增加天线就好比增加耳朵，多增加几个耳朵，听觉的灵敏度自然会提高。

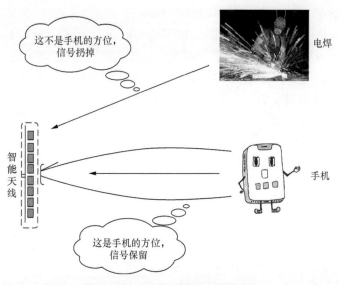

图 4-29 对上行方向的干扰过滤

② 有效降低干扰，无论是上行方向还是下行方向。在上行方向，基站可以判断手机的位置，从而使得接收信号可以有方向性，从而对其他方向发射过来的干扰信号有很强的抑制作用。

在下行方向，由于发送的信号具有一定的方向性，可以将主瓣指向期望用户方向，旁瓣指向其他用户，因此能大大减小对小区内 / 小区间其他用户的干扰。从图 4-30 中可以看出智能天线在下行方向进行了有针对性的信号发射，对于目标用户信号很强，对于非目标用户信号很弱，以至于可以忽略不计。

除了上述的几个好处，智能天线潜在的性能效益还表现在抗多径衰落、减小时延扩展、支持高数据速率、抑制干扰、减

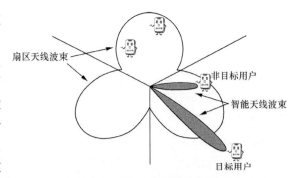

图 4-30　在下行方向降低干扰

少远近效应、减小中断概率、改善 BER（Bit Error Rate）性能、增加系统容量、提高频谱效率、支持灵活有效的越区切换、扩大小区覆盖范围、灵活的小区管理、延长移动台电池寿命，以及维护和运营成本较低等多方面。基于智能天线的空分复用一般与 FDMA、TDMA、CDMA 结合使用。

FDMA 系统采用智能天线技术，与通常的三扇区基站相比，载干比 C/I 值平均提高约 8dB，大大改善了基站覆盖效果；频率复用系数改善，增加了系统容量。在网络优化时，采用智能天线技术可降低无线掉话率和切换失败率。

TDMA 系统采用智能天线技术可提高载干比 C/I 指标，例如，用 4 个 30° 天线代替传统的 120° 天线，可以提升服务质量，同样地，提高了频率复用系数，增加系统容量。

CDMA 系统是一个自干扰系统，其容量的限制主要来自本系统的干扰。降低干扰对 CDMA 系统来说是非常重要的。由于在 CDMA 系统中的通话质量与小区容量成反比，因此为了提高小区容量，必须牺牲一定的通话质量。而如果系统的自干扰能够被有效降低，那么通话的质量自然会提高，这时再在保证通话正常进行的前提下牺牲掉一部分通话质量，就能获得更大的系统容量了。因此在 CDMA 系统中使用智能天线，降低了干扰，就势必会使链路性能得到改善，并提高了将全部扩频码所提供的资源都利用起来的可能性，从而实现了提高系统容量的目的。

（3）MIMO 技术

多输入多输出（MIMO，Multiple Input Multiple Output）技术通过在发送端和接收端都使用多根天线，显著提升频谱利用效率。MIMO 技术的物理实体就是发送端和接收端的 N 根天线，这些天线对应了 N 个通道（见图 4-31）。相比原来一根筋的单通道而言，真可谓是 "条条大路通罗马"。MIMO 的本质就是一种空分复用的重要实现方式。

MIMO 技术在 LTE、NR 中越来越重要，并且现在更多的是 "大规模 MIMO"，即采用大量天线来服务数量相对较少的用户，频谱效率得到质的飞跃。智能天线收发结构如图 4-32 所示。

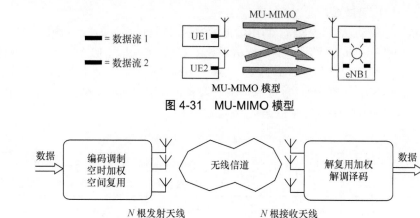

图 4-31 MU-MIMO 模型

图 4-32 智能天线收发结构

我们先考虑一下最重要的问题，那就是 MIMO 是怎么实现的呢？多输入多输出，怎么能保证不同天线之间信号不干扰呢？具体的实现机制可以分为 Interference Nulling 和 Interference Alignment。

如图 4–33 所示，Alice 和 Bob 之间要想不产生干扰，Interference Nulling（见图 4–33）是通过对信道特性 h_1 和 h_2 进行分析，从而设置相应的预编码矩阵，让 Bob 发出的两路信号到达 Alice 接收端时得到抵消。而 Interference Alignment（见图 4–34）则是通过将干扰信号"旋转"到与我们想要的信号正交的位置，实现不干扰。

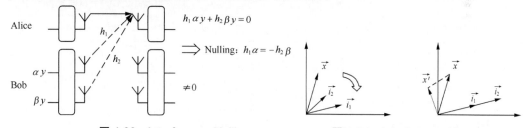

图 4-33 Interference Nulling

图 4-34 Interference Alignment

对于单条链路而言，其容量受制于香农公式。不过 Foschini 等人将针对单条链路的香农容量公式推广到存在多个并行链路的系统中，给出了多天线系统的容量公式。正是在这一理论的指导下，贝尔实验室分层时空编码（BLAST，Bell Labs Layer Space Time）技术应运而生。

流行的观点认为每一个无线传输都要占用一段不同的频带，就像调频无线电台一样，在某一地理范围以内要分配不同的频段，否则干扰太大而无法进行通信。

但是 BLAST 的工作人员从理论上证明了利用同一个频段传输多个信号也是可能的，只要每个信号采取不同的发射天线进行发送，另外在接收端也要用多个天线以及独特的信号处理技术把这些互相干扰的信号分离出来。这样的话，在给定的信道频段上的容量将随天线数量的增加而成比例增加。

　　BLAST 是一种移动通信新技术，利用信道的散射来得到大的增益，利用信号的多径传播来提高系统的性能。贝尔实验室的研究人员已经在实验室里对 BLAST 进行了改进和验证，结果令人感到惊喜，其频谱效率达到了 20 ～ 40bit/（s·Hz），而使用传统无线调制技术仅为 1 ～ 5bit/（s·Hz）（蜂窝系统，大家可以看看表 4-8 给出的各个蜂窝系统的频谱效率，就会知道 20 ～ 40bit/（s·Hz）这个数据是多么的恐怖）。

表 4-8　各制式峰值速率与频谱效率比较

	载波带宽	调制方式	每载波峰值速率	频谱效率（每载波峰值速率/载波带宽）
GPRS	200kHz	GMSK	171.2kbit/s	0.85bit/（s·Hz）
EDGE	200kHz	8PSK	473.6kbit/s	2.3bit/（s·Hz）
WCDMA R4	5MHz	QPSK	3.36Mbit/s	0.67bit/（s·Hz）
TD-SCDMA R4	1.6MHz	QPSK	1.4Mbit/s	1.25bit/（s·Hz）（TDD 方式，扣除 30% 的上行时隙开销）
cdma2000 1x	1.25MHz	QPSK	864kbit/s	0.69bit/（s·Hz）
WCDMA HSDPA	5MHz	16QAM	14.4Mbit/s	2.9bit/（s·Hz）
TD-HSDPA	1.6MHz	16QAM	2.8Mbit/s	2.5bit/（s·Hz）（TDD 方式，扣除 30% 的上行时隙开销）
cdma2000 EV-DO Rev. A	1.25MHz	16QAM	3.1Mbit/s	2.5bit/（s·Hz）
WCDMA HSPA+	5MHz	64QAM	21Mbit/s	4bit/（s·Hz）
TD HSPA+	1.6MHz	64QAM	4.2Mbit/s	3.8bit/（s·Hz）（TDD 方式，扣除 30% 的上行时隙开销）
cdma2000 EV-DO Rev. B	1.25 × 3MHz	64QAM	14.7Mbit/s	3.9bit/（s·Hz）

　　贝尔实验室利用 30kHz 的带宽进行了测试，使用 BLAST 技术，传输速率可以达到 0.5 ～ 1Mbit/s，可以显著提高无线系统的效率，而使用传统的典型方法只能达到 50kbit/s。

　　在 BLAST 系统中，输入数据被解复用到多个发射天线上，每个天线发射不同的数据流。如果不标识这些数据流，那么相互之间的干扰将减少容量增益。使用一些方法来标识这些数据流就非常必要，比如可以像 WCDMA 中一样使用 Walsh 码，但是 Walsh 码使用之后，扩频了，信号所占的频谱宽度却增加了 N 倍，这显然会降低频谱效率，很不划算。所以寻找一种不降低系统增益的标识方法就尤为重要。

如果有足够多的散射，信道本身就可以通过散射来标识，这要求在所有的天线单元之间有一定程度的相关散射。另外接收机必须知道信道的散射特性，接收机可以使用发射机的导频和训练序列来测量信道，这样接收机就可以区分它们，这并不需要增加系统带宽，只是增加了导频开销。

所谓导频和训练序列，其作用有点像正式足球比赛开始之前的"适应性训练"，球员通过适应性训练，对一个场地的各种性能都有了估计和判断，正式比赛的时候就可以根据这些估计和判断对触球点、力度、出球方位做一个修正。同样，导频和训练序列的工作就是在发送正式的通信信号之前，先发送一串收发双方都知道的固定的序列，接收方根据接收信号与固定序列的误差，就可以估计出信道的特性，得出信道状态信息（CSI，Channel State Information），接下来传正式数据时就知道该怎么样对接收信号进行修正了。在 CDMA 系统中（包括 3G），导频的作用无非就是估计信道特性然后进行修正了，在 MIMO 中，还据此给信道打上标签，用以区分不同的信道。

图 4-35 所示为一个多天线系统，h 是一对特定发射和接收之间的信道传播相关因子，为了简化，图 4-35 只给出一个 2×2 的 BLAST 系统。原来的数据流被分为两个半速率的独立子数据流，一个在发射机 Tx1 上发射，接收机 Rx1 通过传播信道 h11（根据导频信道判断出来的，然后打上一个标签）接收到这个信号；接收机 Rx2 通过传播信道 h12 接收到这个信号，对于发射机 Tx2 也是同样的情况。当传播环境中有足够多的散射时，增加频谱效率的关键在于这些相关因子之间是独立的，没有什么关联。在室内环境中，四面都是墙，会存在多条反射路径，因此这种前提显然是成立的。在一个典型的宏蜂窝中，也有足够多的散射。

在解调所有的数据流之后，总的数据速率等于子数据流速率乘以天线个数，这样可以 N 倍地增加容量，而没有增加任何发射功率，无论多少个天线，这种增加都是线性的。随着天线个数的增加，各子数据流的功率减少，但是如果接收天线的个数也增加，那么同样可以保证接收功率，而没有任何代价。如果没有足够多的散射来标识这些子数据流，由于干扰，系统容量将减少。所以 BLAST 尤其适用于繁华和热点地区，因为那有足够多的散射，同时也有较高的容量和高速数据应用需求。如果在一望无际的平原农村地区，MIMO 的收益恐怕就没有那么明显了，因为散射信道太少。

其实多根天线的系统之前并不是没有见过，从 GSM 开始就有发射分集，WCDMA、cdma2000 也不例外。而 TD-SCDMA、LTE 由于使用的是智能天线，和普通的天线分集还不一样。

分集技术的相关章节已经介绍过，普通的天线分集就是在相邻 10m 左右的地方竖起两根不同

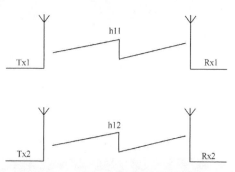

图 4-35 2×2 多天线系统中的信道标识

的天线，朝着同一个方向发射，这样可以改善下行信号的质量，多路信号并行，这就好比在歌剧院里在几个不同的方向都装上音响，你的耳朵能接收多个方向的信号，自然要听得

更清楚。在上行方向，也可以得到增益，虽然手机的发射信号只有一路，但是天线可以多路接收，相当于给基站安装了多个耳朵，耳朵越多，自然听觉越灵敏，听得越真切。

天线发射分集也好，MIMO 也罢，其关键点都在于使用了多根天线，物理实体是一样的，肉眼好像看不出很多区别，那么其关键区别在哪呢？其在网络中所起的作用又有什么不同呢？可以从图 4-36 中寻找答案。

就基站侧而言，发射分集与 MIMO 都需要两根天线，而对于一个 2×2 的 MIMO 而言，这意味着手机也需要两根天线。上文主要介绍的 2×2 的 MIMO，其实对于 MIMO 而言，是可以做到 $M \times N$ 的，M 代表基站的天线数目，N 代表手机的天线数目。

$M \times N$ 的 MIMO 对于系统能带来多大的增益呢，理论上而言最多可以提升 $M \times N$ 倍速率。下面来看看一些实例。

日本的 NTT DoCoMo 公司于 2003 年 5 月在外场试验中采用了 OFDM 技术，在 100MHz 带宽中实现了 100Mbit/s 的数据速率，并在其后通过 MIMO 技术不断打破其创造的"峰值速率"的世界纪录，分别于 2005 年 5 月、2005 年 12 月和 2006 年 12 月在外场试验中实现了 1Gbit/s（采用 4×4 天线）、2.5Gbit/s（采用 6×6 天线）、5Gbit/s（采用 12×12 天线），向世界验证了 OFDM/MIMO 系统的硬件可实现性，展示了 OFDM/MIMO 技术在提供大宽带传输和高峰值速率方面的惊人能力，为业界采用 OFDM/MIMO 技术树立了信心。

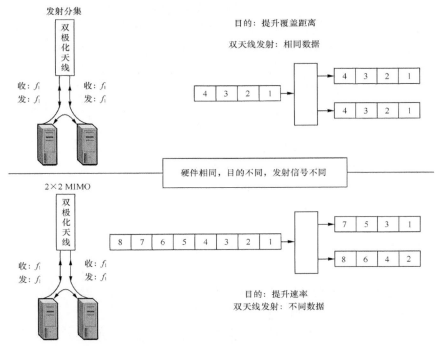

图 4-36　发射分集与 MIMO 在基站侧的区别

5. 正交频分复用

（1）绕过高通的壁垒——OFDM

无线宽带接入有多种技术，这些不同的技术标准可能都有不同的性能指标，但是一定有一条是最关键的，就是下载速率。这一点在固定宽带中并不例外，大家去中国电信、中国联通的营业厅都可以看到，2Mbit/s、4Mbit/s、8Mbit/s、20Mbit/s 的宽带都有不同的价格，其差别在哪，无非就是带宽，就是上网的速率。

下载速率要提升其关键点在哪里呢？在这里不妨又把香农公式翻出来，信噪比 S/N 能提升的空间总是很小的。要想提升宽带的容量 C（也即下载速率），其关键还是在于 B，即有多少频谱资源。为了提升上行下载速率，从 GSM 到 WCDMA 之时，带宽已经由 200kHz拓宽到 5MHz。这次从 WCDMA 到 LTE，也不能免俗，带宽最大值由 5MHz 提升到 20MHz（之所以提最大值，是因为 LTE 还支持小带宽，比如 1.4Mbit/s 之类，在后面会提到）。

频谱带宽提到 20Mbit/s，也带来了新的问题，就是在这么高的带宽下，CDMA 技术实现起来非常复杂，必须寻找新的多址技术。这一点虽然会带来不少麻烦，但是 3GPP 的成员们还是比较愿意接受的，因为如此一来也可以绕开高通在 CDMA 上的专利了，可以少交不少专利费，可谓失之东隅，收之桑榆。

新一代移动通信到底采用什么复用多址技术，其实是经过了很多激烈讨论的。推崇不同技术方案的公司纷纷为自己的方案摇旗呐喊。最终，更适合宽带传输的正交频分复用（OFDM，Orthogonal Frequency Division Multiplexing）技术取代了兼容性强的、做出了很大贡献的 CDMA，成为 LTE 的主流多址技术。

其实，OFDM 并不是如今发展起来的新技术，OFDM 技术由多载波调制（MCM，Multi-Carrier Modulation）技术发展演变而来，其应用已有近 50 年的历史，主要用于军用的移动高频通信系统。但是，OFDM 系统的结构非常复杂，从而限制了其进一步推广。直到 20 世纪 70 年代，人们采用离散傅里叶变换来实现多个载波的调制，从而简化了系统结构，使得 OFDM 技术更趋于实用化。20 世纪 80 年代，人们研究如何将 OFDM 技术应用于高速调制解调器。进入 20 世纪 90 年代以来，OFDM 技术的研究深入到无线调频信道上的宽带数据传输。目前 OFDM 技术已经被广泛应用于广播式的音频、视频领域和民用通信系统，主要的应用包括：非对称的数字用户环路（ADSL）、ETSI 标准的数字音频广播（DAB）、数字视频广播（DVB）、高清晰度电视（HDTV）、无线局域网（WLAN）等。

在正式介绍 OFDM 之前，必须先强调一下它的重要性。2005 年，3GPP 最终确定了LTE 的物理层多址接入实现方案，下行采用基于循环前缀（CP，Cyclic Prefix）的 OFDM技术；上行采用基于 CP 的单载波频分多址接入（SC-FDMA，Single Carrier Frequency Division Multiple Access）技术。OFDM 之于 LTE 和 IMT-Advanced，就像 CDMA 之于 3G的三大标准，都是最根本、最核心的东西。不理解码分多址，就很难读懂 3G，而不了解

OFDM，想搞清楚 LTE 也是件困难的事情。所以，希望读者在这一部分多花点时间，后面才会更顺畅一点。

OFDM 也是由两部分组成的，即"O"和"FDM"。回想一下"WCDMA""cdma2000"，字母和数字之间都蕴含某种意思在里面，看来通信标准的取名都不是那么随便的。

（2）烦人的码间串扰——谈谈 OFDM 中的"FDM"

移动无线信道的章节已经介绍过，在移动通信中有种现象叫作多径效应。所谓多径效应，指的是手机处于建筑群与障碍物之间，其接收信号的强度，将由各直射波和反射波叠加合成。信号发射之后，由不同的路径到达手机，然后会对信号造成一定的影响，这就叫作多径效应。

多径传播与视距传播有什么差别呢？差别就在于多径传播这多条信号到达终端的距离长短不一样，因此到达的时间也会不一样，会有一个时间差（大家看看图 4-37，显然路径 1 和路径 2 的距离不一样）。

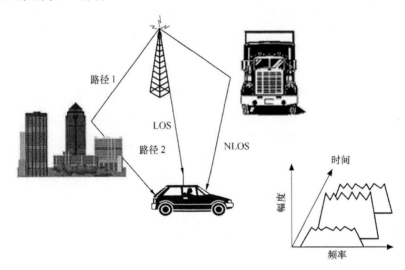

图 4-37　多径效应

这个因多径效应造成的时间差会带来一件很麻烦的事情，即所谓的码间干扰（ISI，Inter Symbol Interference）。所谓码元，指的是一段有一定幅度或相位的载波，是数字信号的载体，有时候，也叫码片。以 QPSK 调制方式为例，来看看什么叫码元，什么又叫作码元周期，码元周期的长短会带来什么问题。

从图 4-38 中可以看到，QPSK 调制实质上就是幅度不变，通过相位的变化来映射不同的比特数据。比如 11 映射到 π/4 相

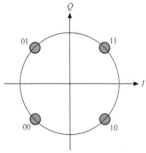

图 4-38　QPSK 调制

位，01 映射到 $3\pi/4$ 相位，00 映射到 $5\pi/4$，10 映射到 $7\pi/4$。如果用一段余弦波来表示调制后的结果，那么就如图 4-39 所示。对图 4-39 进行解调，它的码元是（$3\pi/4$，$5\pi/4$，$7\pi/4$，$\pi/4$，$3\pi/4$，$5\pi/4$，$7\pi/4$，$\pi/4$），用图 4-38 的方式进行解调得出的比特流就是（01，00，10，11，01，00，10，11），由此可以看到，调制其本质就是一个映射。

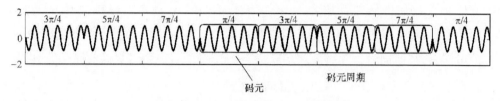

图 4-39　QPSK 中的码元与码元周期

图 4-38 中的每一个方框中的那一段余弦波就代表了一个码元，而一个码元的长度就是码元周期。对于 QPSK 而言，它只有 $\pi/4$、$3\pi/4$、$5\pi/4$、$7\pi/4$ 4 种变化方式，因此也就只有 4 种类型的码元，在图 4-39 中均有体现。为了简单起见，接下来图 4-40 都用〔　〕来指代码元，毕竟余弦波画起来要更困难。

解释清楚了码元的概念，接下来可以看看在一个存在多径传播的无线环境中，码元周期的长短会带来什么影响。

信号在通过多条路径到达接收端后，前一个码元的后端部分会干扰后一个码元的前端部分，这种干扰被称为码间串扰，如图 4-40 所示。

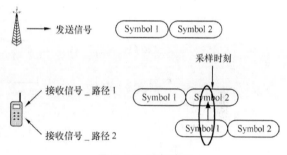

图 4-40　码间串扰

由于路径 2 的时延比路径 1 的要大，因此由路径 2 接收的码元 1 对路径 1 传播的码元 2 造成了干扰，这就是码间串扰的由来，码间串扰很可能造成采样判决出错。

虽然码间串扰可能造成采样判决出错，但是码元时间的长短与此又有什么关系呢。图 4-41 中最上方的码元周期为 1，那么中间的码元周期就为 2，最下方的码元周期就为 3。假设 3 张小图传播路径不变，都是从图中的基站到汽车，由于电磁波在空中的速率是既定的，那么传输时延也就是一定的。也就是说，这 3 张图唯一的差别就是码元周期不同。

图 4-41 中，最上面的码元周期最短，被干扰得也最厉害，采样判决很可能出错；中间的码元虽然也受干扰，但由于被干扰的部分离采样时刻还有一段时间，所以采样时刻的数据一般不会出错；最下面的码元其干扰部分离采样时间最远，所以采样得来的数据出错

的概率最小。

这就是 LTE 的痛苦之所在了，在相等的带宽、相同的调制方式下，要想传输更多的数据，就需要更高的码片速率，也即更短的码元周期。打个比方，现在有 20Mbit/s 的带宽，假如码片速率为 5Mchip/s，调制方式为 QPSK，那么传输速率就为 5Mchip/s × 2 = 10Mbit/s，而码元周期就为 $\frac{1}{5}$ M = 0.2 μs。如果现在把码片速率提升至 10Mchip/s，那么在同样为 QPSK 的调制方式下，其传输速率可以达到 10Mchip/s × 2 = 20Mbit/s，与此同时，其码元周期就为 $\frac{1}{10}$ M = 0.1 μs。为了更高的速率，其码元周期只有原来的一半了，这样的变化会带来怎样的影响，图 4-41 中已经展示得很清楚了。在带宽和调制方式不变化的情况下，越高速率就会带来越低的码元周期、越严重的码间串扰，这显然不是我们想看到的。

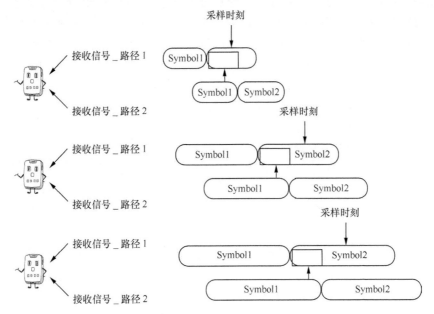

图 4-41　不同码元周期受到的多径干扰的影响

速率上不去，3GPP 要被成员批评，因为 WiMAX 的威胁近在眼前，谁也不愿意将无线宽带的大好河山拱手让给 IEEE；速率上去了，码间串扰干扰得一塌糊涂，比上不去还糟糕。3GPP 可谓两难啊，怎样解决这个问题呢？

从图 4-42 中可以看出，在同等的时间里，蒋琬、费祎、杨仪的"码元速率"只有诸葛亮的 1/3，也就是"码元周期"是诸葛亮的 3 倍。但是通过合理地分配工作，诸葛亮 1 小时内"串行"的工作变成了蒋琬、费祎、杨仪"并行"的工作。虽然 3 个人的能力要差一些，但是通过一起努力也能顶上诸葛亮。如果诸葛亮不是事必躬亲，而是给这 3 个人多派点活，最后蜀魏相争的结局会不会有所改变呢。

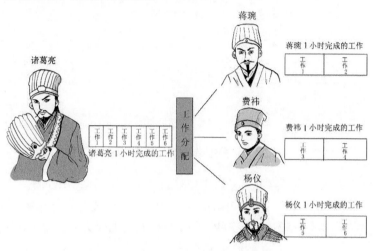

图 4-42　怎样减轻诸葛亮的工作压力

　　通过以上案例的分析，3GPP 的专家们似乎也找到了码间串扰的终极解决途径。传统的无线数据业务总是采用高带宽、高码元速率的方式（比如 WCDMA 5MHz 带宽，3.84chip/s 的码元速率；cdma2000 1.25MHz 带宽，1.2288chip/s 的码元速率；TD-SCDMA 1.6MHz 带宽，1.28chip/s 的码元速率）。码元周期就是码片速率的倒数，按原来的趋势发展下去，20MHz 的带宽码元速率势必要高，码元周期势必更短，这样就会带来严重的码间串扰问题。

　　可是，为什么要沿着高带宽、高码元速率的方式上走呢？为什么不能考虑低带宽、低码元速率呢？

　　有人可能要说，比特速率跟码元速率是一一对应的，QPSK 就是 2 个比特映射 1 个码元，16QAM 就是 4 个比特映射 1 个码元，码元速率降下来最后的结果势必是单载波的速率也会降下来。这的确没错，不过为什么要采用单载波，为什么不把带宽均匀地分成 N 份，然后采用多个载波呢。通过把一个载波分成 N 个子载波，将码元速率降为原来的 $1/N$，这样虽然单个子载波的速率变成了原来的 $1/N$，但是总速率是这 N 个子载波的总和 $N \times 1/N = 1$，并没有下降。总速率没有下降，但是每个子载波的码元周期却扩展了 N 倍，从而大大提高了抗码间干扰的能力，这实在是很划算。

　　将带宽分成 N 份分配给 N 个子载波，每个子载波码元速率是原来的 $1/N$，码元周期是原来的 N 倍，最后的总速率保持不变，这就是正交频分复用（OFDM）中的"FDM"，也即频分复用。频分复用的概念并不新鲜，不过其思考的出发点不一样，在 OFDM 中，主要是为了解决高带宽带来的码元速率提升、码元周期下降、码间串扰加剧的问题。我们从图

4-43 中看看具体是怎么做的，其实这个问题和图 4-42 中处理诸葛亮过度疲劳的问题有异曲同工之妙。

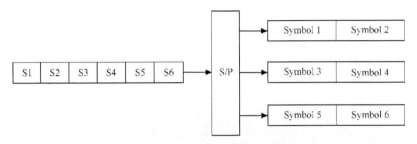

图 4-43　通过串并转换降低码元速率

从图 4-43 中看到，为了降低多径效应带来的码间串扰问题，OFDM 采用了将串行的高速率业务通过串并转换（S/P，Serial/Parallel），变成 N 列低速的并行数据（为了画图简单，图中只画了 3 列）。这样一来码元速率就下降了，码元周期就大大扩展了，从而可以有效对抗码间串扰。最后，把这 N 列并行数据调制到 N 个低带宽的子载波上，就完成了 OFDM 中 "FDM" 的过程。

上文中已经多次提到了 OFDM 的子载波，这个子载波到底长什么样，我们不妨来看看。

（3）正交的子载波——谈谈 OFDM 的 "O"

完成图 4-43 所示的串并转换后，每一行数据都应该调制到一个子载波上去。这个子载波有什么特点呢，先来看看 "FDM" 的情况，然后再看看 "OFDM" 的情况。对于 FDM，我们并不陌生，如果是调制到 FDM 的子载波上，就会出现图 4-44（a）所示的情况。

之前，传统的 FDM，载波和载波是不允许重叠的，不但不能重叠，载波之间还需要有一定的保护间隔，而 OFDM 却足够强悍，子载波之间不仅不需要保护带宽，频谱之间还可以重叠。这样一来，相同的带宽可以容纳更多的子载波，图 4-43 所示的 3 路并行信号调制到 OFDM 上就比 FDM 上节约了不少频谱资源，从图 4-44 中可以很容易地看出来。这些子载波的频谱之所以可以重叠就是因为它们之间是正交的，问题是，怎样的子载波才可以正交呢？

的确存在这么一个载波系列彼此之间是正交的，那就是著名的正弦函数及其倍数系列，将两个正弦函数的乘积在整个轴上求积分，积分值为零，其实对于余弦函数而言也是一样的。

假设 f_1 载波的频率为 ω_0，f_2 载波的频率为 $2\omega_0$，后面的载波频率依次为 ω_0 的倍数。那么这些调制载波就形成了一个正弦函数的序列 $\{\sin\omega_0 t,\ \sin 2\omega_0 t,\ \sin 3\omega_0 t,\ \cdots\}$，这个序列看起来也很普通，好像没有什么特别的，不过大家拿起来一算，马上就会发现其中的奥妙了。

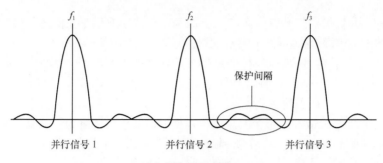

（a）传统 FDM 频谱

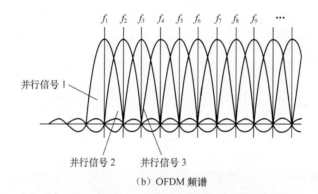

（b）OFDM 频谱

图 4-44　FDM 与 OFDM 的频谱

$$\frac{2}{T}\int_{-\frac{T}{2}}^{\frac{T}{2}}\sin m\omega_0 t\times\sin m\omega_0 t=\frac{2}{T}\int_{-\frac{T}{2}}^{\frac{T}{2}}\frac{1}{2}\left(1-\cos 2m\omega_0 t\right)=1$$

　　上式说明了，对于用 $\sin m\omega_0 t$（m 等于任一自然数）进行调制的子载波的信号，用 $\sin m\omega_0 t$ 的子载波就可以顺利地完成解调。那么用一个频率不相等的子载波 $\sin m\omega_0 t$（$n\neq m$）来解调会产生怎样的结果呢？

$$\begin{cases}\frac{2}{T}\int_{-\frac{T}{2}}^{\frac{T}{2}}\sin m\omega_0 t\times\cos n\omega_0 t=0\\\frac{2}{T}\int_{-\frac{T}{2}}^{\frac{T}{2}}\sin m\omega_0 t\times\sin n\omega_0 t=0\end{cases}\quad(n\neq m)$$

　　只有自己这个载波能够解调出信号，别的载波一解调就变成了 0，完全正交，这个性质太棒了。这也就是 OFDM 中 "O" 的由来，即 "FDM" 后切成的一小块一小块的子载波是完全正交的。我们可以把余弦函数套入上面两个公式中取代正弦函数，很容易得出一模一样的计算结果，也即余弦函数和正弦函数在这方面的性质相同。

在图 4-45 中，信号 3（高速串行信号转变为第 3 个并行信号）经过 $\sin m\omega_0 t$ 调制后除了 $\sin m\omega_0 t$ 能够解调出来以外，在其他子载波上的解调信号都是 0。这就是 OFDM 调制和解调的本质，实际上，在子载波上传输的是两路信号，一路是 $\cos m\omega_0 t$；另一路是 $\sin m\omega_0 t$，两路相位相差了 90°，恰好是正交的。也可以把两路实信号理解为一路复信号。为了简单起见，本节中只提了 $\sin m\omega_0 t$，但无论传输一路信号还是两路信号，其本质和基本的方法没有变化，所以读者当前只需要按图 4-45 的方式来理解就好了。

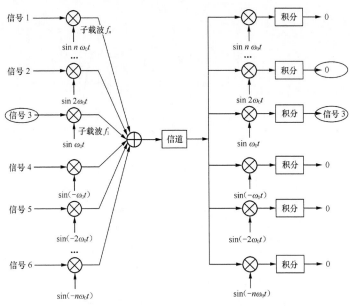

图 4-45　正交调制示意图

为了加深大家的理解，我们再以复信号的形式推演一遍 OFDM 的原理。假设一共使用 N 个正交子载波，那么在一个载波周期 T 中，发送端可以同时传送 N 个信息 $\{a_1, a_2, a_3, ..., a_N\}$。每个发送信息 a_k 作为这一系列正交子载波的加权系数，也即为调幅，分别调制相应的子载波 e^{jkt}。然后将这组复指数信号相加得到一个复信号并发送，发送的复信号在一个周期内的形式如：

$$s(t) = \sum_{k=1}^{N} a_k \cdot e^{jkt}, \ 0 \leqslant t \leqslant T$$

这不就是傅里叶级数的形式嘛！在接收端，就要做一次逆向操作，将不同的子载波和接收信号做内积，由于当前子载波（第 k 个子载波）和其他子载波的正交性，其他子载波和接收信号做的内积均为 0，最后只剩下第 k 个子载波发挥作用，得出的结果就是 a_k：

$$\langle s(t), \mathrm{e}^{jkt} \rangle = \int_{-\infty}^{+\infty} \left(\sum_{k=1}^{N} a_k \cdot \right) \mathrm{e}^{-jkt} \cdot \mathrm{e}^{-jkt} \mathrm{d}t = a_k$$

纵观 OFDM 的整个过程，可以说，OFDM 在时域（见图 4-46）上，就是一次"分久必合，合久必分"。每个子载波的序列发送各自的信号，在空中交叠，在接收端接收到杂糅信号后，再在每个子载波上做内积，就可以还原出每个子载波各自承载的信号了。

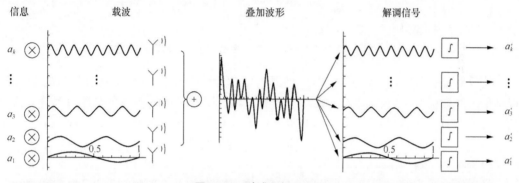

图 4-46　时域上的 OFDM

虽然理论看着很简单，在实际应用中，如果真的要产生 N 组正交子载波，每组正交子载波同相分量和正交分量各需要一个振荡器，一下子就需要 $2N$ 个振荡器，这对于载波 N 非常庞大的系统而言，可是非常不经济也是不现实的，这下怎么办，难道 OFDM 只能是不能实际应用的理论了吗？

当然不是，这时候就要重新请出信号分析的利器——快速傅里叶变换（FFT）和快速傅里叶逆变换（IFFT）来一展身手了。现在 OFDM 的实现方式，基本上都是用 IFFT/FFT 来替代传统的多载波调制 / 解调（见图 4-47）。

我们对 OFDM 信号以 T/N 的间隔进行 N 次采样，可以得到第 n 个采样信号的表达式：

$$S_n = \sum_{k=1}^{N} a_k \cdot \mathrm{e}^{jkn/2\mathrm{T}}$$

是不是觉得很熟悉，这不就是针对 a_k 的离散傅里叶逆变换（IDFT），也就是 IFFT 的离散形式嘛！换句话说，对一个 OFDM 信号进行采样得到的 N 个信号样值，与直接将 OFDM 基带信号进行离散傅里叶逆变换所得到的 N 个点的结果是完全一样的（见图 4-48）！即 $\{S_n\}=\mathrm{IDFT}\{a_k\}$，同理，$\{a_k\}=\mathrm{DFT}\{S_n\}$，这简直太神奇了！

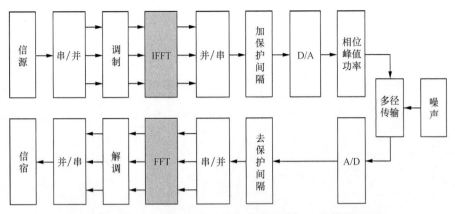

图 4-47　用 IFFT/FFT 替代传统的多载波调制 / 解调的原理图

听起来可能稍微有点复杂，还有一种更加简单的理解方式（虽然实际情况不是这样的，但结果是等效的）：可以认为是，在一个周期 T 内，用 N 个子载波各自发送一个信号，等效于直接在时域上连续发送 S_n（n 从 1 到 N），每个信号发送 T/N 的时长。这样一来，本质就是将连续的叠加信号离散化处理了。同样地，在接收端，若暂时不考虑噪声和干扰的影响，用 FFT 则可得到接收信号。

形象地理解，IFFT 模块的目的就是，别大费周章地多载波调制了，直接算一算叠加后采样值是多少吧！而 FFT 模块的目的就是，别再用积分法来分离各路子载波的信息了，一次性把 N 个信号全算出来！

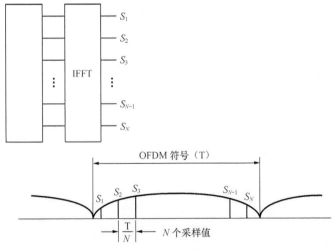

图 4-48　IFFT 与采样结果等效

由此一来，工程设备上的难度转换为计算的难度。而近年来芯片产业的发展，为 FFT 的大规模计算创造了基本条件，处理速度飞速提升！由此可见，数学基础理论的发展、摩尔定律驱动的集成电路的发展，是和现代通信业的发展相辅相成的！

　　（4）为了完美的信号而努力——保护间隔和循环前缀

　　上面介绍了 OFDM 最为核心的原理和实现方法，下面再来看看 OFDM 遇到的其他挑战。

　　我们把高速的串行信号通过串并转换变成了低速的并行信号，然后将这 N 列并行信号调制到 N 个正交的子载波中，就完成了 OFDM 的基本过程。然而，事情到这里并不算完，如果这样就结束了，那 OFDM 也就太简单了。我们会发现，通过将串行数据变成 N 路并行数据的方法能够扩大码元周期、降低码间串扰，但是降低并不意味着消除。码元周期再宽，由于多径效应造成的阴影总有那么一块横亘在那里，挥之不去（见图 4-49）。

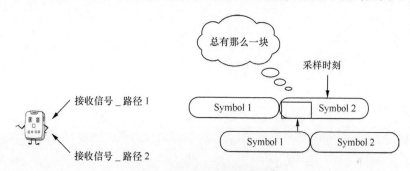

图 4-49　码间串扰依然存在

　　虽然图 4-49 中，接收路径 2 对接收路径 1 的码间串扰并不严重，只有一小块，但是毕竟还是存在的。能不能要求更高一点，把这一部分干扰也消除？办法一定是有的，而且并不新鲜，在 GSM 和 TD-SCDMA 中都挺常见，那就是在符号之间加入"保护间隔"，在保护间隔这段时间，什么信号也不传，通过空出一段资源来降低干扰，如图 4-50 所示。频谱的效率和通信的质量常常是一个两难的命题，由此可见一二。

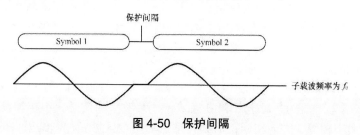

图 4-50　保护间隔

　　保护间隔真能解决由于多径效应造成的码间串扰吗？要对抗多径效应，又以多长的保护间隔为宜呢？

大家可以看到，图4-51中有两个径的接收信号，其中第一径信号没有时延，第二径信号的时延为Δt，从图中不难看出，只要时延Δt不超过保护间隔，那么就不会有码间串扰的问题；换句话说，只要保护间隔足够大，大于现网可能的最大传播时延，那么就不会有码间串扰。听起来似乎需要很大的保护间隔，其实不然，不同信号的路程差大也大不到哪里去，实在过大的路程差，由于信号太弱，也体现不出来。实际上，现网设置保护间隔就是按最大传播时延来设计的。

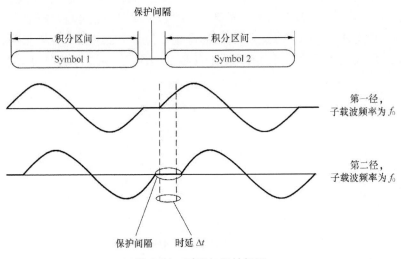

图4-51　时延与保护间隔

通过设置保护间隔，终于解决了码间串扰问题。然而，保护间隔刚刚把一个老的问题解决，却又冒出来了一个新的问题，是什么问题呢？

假设此时频率为f_0的子载波和频率为$2f_0$的子载波上的信号都没有时延，不难由之前的推导得出这两个信号相乘为0，这两个子载波是正交的。从图4-52得出一个直观的认识，这两个信号相乘时由于子载波1的A区域大小相等，方向也相等；而子载波2的A区域和B区域大小相等、方向相反，因此在这一区域内子载波1的信号和子载波2的信号相乘求和必然为0。同理C、D区域也是如此，那么两个子载波相乘之后信号就为0，从而实现了正交。这是没有时延的情况，有时延后还能实现正交吗？如图4-53所示。

要看图4-53中的子载波的正交性，不妨再来一次"看图说话"。就A区域，子载波2的值为0，那么乘积也是0；对于B和E区域，子载波1的信号大小相等、方向相反，子载波2的信号大小相等、方向相同，那么相乘然后两个区域相加，结果自然也是0；对于C和F区域，子载波1的信号大小相等、方向相反，子载波2的信号大小相等、方向相同，那么相乘然后两个区域相加，结果还是0；现在只剩下D区域了，D区域相乘积分的结果肯定大于 0，那么整个信号相乘积分的结果也就大于 0，这两个子载波存在干扰，这也叫作子载波干扰（ICI，Inter-Carrier Interference）。

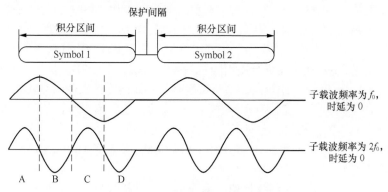

图 4-52　没有时延的子载波正交性

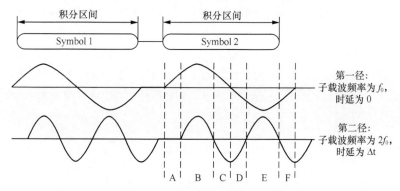

图 4-53　有时延的子载波正交性

　　怎样来解决这个问题呢？可以在 A 区域和 D 区域动动脑筋，其他地方都是成对抵消，就这两个区域不能成对抵消，破坏了和谐。其实在这两个区域成对抵消的基础也是有的，因为子载波 1 在 A 区域和 D 区域存在一对大小相等、方向相反的波形，我们只需要在子载波 2 的 A 区域和 D 区域生成一对大小相等、方向相同的波形即可。这一段波形从哪里来呢？从其他资料了解到，可以把尾巴上那一段波形复制到前面的 A 区域这个"保护间隔"上来，这也叫作"循环前缀"。

　　这样一来，每段波形在保护间隔的位置上不再是为 0 的一段直线，而是一段连续的波形，这段波形来自信号的尾部，从而形成了一段"循环前缀"加上"符号时长"的连续波形。循环前缀（CP，Cyclic Prefix）是 OFDM 中的一个很关键的元素，通常作为保护间隔，防止码间串扰。

　　LTE 最根本的一个任务就是大大提升数据速率。要提升数据速率，码元的速率必然也会大大提升（比特和码元就是等比例的映射关系）；码元速率提升则必然会带来码间串扰问题。

　　为了解决码间串扰问题，LTE 引进了 OFDM 技术，OFDM 技术其核心思想就是首先通过串并转换将高速的串行信号变成低速的多路并行信号。然后将这多路信号调制到多个正交的子载波上，为了彻底消除码间干扰，OFDM又在码元之间引进了空白的完全不发送任何信号的保护间隔，如此一来，同一个子载波之间码间串扰（ISI）的问题是解决了，但是不同子载波之间就会存在干扰。为了解决这个问题，OFDM通过将后部分的波形前置，形成"循环前缀"的方法来消除这个干扰，其实也相当于用循环前缀代替了原来的保护间隔。

值得注意的是，LTE只是在下行使用的OFDMA方式，因为OFDM信号的峰均比（PAPR，Peak to Average Power Ratio）比较高，这就需要有一个线性度较高的射频功率放大器。而这种放大器成本比较高，对于基站而言，这不是太大的问题，因为基站的数量相对手机而言毕竟不多，这点成本负担得起，但对于手机而言，就很成问题了。

因此LTE在上行链路采用的SC-FDMA，SC-FDMA是基于OFDMA针对上行链路的改良版，主要在于降低发射信号的PAPR。

这样一来，一个OFDM的整体框架（见图4-54）就搭建好了。在发射端，我们需要首先对我们想要传输的比特流进行QAM或QPSK调制，再依次进行串并变换和IFFT，最后将并行数据转化为串行数据，加上保护间隔（循环前缀），形成OFDM码元。在组帧时，还要加入同步序列和信道估计序列，便于接收端进行突发检测、同步和信道估计，才能输出正交的基带信号。最后将数字信号转换成模拟信号，用天线发送到信道中即可。在接收端，当接收机检测到信号到达时，首先进行同步和信道估计。在完成时间同步、小数倍频偏估计和纠正后，再经过FFT，进行整数倍频偏估计和纠正，和相应的解调，就可得到最初传输的比特流。

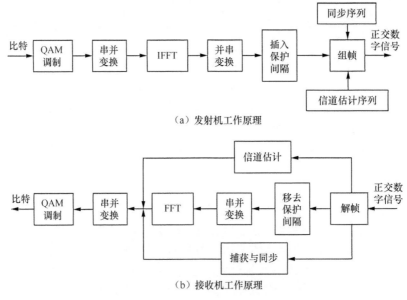

（a）发射机工作原理

（b）接收机工作原理

图4-54　OFDM整体流程

（5）OFDM 的优缺点

OFDM 能取代 CDMA 成为 LTE 的多址技术，其优点自然是很明显的。

第一个优势，就是频谱效率高。各子载波可以部分重叠，理论上甚至可以接近奈奎斯特极限。回忆一下，当码元以 $1/T$ 的速率进行无码间干扰传输时，把其所需的最小带宽称为奈奎斯特带宽 W。对于理想低通信道，奈奎斯特带宽 $W = 1/2T$，对于理想带通信道，奈奎斯特带宽 $W=1/T$（见图 4–55）。

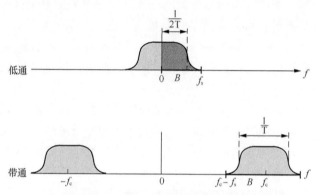

图 4-55　低通和带通的奈奎斯特带宽

对于 FDM 系统而言，由于子载波间需要一定的保护间隔，其实际所需带宽 B 大于奈奎斯特带宽 W，所以频带利用率会低于理想情况。

而 OFDM 的子频带带宽和中心间隔相等，一个子频带的中点是相邻子频带的邻点，相邻子频带可以互相重叠。在不考虑两端子载波的情况下，OFDM 达到了理想信道的频带利用率（见图 4–56）。

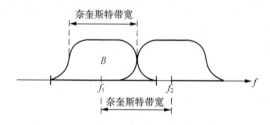

图 4-56　OFDM 子载波间隔可达奈奎斯特带宽

第二个优势是，以 OFDM 为基础的 OFDMA 技术可以实现小区内各用户之间的正交性，从而有效地避免用户间干扰，从而实现较高的小区容量。此前的多址技术很多都是通过信号处理技术在干扰出现后才将其消除的，例如，信道均衡和多用户检测，而 OFDM 则真正把小区内的用户干扰扼杀在摇篮里。

第三个优势是，OFDM 抗多径衰落的能力较强。由于信道对于频率的选择性，无线信道的信噪比随频率的变化而变化，单载波传输会受到多径干扰的影响，并且在带宽增大到 5MHz 以上时变得非常严重，而带宽不增大，网速怎么提升！而 OFDM 把数据信息分配给通过多个正交的子载波进行并行的窄带传输，虽然总的信道是不平坦的，但每个子信道是相对平坦的。所以，OFDM 可以说是解决了更高带宽的多径干扰问题，符合对更高通信速率的要求。并且，每个子载波上信号的时间比同速率的单载波系统信号的时间长很多倍，进一步提升了 OFDM 对脉冲噪声干扰的抵抗能力。此外，OFDM 还采用了循环前缀技术，有效地抵抗多径衰落的影响，这样一来，就减小了接收机内均衡的复杂度，甚至可以直接不采用均衡器。这也给我们启示，有时候技术路线的演进，不仅要考虑理论的正确性，也要考虑到工程上的经济性和可行性。

第四个优势是，OFDM 的频域调度和自适应能力很强。OFDM 可以按照集中式和分布式两种方式组合子信道。集中式指的是将连续的若干个子载波给一个信道，分配给一个用户，相较于 CDMA 只能在时域进行调度，OFDM 可以进行频域调度，灵活度更高了，可以选择较优的子信道来传输。这就好比，CDMA 是单车道，一辆辆车排队走，而 OFDM 有多车道、立交桥，还可以根据实时路况指挥车辆通行，这肯定畅通多了！

第五个优势是，OFDMA 系统还具有能够在不同频带采取不同调制编码方式（MCS）的特点。由于无线信道具有很强的频率选择性，信号与干扰加噪声之比随着频率变化而变化，这种特性随着带宽增加而增加。因此，如果只是根据整个带宽的平均 SINR 来确定调制编码方式，自然不是最佳方案，但 CDMA 这样的单载波系统就是这样处理的。而 OFDMA 就像一个"变形金刚"，可以在平坦的公路上变成跑车，在山地变成越野车，在水域变成快艇，在空中变成轮船。OFDMA 能将整个带宽划分得更细，根据不同小频带各自的平均 SINR 来选择调制编码方式，这样就可以使其更适应不同频带的特点，更加"精耕细作"。

说了 OFDMA 这么多好处，朋友们可能都有点犯嘀咕了，这技术真有这么好？还真是，OFDMA 可以说是移动通信复用多址技术的一个高峰，是融合应用数学理论、工程实际考虑之下的时代选择，理论上达到了理想信道的频带利用率，很适合高速率的无线传输。但是，没什么东西是完美的，人无完人，更何况日新月异的技术了。OFDMA 也有着几个不可忽视的缺点。

首先，OFDMA 对载波频率误差非常敏感，受到时间同步误差的影响很大。正交频分复用，顾名思义，首先需要保证正交，所以 OFDMA 算是很"娇气"的，一点点时间误差和频率偏移就容易让它发脾气不干，但是还是得尽可能宠着它，谁叫它好用呢。

虽然 OFDMA 已经采取了插入保护间隔的方法，但当同步误差和多径效应导致的时间误差大于 CP 时，还是会导致码间干扰和波间干扰。但 CP 也不是越长越好，还受到对于符号周期、系统容量等相关要求的限制，毕竟 CP 也占地方啊！

如果说保护间隔这一机制稍微增强了一点 OFDMA 对于时间误差的宽容度的话，那么频率偏移则可以说是 OFDMA 的死穴了。OFDMA 各子载波宽度较小，如果没有保持严格的频率同步，就难以保证正交性。频率偏移对 OFDMA 来说确实是一件令人头疼的事情，为了尽可能抵消其影响，在接收端进行频偏补偿是必不可少的环节。

此外，OFDM 符号有着很高的峰均比。OFDM 采用 QAM 调制，当独立调制的多个子载波一起使用时，如果 N 个同相位的信号叠加，峰值功率就会变成平均功率的 N 倍。这样一来，不仅使得模数转换、数模转换的复杂度进一步提高，也降低了射频功放的效率，发射机的电费也得蹭蹭往上涨。就算能在下行链路中实现，上行链路也实现不了，除非你愿意让手机变成一台功率很大的微型"电磁炮"。所以在 LTE 中，OFDM 只用于下行链路传输，上行链路还是得再请传统的 FDM 出山。为解决 OFDM 的 PAPR 问题，削峰、峰加窗等信号预失真技术，以及其他的编码和加扰技术也正在研究之中。

最后，OFDM 虽然使得小区内用户自然正交，但无法轻易实现小区间多址，会产生较严重的小区间干扰，跳频 OFDMA、加扰、干扰消除等方法可以解决此问题。

6. 非正交多址

（1）复用多址的集大成者——非正交多址

我们不得不承认 OFDM 的先进性，它以其子载波的正交性提升了频谱的利用率，在当前商用的复用技术中最接近极限，所以 5G 在 eMBB（增强移动宽带，即大流量移动宽带）业务的应用场景中仍然采用了 OFDM 技术。

OFDM 对时间误差非常敏感，不得已引入循环前缀来克服码间干扰，循环前缀算是系统固定开销，并不传输有效数据，这又反过来降低了频谱效率、能量效率。

5G 对于速率要求更高，对带宽的需求更大，可"巧妇难为无米之炊"，频谱资源成为 5G 演进的主要障碍。如何解决频谱资源稀缺的问题？前几代通信占据了很多车道，去哪找车道给 5G 用呢？业界已经形成了基本共识，那就是"挖潜"，把已有频谱的效率进一步挖掘出来，通过技术手段将其潜力释放出来。这个思路就和农业耕种一样，工业、商业用地将很多土地占领，使得可耕地成为稀缺资源，这怎么办，总不能填海造陆来种水稻吧？这就需要去研制亩产更多的水稻新品种，提升耕地的生产效率。

5G 除了增强移动宽带（eMBB）之外，还有超高可靠低时延（URLLC）通信，大连接物联网（mMTC）的需求。为了支撑万物互联的 5G 时代，5G 新空口必须能承受住海量的连接，以更低的成本来实现通信，进行广域覆盖。不同的应用带来的是对空口不同的要求。未来 5G 的新空口不再是一刀切，而是灵活且具有应变能力的，根据具体应用场景而量身定制。

OFDM 也不能满足 5G 的所有场景，我们必须再次启程，寻找新的复用多址方案。5G

时代占据上风的多址方案叫作非正交多址接入（NOMA，Non-Orthogonal Multiple Access）。看到这大家可能会想，NOMA 和 OFDM 一个非正交一个正交，这不是明摆着唱对台戏嘛（见图 4-57）！你还真说对了，NOMA 的优点就是不需要严格的正交，允许一定干扰，从而能获得更强的灵活性和更大的系统容量。

NOMA 对于时间、频率资源的划分方式与 OFDMA 相似，在时域依然用 OFDM 符号作为最小单位，符号间插入循环前缀并且实行严格的子帧同步来防止码间干扰；在频域依然用子信道作为最小单位，彼此正交。但在此之外，NOMA 还允许不同用户同时使用同一信道，每个子信道和 OFDM 符号对应的功率由多个用户共享。

NOMA 除了根据时间和频率两个维度区隔用户之外，还会在码域、功率域等维度下功夫（见图 4-58），从而为更大数量级的用户赋予不同的特征，进行区隔。所以说，NOMA 是复用多址的"集大成者"。

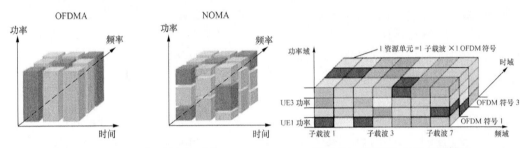

图 4-57　OFDMA 与 NOMA 对比　　　　图 4-58　NOMA 资源分配情况

在码域上，NOMA 在发送端根据对信道传输质量的评估来分配用户发射功率的非正交发送，主动引入干扰信息，在接收端通过串行干扰消除，实现正确解调。一提到噪声和干扰，大家可能马上就去想办法除去，而 NOMA 却剑走偏锋，主动引入干扰。这样一来，接收机肯定更为复杂，但 NOMA 基本思想就是利用复杂的接收机设计换取更高的频谱效率，这也是以现代芯片性能的提升为基础的。

在功率域上，由于 NOMA 同一子信道和 OFDM 符号上的不同用户的信号功率是非正交的，因而产生共享信道的多址干扰（MAI），为了克服多址干扰，NOMA 在接收端引入串行干扰消除技术（SIC）进行多用户干扰检测和删除。

在 NOMA 中，之前 CDMA 为之头疼的远近效应（边缘用户和中心用户的信号功率差异）不但迎刃而解，反而起到了助力作用，因为 NOMA 也依靠功率来区隔用户！NOMA 系统基本框架如图 4-59 所示。

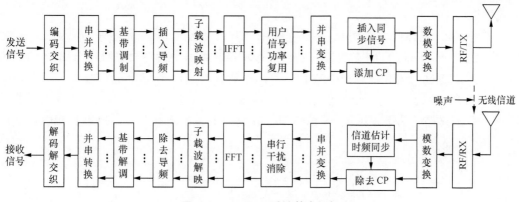

图 4-59 NOMA 系统基本框架

（2）NOMA 关键技术之串行干扰消除技术

我们已经知道，NOMA 的特色就是集时域、频域、功率域为一体，同一子载波、同一 OFDM 符号对应的资源单元上承载着不同功率的多个用户。但这些用户之间，不可避免地存在多址干扰。这些干扰一般可以视为有着一定结构特征的伪随机序列，可以运用其自身的特性，加以消除。消除 MAI 的技术，就称为抗 MAI 技术，或多用户检测技术。SIC 就是其中典型的一种。

我们可以形象地把 SIC 比喻成"剥洋葱"，先剥大的，再剥小的；也可以比喻为"枪打出头鸟"。SIC 对接收的多个信号按照功率大小进行排序，因为功率大的信号更容易被捕获，所以先从功率大的开始，逐一进行匹配滤波、数据判决、幅度估计等操作，逐一减去当前最大功率信号的 MAI，逐级消除干扰（见图 4–60）。

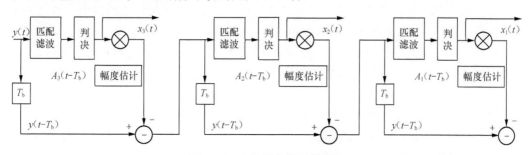

图 4-60 SIC 接收机工作原理

如图 4–60 所示，设 3 个用户信号共享一个子信道和 OFDM 符号对应的资源单元，按功率从小到大依次为 $x_1(t)$、$x_2(t)$、$x_3(t)$。接收机首先会对最大信号 $x_3(t)$ 进行匹配滤波、数据判决、幅度估计，找出 $x_3(t)$ 输出到下一级，再从剩下的信号中找到最大信号 $x_2(t)$，以此类推。

如图 4-61 所示，在 NOMA 下行链路中，基站分配给 UE3 的信号功率最大，UE2 次之，UE1 最小。对于 UE1 的接收机，要想从接收信号中解调出信噪比合格的 UE1 信号，就需要通过上述 SIC 流程去除 UE3、UE2 的影响；对于 UE2 的接收机，只需要去除 UE3 的影响就能达到不错的信噪比了（因为 UE1 功率小，影响弱）；对于 UE3 的接收机，由于它是"功率之王"，其他的信号在它面前都抬不起头了，所以直接解码就可以送到下一级了。

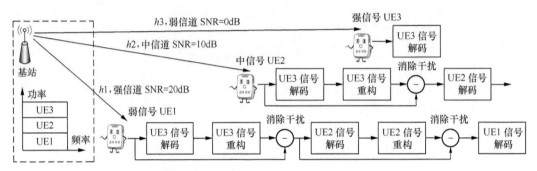

图 4-61　NOMA 下行链路信号处理流程

这就像音量大说话声大的人和音量小说话声小的人在一块，要想听见后者说什么，就需要去除前者的干扰，反之则不需要。

（3）NOMA 的方案

与 OFDMA 一家独大不同的是，NOMA 的技术方案呈现出"群雄逐鹿"的态势，国内外已有十多家公司推出了自己的方案，中国华为、中兴、大唐公司也都提出了自己的 5G 多址方案，分别为 F-OFDM 与 SCMA、MUSA、PDMA。

对 NOMA 的研究也是格外火热。目前已有实验表明。在远近效应场景和广覆盖多节点接入的场景，特别是上行密集场景，采用 NOMA 具有明显的性能优势，在城市地区采用 NOMA 可使无线接入宏蜂窝的总吞吐量提高 50% 左右。

相比于正交多址接入而言，非正交多址接入频谱效率更高，可实现大量接入，时延和信令花费更低，稳健性更强，抵抗衰落与小区间干扰，边缘吞吐率高，信道反馈宽松（只需要接收信号的强度，不需要具体的 CSI），灵活性更高。

以华为的 F-OFDM 方案为例，它能为不同业务提供不同的子载波带宽和相应的循环前缀。打一个形象的比方，我们把时频资源视为火车车厢，OFDM 方案就相当于座位不能调整的硬座，不管高矮胖瘦，都一样对待。而 F-OFDM 的"座位"则可以根据乘客高矮胖瘦以及喜好需求的不同进行灵活定制（见图 4-62 和图 4-63）。

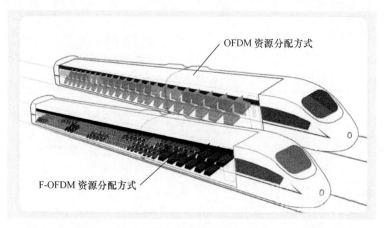

图 4-62　OFDM 与 F-OFDM 资源分配方式对比（以车厢作比喻）

　　NOMA 的这种技术思想和技术特性，将对 5G 乃至未来的通信制式有着深刻的影响。OFDM 与 F-OFDM 时频资源对比如图 4-63 所示。

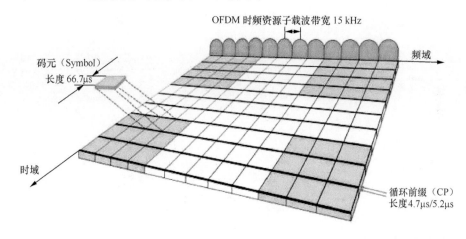

（a）OFDM 时频资源分配

图 4-63　OFDM 与 F-OFDM 时频资源对比

大话移动通信（第2版）

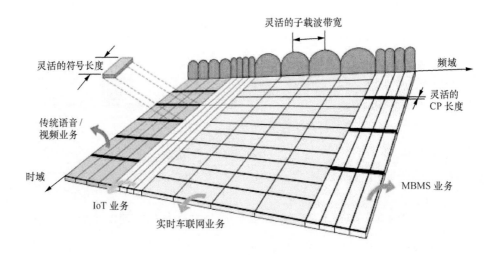

（b）F-OFDM 时频资源分配

图 4-63　OFDM 与 F-OFDM 时频资源对比（续）

Chapter 5
第 5 章
蜂窝移动通信

本章开始讨论一个完整的移动通信网了。通信更多的时候并不是点对点的，我们无法做到专设一个基站只为我们服务，常常是处于一个多点对多点的蜂窝网络中进行通信的。从点对多点的基站与手机的通信到多点对多点的移动通信网，有以下几个问题需要解决。

（1）现在世界上不止一个基站了，手机怎样判断它现在位于哪个基站下？如何才能知道基站的相关信息？

（2）我们要实现的是"任何时间""任何地点"的通信，而手机的位置在一直不停地变化，有电话找你的时候，怎么才能知道你在哪里，然后找到你呢？

（3）在通话的过程中，你可能从一个基站的覆盖范围走到了另一个基站的覆盖范围，怎样才能保持通话，不至于中断？

（4）既然是一个成熟的商用通信系统，那么系统的安全性显然非常重要，没有谁愿意自己的号码被盗用，也没有谁愿意通话的时候被人窃听。

以上4个问题分别对应移动通信网中的"广播""寻呼""切换""鉴权与加密"4个非常重要的概念。这些概念无论是对于 GSM、WCDMA、TD-SCDMA、cdma2000，还是 LTE、NR 都是适用的，它们也是构成移动通信网最基本的元素。接下来我们就来看看这几个方面具体是怎么实现的。让我们带着问题与好奇心走进本章——蜂窝网络中的移动通信。

5.1　蜂窝网络与小区分裂

蜂窝网络（Cellular Network）也叫作移动网络（Mobile Network），因构成网络的各基站的信号覆盖呈六边形，使整个网络像一个蜂窝而得名。蜂窝的概念是 20 世纪 70 年代由贝尔实验室得出的，至此以后，蜂窝通信就成了移动通信的代称。GSM、cdma2000、WCDMA、LTE 等各代主流移动通信都采用了蜂窝网络。

那为什么一定是蜂窝？大家知道，蜂窝的小格子是正六边形的。这里有一个著名的数学结论：以相同半径的圆形覆盖平面，当圆心处于正六边形网格的各正六边形中心，也就是当圆心处于正三角网格的格点时所用圆的数量最少。因此出于节约设备构建成本的考虑，蜂窝状的简单六角网格是最好的选择（见图 5-1）。

蜂窝网络的出现，使得有限的频率资源可以在一定的范围内被重复利用。即不同基站所属的小区使用不同的频率通信。为了避免同频干扰，同频基站相隔的距离必须尽可能远，并且各个基站发射的功率不能太大，不然就会"侵犯"别人的地盘。而之前提到的路径损耗，在应对信道衰落时我们讨厌它，但在这里反而帮助我们控制了基站的信号功率。

蜂窝通信有一个重要的概念叫小区分裂，意思就是当容量不够的时候，可以进一步减小蜂窝的范围，划分出更多的蜂窝，提高频率的利用效率。这样可以使得系统在同一时间、同一频段、同一宏观物理空间上进行多路通信并且互不干扰，让有限的频谱资源最大化利用。

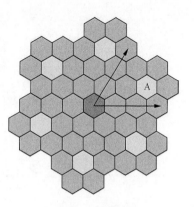

图 5-1　蜂窝网络

5G 就是小区分裂的典型（见图 5-2）。截至 2018 年年底，我国 4G 基站达到 372 万个。原来一个 4G 基站也许可以管一片街区，而现在，可能一个篮球场大小的地盘就需要一个 5G 基站了，5G 基站的建设必然会呈井喷式爆发。据预测，5G 宏基站总数将达到 4G 宏基站数的 2 倍左右，最终总数将超过 500 万个。这就像，原来是一堆人围着一个火炉烤火，虽然热辐射的功率大，但分配不均，里层的人可能热得大汗淋漓，外面的人可能冻得哆嗦，而现在，干脆每个人直接发一个暖手宝，虽然功率小，但是均匀啊！所以，5G 基站的高密度覆盖还能使得不同地区的信号稳定性进一步优化（见图 5-3）。

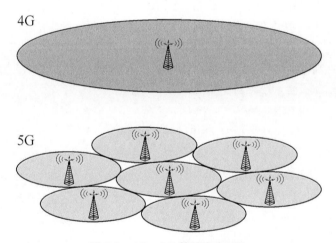

图 5-2　4G、5G 基站密度对比

4G 时代，就已经有 80% 的业务发生在室内了，而 5G 时代，多样的资费套餐以及海量的应用将驱动移动数据业务飞速增长，业务场景将更多地从室外转向室内。5G 有增强移动宽带（eMBB）、超高可靠低时延通信（URLLC）、大连接物联网（mMTC）3 种场景，催生出 VR/AR、极高清视频、远程医疗等多种业务，这些都为聚焦室内热点覆盖的小基站提供了发展的"沃土"。因此，室内的 5G 微基站的覆盖，解决的就是 5G 网络覆盖"最后一公里"的问题。

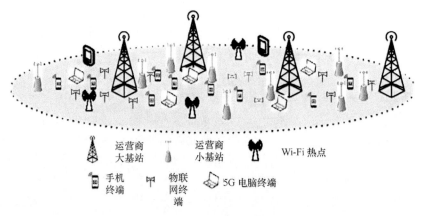

运营商大基站	运营商小基站	Wi-Fi 热点
手机终端	物联网终端	5G 电脑终端

图 5-3　5G 基站部署

从另一个角度考虑，5G 部署在更高的频段，衰减更大，单站覆盖范围更小，更需要高密度的基站来保障信号质量。在毫米波频段，微基站间隔将缩小到 10 ～ 20m，5G 微基站的数量，至少将是宏基站的 2 倍，预计将达到 1000 万个。

说起基站，你头脑中是不是会浮现起高耸的巨大铁塔呢？5G 基站采取了宏基站和微基站配套组合的模式，宏基站就是传统的架设在铁塔上的基站，体型大、功率大、覆盖面积广；而微基站是安装在高楼大厦等密集区的小型基站，它的体积小、功率小、覆盖面积小，甚至一般不设置电力储能设备。微基站往往只有一个电饭煲那么大，甚至更小，和巴掌一样。

微基站与宏基站相同，也由 RRU、BBU、有源天线、直放站（中继器）组成。在 4G 时代，微基站需要集成 RRU 和 BBU 两个设备的功能，但由于当时的芯片处理能力还没有跟上，容易出现故障，所以微基站并没有得到很广泛的应用。但在 5G 时代，原有 BBU 部分物理层功能放在 AAU 中，降低了微基站的故障率。此外，考虑到能耗问题，运营商将更有针对性地，在核心地段部署 5G 网络，这个时候微基站便可以大显神通，成为运营商灵活部署的得力助手。正因为这几点优势，不同于 3G、4G 时代微基站只能打打下手，5G 时代，微基站是先行军（见图 5-4），在网络部署中是与宏基站同样重要的核心力量。微基站以高灵活性、易部署、可控的特点，将为 5G 时代万物互联与室内场景应用提供底层网络支持。

图 5-4　5G 基站

5.2　蜂窝移动通信的困惑

5.2.1　困惑一：手机不知道它在哪个基站下面

把一个手机扔到移动通信网中，手机是很懵懂的。如图 5-5 所示，它并不知道自己处于哪个基站的覆盖下，也不知道这个基站有哪些特点（小区参数、全网参数）。手机上既没有装雷达，也没有一双慧眼，要找到基站并和基站建立联系，全靠基站主动"广播"消息给它。

图 5-5　手机需要找到基站才能连上移动通信网

1. 手机如何发现基站

要听到基站的广播信息，从而完成接入网的一系列动作，手机必须先得找到具体某一个基站的信号。那么手机到底如何找到基站呢？说起来与旅游团差不多，在一些非常热门的旅游景点，游客非常多，旅游团走散是再正常不过了，要靠你去找团可能有点困难。每当这时，导游总是站在高处，挥舞手中的小黄旗，用大喇叭广播着："×××地市的朋友注意了，你们的导游在这里，在这里！"

基站的处理方式与此颇为类似，它总是一刻不停地向外广播信息，以方便手机找到它。

然而手机又如何才能听到基站的广播信息，从而锁定基站呢？

对于 GSM 系统而言，不同的基站广播信息时所使用的频率不同，这样 GSM 手机必须扫描整个频段，按信号的强度从最强信号开始逐一检查，直到找到合适的基站的广播信息。这有点像我们在学校里听广播，我们拿着收音机调啊调，调到一个信号最强的台然后收听广播。不过咱们是手动挡，人家手机是自动挡。

CDMA 手机锁定基站的方式要简单得多。在 CDMA 系统中，基站固定使用一个频率广播信息，手机只要调谐到这个频率，就可以收到基站的指引信息，从而找到基站。系统的控制载频在整个 CDMA 通信网络中是统一的，这有点儿像无论在哪里，只要拨打110 就可以得到警察的帮助一样，手机只要记住控制载频这个频率，接下来的事情就好办了。

LTE 小区广播与 WCDMA 类似，只是发送消息块的种类更精简了，并且更多地是通过共享信道而不是专门的广播信道了。

2. 广播的内容

话说基站是通过广播指引信息让手机找到基站，那么基站都广播一些什么内容呢？

对于 GSM 系统而言，由于手机需要调整接收频率以正确接收广播信息，那么首先需要广播频率校正信号。而又因为 GSM 是一个时分复用系统，时间的同步也很重要，那么接下来的信息就是同步信号。

当然还会有一些其他信息，比如基站的标识、空中接口的结构参数（如这个基站都使用了哪些频率、属于哪个位置区、手机选择该小区的优先级等）。这很好理解，就好比旅行团的导游会介绍一下当地有哪些景色、游完要花多少时间、需要多少费用等一些详细信息。你觉得合适就跟团，觉得不合适再听其他团的介绍换团也可以（根据小区的各项信息，如果当前小区不适合停留，则换到别的小区去）。

CDMA 系统与 GSM 系统类似，首先是广播导频信号和同步信号，然后再广播基站的标识和空中接口的结构参数。

3. 广播之间避免干扰

由以上内容可知，广播信息不但能帮助手机找到和锁定基站，还能为手机提供大量当前小区所必需的信息。因此我们希望广播之间不要互相干扰，不然会带来很多麻烦。

GSM 相邻的基站和小区采取不同的频率进行广播，工作的频率不同，自然不会产生干扰。就好比两个人唱歌，一个唱男低音，一个唱花腔女高音，谁也不干扰谁。

CDMA 系统中采用的是一个固定的频率，但是扰码不一样，也不会产生干扰。就好比一堆导游，一个说中文，一个说英文，一个说意大利语，谁也不干扰谁。

广播之间避免干扰的机制也被称为多区技术，有空分多区（SDMC）、频分多区（FDMC）、时分多区（TDMC）、码分多区（CDMC）等，相信大家也看出来了，多区技术和多址技术就是一体两面，前者是广播之间避免互相干扰，后者是用户发送信号之间避免相互干扰。

5.2.2　困惑二：网络不知道手机的位置

对于固定通信而言，它知道自己的用户在哪里，因为用户的位置是固定的；而对于移动通信而言，则完全不是这么回事。手机始终处于移动状态，由于基站的覆盖范围有限，因此必然出现手机从一个基站的覆盖范围移动到另一个基站覆盖范围的情况。

尽管如此，移动网必须想办法找到手机，要不然就无法实现和该手机的联系，那它怎样才能找到手机呢？

一个简单的办法是通过所有的基站下发"寻人启事"，寻找该手机，这样的办法很有效，只要手机还在移动通信网的覆盖范围内，那么就一定可以找到，如图 5-6 所示。

图 5-6　对手机进行全网寻找

办法虽然简单快捷，但是弊端也是显而易见的，要找一部手机居然要进行全程全网的寻找，太没效率了，我们得想想办法。想当年没有移动网的时候，我们到一个地方游玩总是用固定电话给家里打一个电话报平安："老妈，我在长沙开福区玩哦"，"老妈，我在北京丰台区玩哦"。打个不恰当的比方，万一不幸走丢了，家里人也只需要在走丢的区域打"寻人启事"的广告，不用在整个长沙市或者北京市打广告，这样就可以大大节省一笔广告费。

现代的移动通信系统在处理如何寻找手机这个问题上和以上方式有惊人的类似。它先是将一个城市的无线网络划成若干个位置区（类似城市的片区划分，如长沙市的开福区、岳麓区等），并分位置区广播自己的位置区消息，如图 5-7 所示。手机通过侦听广播信息得知自己所在的位置区，如果发现自己的位置区发生了变化，则主动联系无线网络，上报自己所在的位置（类似于到了新的地方后向家里报平安，告知自己所在的位置），如图 5-8 所示。

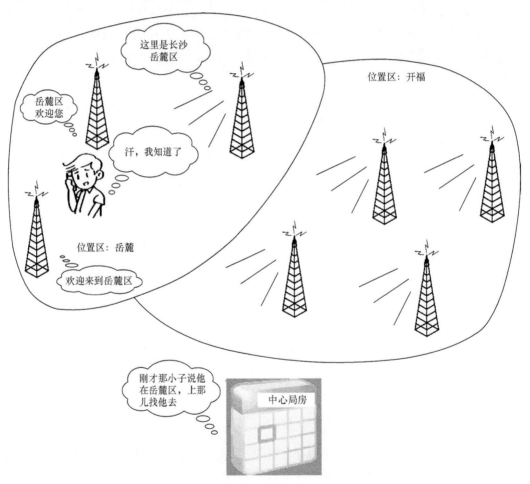

图 5-7　网络通过广播告知手机自己所处的位置区

无线网络收到手机发来的位置变更消息后，就把它记载在数据库里，这个数据库称为位置寄存器。等以后无线网络收到对该手机的被叫请求后，就首先查找位置寄存器，确定手机当前所处的位置区，再将被叫请求发送到该位置区的所有基站，由这些基站对手机进行寻呼。

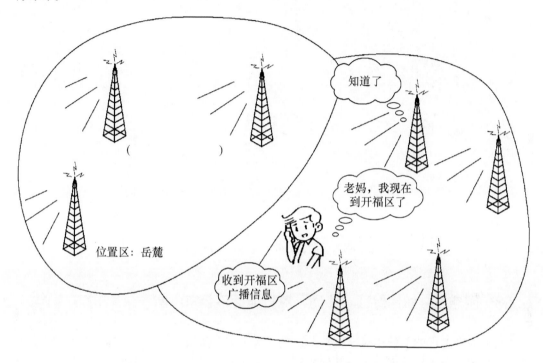

图 5-8　位置区变更以后，主动向网络汇报自己的新位置

位置变更消息还有一个时效性的问题。有时候你手机所处的位置区并没有变更，但网络也无法找到你，比如你的手机电池没电了，或是 SIM 卡被拔出来了。还有一种可能是你的手机位置发生了变化，但是网络无法得知，比如说你进入了无网络覆盖的区域。在这种情况下，继续对你寻呼无疑是浪费了网络资源。为了避免造成浪费，我们通常设定一个周期性的时间，要求手机每隔一定时间，不管位置区有没有变化，都要向网络汇报一下自己当前所在的位置区，如图 5-9 所示。对于逾时未报的，就把它当作"网络不可及"好了，直到收到它的下一次位置更新再改变状态。

位置区的划分需要寻找一个平衡。划得太大了浪费寻呼资源，划得太小了手机走不多远就要上报位置区变更，同样浪费系统资源。

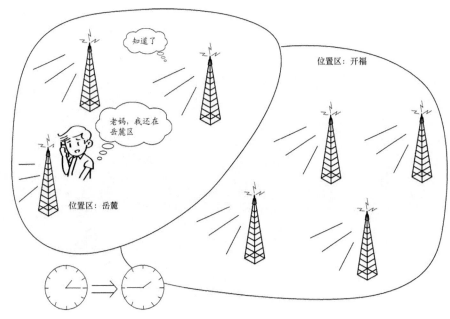

图 5-9　周期性更新（图示为 30min 后）

5.2.3　困惑三：如何保证"移动"着打电话不会有中断

我们现在考虑的模型相对要更复杂，现在有了多个基站。用户打电话的时候总会从一个基站的覆盖范围转移到另一个基站的覆盖范围，那么用户与一个基站的通信也不可避免地要转到另一个基站上去，这就是"Handover"——切换。切换是移动通信系统成功的关键，如果没有切换这样一个流程，每个基站各扫门前雪，不管从其他基站下过来的手机还在进行中的通话，那么结果一定是掉话很频繁，用户很生气。

Handover 这个英语词汇非常形象，很有助于阐述"切换"的本质。它的原意是移交。基站甲对基站乙说："iPhone 这个小兄弟就要脱离我的地盘到你的地盘了，我把它移交给你了，麻烦你好好照顾它"，如图 5-10 所示。

切换的方式有很多种，一种是终端首先切断与原来基站的联系，然后再接入新的基站，这种切换称为"硬切换"，在切换的过程中通信会发生瞬时的中断。PHS、GSM、LTE 都是硬切换。

与此相对应，若终端和相邻的两个基站同时保持联系，当终端彻底进入某一个基站的覆盖区域后，才断开与另一个基站的联系，切换期间没有中断通话，称为"软切换"或者"无缝切换"。CDMA 是软切换。

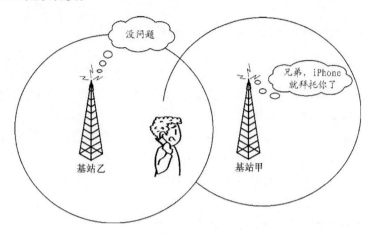

图 5-10　切换示意图

　　我们也可以拿固定电话来打比方。固定电话在墙上的接口就好比移动通信的空中接口，电话都是通过接口和网络保持联系。"硬切换"就是这个固定电话只有一个接口和一条电话线，当你要移动到另一个房间（可以理解为另一个基站的覆盖范围），那么你就把电话线从这个房间的墙上的插口中拔出来，再插到另一个房间的插口去，"先拔后连"，称为硬切换。呵呵，你的固定电话如果要"切换"，估计也就只有这种"硬切换"了。

　　对于"软切换"，我们一时间难以有清晰的理解，因为软切换的本质是这个手机同时有几个基站在与其保持通信，断了一个没关系，其他基站还在继续。这样的类似场景在日常生活中比较难以找到，从而提高了我们理解它的难度。不妨还是以固定电话为例，假设我们的固定电话在电话机上有两个插口，上面可以连两条电话线，在一个房间里其中一根电话线插到墙上的插口通话时，另一根电话线还可以插到隔壁的插口上实现通信，我们的两根电话线都可以同时连到邮电局，信号同时在这两路电话线上传递，那这样就可以实现"软切换"了。当你要移动到隔壁的房间怎么办，不要紧，你把现在这根电话线拔了，插到隔壁房间里的另一个口上或是别的房间里的电话口上都可以，这个过程中不会产生通信中断，因为你和隔壁房间的电话线还连着呢，同时有多路信号相连，这就是软切换的本质！

　　对于 GSM 来说，它只有一套信号滤波器，滤波器锁定在目前通信的工作频点。而 GSM 的邻区工作频点都是不一样的，要完成切换，必须更改当前信号滤波器的频段，等调谐到要切换的频率才能和新的基站建立通信，因此必然有个先断后连的"硬切换"过程。如果一定要让 GSM 实现软切换也并非不可能，只要在终端上增加一套射频处理单元即可，这无疑会增加成本。对于 CDMA 系统来说，软切换要简单得多，因为它的所有载频都工作在一个频段。但当它因为系统扩容上了二载频、三载频以后，同样也会面临只能硬切换的问题。

上面介绍了切换的基本概念，那么什么时候需要切换呢？

在无线通信中，通常有两个参数来衡量是否需要切换：接收信号的强度和通话质量。手机是有一定灵敏度的，信号太弱了将无法正常工作。通常信号的强度越强，通话质量就会越好。因此，信号强度是决定切换的很重要的一个指标。日常生活中，我们一般用手机信号有几格来判断接收信号的强度。

切换的时候往往会涉及多个基站，一个基站只了解自身的信号和资源情况，并不了解其他基站的具体情况，因此通常要将终端以及基站本身测量的信号接收的强度上报给基站控制器，最后由基站控制器决定是否进行切换。

5.2.4　困惑四：安全性和盈利？这是个问题

如果不考虑商业上的问题，那么我们的移动通信系统到上一小节中就已经基本完善了，只要肯花钱在世界上布满基站，那么"任何时间""任何地点"和"任何人"交换信息都不成问题。

然而，这样一个庞大的通信系统，其成本投入是非常高昂的。这样大的投入要能维持下去就必须要赚钱，就必须考虑商业模式的问题。在这个商业通信系统中，要考虑的首要问题就是——如何鉴别想接入系统的用户是不是合法用户？

所谓的合法用户是指已经付费并获得接入网络资格的用户。道理很简单，经营移动通信就和经营一场演唱会一样，如果你没有能力鉴别试图进入演唱会现场的人的门票的真假，你早晚会赔得倾家荡产。

你入网的时候，运营商会给你一张 SIM 卡，SIM 里面有 IMSI 号，IMSI 号可以唯一确定这个用户。就好比你买了一张音乐会的门票，门票上有序列号，每个序列号都是唯一的。最关键的地方不在这里，而在如何建立防伪机制。

移动通信中的防伪机制在《林海雪原》里面有过生动的演绎。座山雕下面的小喽罗想验证杨子荣身份的真伪，于是喊出了一声"天王盖地虎"，杨子荣答上了一句"宝塔镇河妖"，这就算对上了，自己人！我们不妨也根据这个经典桥段来设计一下移动通信网对手机的身份验证，看看是否行得通，如图 5-11 所示。

由于手机号码是大家最熟悉的，那么我们首先来考虑用手机号码作口令是否合适。答案是显然的，很不合适，因为电话号码是公开的，用来作口令的话和无口令没什么区别。那么用 IMSI 号行不行呢，也不行，IMSI 号的换算也很简单，而且，IMSI 号是可以通过运营商的营账系统查到的，没有什么机密可言。如果用这两个号作口令，别人想仿冒你那就太简单了。

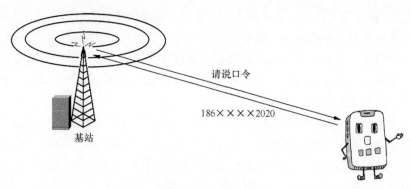

图 5-11　口令方案一

于是，GSM 系统的设计者们一咬牙，想出来一个狠招。他们在 SIM 卡中内置了一个叫 Ki 的参数，Ki 与 IMSI 号是相关的，不同的 IMSI 号的 Ki 不同。用户购机入网的时候，运营商将 IMSI 号和用户鉴权键 Ki 一起分配给用户，同时在核心网鉴权中心 AuC 中也存了这两个值。IMSI 号对外可见，Ki 对外不可见。

当手机想接入网络的时候，先会有个鉴权，鉴权的方式是由 Ki 和一个固定的数值通过一个叫 A3 的算法生成一个值叫 SRES，然后就形成两个参数（IMSI，SRES），并将这两个参数发送给基站。基站将两个参数发送到核心网，核心网的 ACU 中也会进行相同的运算，生成相同的参数，两组参数一对比，如果一致的话就认为你是合法用户，如图 5-12 和图 5-13 所示。

图 5-12　SRES 生成过程一

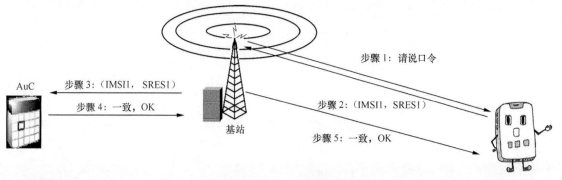

图 5-13　口令方案二

我们看到，口令方案二相比口令方案一有了长足的进步。光知道 IMSI 号已经不足以冒充一个用户了，因为 Ki 值你是不知道的，所以由 Ki 值生成的 SRES 值你也是不知道的。

而系统又需要 SRES 值来鉴权，于是乎，这个系统看起来似乎挺安全了。

但是，依然有个致命的漏洞，那就是，空中接口的信息可能被窃听！拦截电磁波然后解密窃听并不是什么新鲜事了，大家经常可以从电视的谍战片里看到。如果你打电话的时候旁边有人架起窃听装置，窃取了你空中接口传的 IMSI 号和 SRES 号，那么他下次就可以用这组鉴权信息来接入网络了。

这是一个很令人头痛的问题，一番苦思冥想之后，GSM 的设计者们还是找出了应对的办法，那就是空中接口的 SRES 只用一次，下次就废掉，每次都变，你拦截这个信息也没有用，然而，我们如何才能让 SRES 每次的内容都不一样呢？答案就在图 5-14 上，我们可以把那个固定值变成随机值，那么由随机值和 Ki 生成的 SRES 值，也就变成了随机变化的了。

然而，这个 RAND 值是怎样生成的呢，GSM 网络选择了由网络来告诉手机当前的 RAND 值。那么口令方案二就变成了口令方案三。大家可以看到，方案三和方案二的关键区别就是图 5-15 圆圈所示部分，网络给手机下发了一个随机参数 RAND，让手机根据随机参数生成响应数 SRES。

方案三就是 GSM 现网所采用的方案，有了方案三，我们就能确保

图 5-14　SRES 生成过程二

将非法用户拒之门外。但仍然有一件很讨厌的事情，就是别人虽然不能通过鉴权来冒充你，但由于电磁波在空中是四散传播的，他依然可以窃听你，这很让人讨厌！

于是，我们想把空中接口传送的语音信息进行加密，让他即使拦截到了比特流，也搞不懂我到底说了什么。在这里，我们一定要吸取鉴权方案的经验教训，语音信息用来加密的密钥，一定也要是随机的！于是，就有了图 5-16 所示的密钥生成方案，Kc 就是生成的密钥。

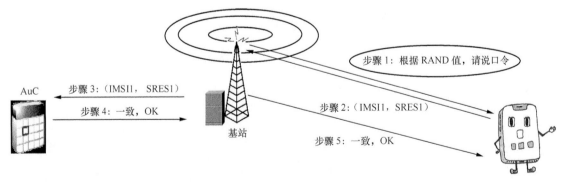

图 5-15　口令方案三

图 5-16 密钥 Kc 生成方案

嘿嘿，大家看到图 5-16 所示的密钥生成方案，是不是有似曾相识的感觉。没错，总共就 Ki 和 RAND 这么两个参数，用 A3 算法就生成鉴权响应 SRES，用 A8 算法就生成加密的密钥 Kc。方式基本一模一样，真有够偷懒的。随机变化的密钥 Kc 和原始语音信号进行异或运算，就得到了加密后的比特流。

对于 WCDMA、LTE，其鉴权与加密的方式也与此非常类似，只不过更复杂一些（见表 5-1）。

表 5-1 移动通信各制式加密与鉴权方法

制式	业务加密	鉴权
PHS	扰码	STEPHI 或 FEAL32 算法
cdma2000	控制数据加密（CMEA） 用户数据加密（ORYX） 语音加密（VPM）	密钥和认证签名的产生（CAVE）
GSM	A5 /1、A5 /2	A3 和 A8
WCDMA	f8	f0、f1、f2、f3、f4 和 f5
LTE	A0、A1 或 A2	f0、f1、f2、f3、f4 和 f5

5.3 立体的通信模型——OSI 模型

我们之前对于通信的理解，一直是对于流程的构建和优化，但要知道，通信是立体的，是有自己的结构的。我们不但要有横向的对于通信流程框架的理解，还要有纵向的对通信立体结构的理解。

万丈高楼平地起，通信系统最底层是物理介质对于电子信号的处理，一层一层封装，最上层则是我们想要实现的功能，即应用程序。这就像人体结构一样，先有最底层的细胞，再有组织、器官、系统……最后才形成完整的生命体。

本节就来介绍开放式系统互联通信参考模型（OSI，Open System Interconnection Reference Model），简称 OSI 模型（OSI Model），也称为"网络 7 层协议"，是一种国际标准化组织提出的概念模型，试图实现世界范围内网络的"书同文，车同轨"的标准框架。

OSI 模型将整个网络通信的功能划分为 7 层（见图 5-17），由低到高分别是物理层（PH）、数据链路层（DL）、网络层（N）、传输层（T）、会话层（S）、表示层（P）、应用层（A）。每层完成一定的功能，每层都直接为其上层提供服务，所有层次互相支持。第 4 ～ 7 层主要负责互操作性，而第 1 ～ 3 层则用于创造两个网络设备间的物理连接。

每个层由多个实体（Entity）组成，每层实现的功能是对底层的升级，但又建立在底层的基础之上。例如，数据链路层实现的是点对点的通信，而网络层在其基础之上实现网络中的通信。表 5-2 的例子可以形象地理解 OSI 模型，下面就来逐一解析各层功能。

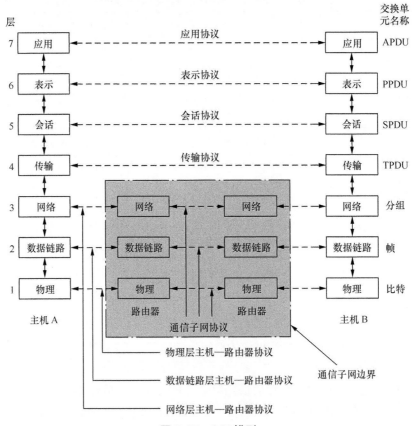

图 5-17 OSI 模型

表 5-2   以邮局的例子理解 OSI 模型

层次	功能	比喻
物理层	将数据转换为可通过物理介质传送的电子信号	邮局中的搬运工人
数据链路层	将数据分帧,并处理流控制;指定拓扑结构并提供硬件寻址;保障传输可靠性	邮局中的装拆箱工人
网络层	将网络地址翻译为物理地址,并决定数据路由的路径	邮局中的传送带排序工人
传输层	传输协议并进行流量控制,提供终端到终端的可靠连接	公司中跑邮局的送信职员
会话层	在网络中两节点间建立、维持或终止通信	公司中收寄信、写信封与拆信封的职员
表示层	协商数据交换格式,负责管理数据解密加密和编码解码,是应用程序和网络之间的翻译官	公司中向老板汇报、替老板写信的秘书
应用层	用户的应用程序和网络之间的接口	公司老板或"包工头"

（1）物理层（Physical Layer）：负责在局域网上传送数据帧（Data Frame），为数据端设备提供传送数据的通路（物理连接），定义物理设备标准。

物理层负责管理数据终端设备（DTE，如计算机、终端等）与数据通信设备或电路连接设备（DCE，如调制解调器等）之间的互联互通。数据传输通常是 DTE 到 DCE，再由 DCE 到 DTE 的路径。互连设备指将 DTE 和 DCE 连接起来的装置，包括插头、插座、针脚、集线器、电缆、中继器、接收器、发送器等。

物理层实现比特流的"透明传输"。这里的"透明"是指忽略掉传输介质和物理设备的具体差异，物理层上面的数据链路层不用考虑网络的具体传输介质是什么。这一层中，信息还没有被组织成数据，还只是作为原始的电流电压等物理形式处理。

（2）数据链路层（Data Link Layer）：负责网络寻址、错误侦测和改错，主要是保证传输的可靠性。表头和表尾被加至数据包时，就会形成帧。数据链表头（DLH）包含了物理地址、错误侦测及改错的方法；数据链表尾（DLT）是一串指示数据包末端的字符串，例如，以太网、无线局域网（Wi-Fi）和通用分组无线服务（GPRS）等。

数据链路层分为两个子层：逻辑链路控制（LLC，Logic Link Control）子层和介质访问控制（MAC，Media Access Control）子层。

（3）网络层（Network Layer）：综合考虑发送优先权、网络拥塞程度、服务质量、成本，从而决定从网络中两个节点数据传输的最佳路径。网络层还负责将网络表头（NH）加至数据包，以形成分组。网络表头包含了网络数据，例如，互联网协议（IP）等。

（4）传输层（Transport Layer）：传输协议、进行流量控制、选择适当的发送速率。

传输层还负责把传输表头（TH）加至数据以形成数据包。传输表头包含了所使用的协议等发送信息，例如，传输控制协议（TCP）等。

此外，对于某些超出限制的过大数据包，传输层还要对其进行强制分割，并将分割所得的小数据片进行排序，以便在接收方节点的传输层进行按顺序重组。

（5）会话层（Session Layer）：负责在数据传输中设置、维护、建立、维持或终止网络中两节点之间的通信连接。即发起会话或接受通话请求。这就像人之间在正式说话前，得先打个招呼寒暄一下，说话结束后，也要说声再见。

（6）表示层（Presentation Layer）：协商数据交换格式，把数据转换为能与接收者的系统格式兼容并适合传输的格式，是应用程序和网络之间的翻译官。表达层还负责管理数据解密加密和编码解码。

（7）应用层（Application Layer）：是最接近用户的层，负责提供与应用软件的接口，使得程序能接入网络服务，例如，HTTP、HTTPS、FTP、TELNET、SSH等。

应用层也称为应用实体（AE），由若干特定应用服务元素（SASE）和公共应用服务元素（CASE）组成。SASE就像公司的"业务部门"，提供特定的应用服务，例如，文件运输访问和管理（FTAM）、电子文件处理（MHS）、虚拟终端协议（VAP）等。CASE就像公司的"职能部门"，提供公共应用服务，例如，联系控制服务元素（ACSE）、可靠运输服务元素（RTSE）、远程操作服务元素（ROSE）等。

Chapter 6
第 6 章
趣谈 7 号信令

信令流程是我们学习通信绕不过的坎，但是它可以让我们明白一个真正的商业移动通信系统究竟是怎样运作的。谈到 7 号信令，本章还是打算先跳到技术的视野之外，从流水线和产业链的思维角度来介绍 OSI 7 层模型。7 号信令与 OSI 7 层模型有类似的分层结构，由于由马萨诸塞大学的 James F.Kurose 与纽约理工大学的 Keith W.ROSS 合著的 *Computer Networking A Top-Down Approach* 一书的问世，对于这类分层结构的分析通常是自顶向下的。但是本书打算采用传统的自底向上的方式来阐述这些问题。James F.Kurose 之所以对网络进行自顶向下的分析，是因为互联网应用层的内容，无论是 FTP、HTTP，还是 DNS、E-mail，大家都已经很熟悉而且对其工作原理饶有兴趣，而 7 号信令的应用层比如 TUP、ISUP、MAP、BSSAP 对于绝大多数人来说根本就一点都不熟悉，直接从顶层讲起恐怕效果适得其反。

虽然采用了传统的分析方法，却未必要采用传统的表述方法，本章以讲故事的方式来介绍 7 号信令，因为 7 号信令的学习从来就是一个枯燥的活，所以尽量让大家学习知识的同时体会趣味。

6.1　信令的基础

在谈 7 号信令之前，我们先来看看什么叫信令。人有四肢，可是它们要活动还需要大脑给指令；人有五官，可是离开神经它们毫无用处，有人失去了嗅觉，有人失去了听觉，很多时候并不是五官本身损坏了，而是控制它们的神经受到了损伤。通信系统的控制指令就称为信令，通信网的神经系统就是信令网。

通信时线路上会跑很多信息，除了用户的语音信息和数据信息以外的控制交换机动作的信号，就是信令。

6.1.1　研究信令的手段——分类

信令是有几种不同的分类方式的，分类是一种学习知识和进行研究的有效的手段。我们一看欧美人，觉得他们都是从一个模子里刻出来的，谁和谁都长得差不多，行为举止神态差不多，不好区分，那是因为我们的分类标准没有建立起来，我们认识起中国人来就要简单得多，你的同学、朋友、同事、邻居，你在电视上认识的演员明星或者其他人，加起来得有几千个吧，没看见你把谁和谁弄混。我们之所以认为中国人好认是因为我们长期生活在这片土地上，已经潜移默化地形成了一套辨识标准，尽管你没有办法讲清楚你用于区分判别的标准体系。

要想对事物有清晰的认识，通过分类来提高事物彼此之间的辨识度是一个不错的办法，下面就来对信令分分类。

1. 随路信令和共路信令

这是按传送信令的通道来进行划分的。起初，信令是和语音一起传送的，后来随着通信网的发展，这样做的局限性逐渐暴露了，这才有了共路信令，就是单独划一条通道给信令用。这与城市交通也颇有相似之处，一些大城市的城市道路，早先也是所有汽车混着跑的，跑着跑着就发现这样对城市交通效率太低了，公交车（信令）开得太慢了，于是很多城市就划了一条公交专用通道，这条道只允许公交跑，这与共路信令系统实有异曲同工之妙（见图 6-1）。

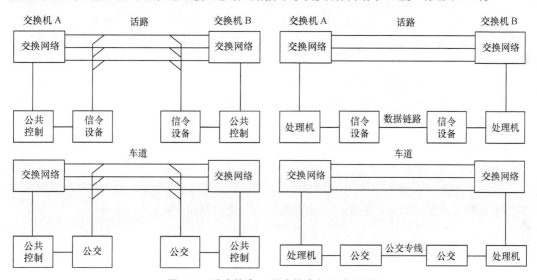

图 6-1　随路信令、共路信令与公交网络

由图 6-1 可知，随路信令系统两端的交换机的信令设备之间没有直接相连的信令通道，信令是通过话路来传送的。当有呼叫到来时，先在选好的空闲话路中传递信令，接续建立后，再在该话路中传送语音。随路信令的信令通道和用户通道合在一起。

共路信令系统两交换局的信令设备之间有一条直接相连的信令通道，信令的传送是与话务分开的、无关的。当有呼叫到来时，先在专门的信令通道中传信令，接续建立后，再在选好的空闲话路中传语音。因此，共路信令也称公共信道信令。

我们看到了，是随路信令也好，是共路信令也罢，都得信令先行完成接续才开始进行语音的传送。

2. 线路信令、路由信令和管理信令

信令按其功能可分为线路信令、路由信令和管理信令，这就好比交通局有 3 个岗位的

工作人员（监察员、调度员、交警）一样。

监察员的工作是守在监控室查看各个车辆的状况，如哪里有违章，哪里有超速，哪台车又熄火了，哪台车又重新启动了。线路信令具有监视功能，用来监视主、被叫的摘挂机状态及设备忙闲。

调度员算是交通局开发的增值业务了，路这么多，司机搞不清楚该怎么走，调度员负责给司机正确的路由指向。路由信令具有选择功能，通常通过分析被叫号码来选择合适的路由。

交警是搞管理工作的，哪里出车祸了，路堵了，在路口竖一块"前方有事请绕行"的牌子，疏导车辆走别的路，路况恢复正常的时候又把牌子撤掉，让车子过来。管理信令具有操作功能，用于电话网的维护和管理，如检测和传递网络拥塞信息，提供呼叫计费信息和远距离维护信令等。

3．用户线信令和局间信令

信令按其工作区域不同可分为用户线信令和局间信令。

用户线信令是用户和交换机之间的信令。比如说交换机给用户发送的铃声和忙音，以及用户向交换机发送的主 / 被叫摘挂机信令都属于用户线信令。由于每一条用户线都要配一套用户线信令设备，所以用户线信令应尽量简单，以减少用户设备的复杂程度，从而降低成本。

局间信令是交换机和交换机之间的信令，在局间中继线上传送，用来控制呼叫接续和拆线。局间信令是比较多和复杂的，因为要满足交换机互相对话的要求。

6.1.2 从结构形式到控制方式——信令的剖析

信令可以从结构形式、传送方式和控制方式来进行剖析。

1．结构形式

信令的结构形式分为未编码和已编码两种。对于未编码的脉冲信号，目前已经不用了；已编码信号中，又分为以下 3 种信令。

① 模拟已编码信令：分为起止式单频二进制信令、双频二进制编码信令及多频制信令，其中使用的最多的是 6 种取 2 的多频信令，它设置 6 个频率，每次取出 2 个同时发出，表示一种信令，共可表示 15 种信令。中国 1 号记发器信令使用的就是多频信令。

② 数字型线路信令是使用 4bit 二进制编码表示线路状态的信令。

③ 7 号信令是使用经二进制编码的若干个 8 位位组构成的信令单元来表示各种信令。这是本章的重点内容。

2．传送方式

人和人之间开始是并不认识的，一个人想结识另一个人，往往需要中间人来递话。与此相似，发端局和收端局之间往往不是直接相连的，之间往往有一个或者几个转接局，那么就必定要涉及信令如何在多段路由上传送的问题，传送的方式一般有如下 3 种。

（1）端到端方式

如图 6-2 所示，发端局的收码器收到用户发来的全部号码后，由发端发码器发送转接局所需要的长途区号（图 6-2 中为 ABCD），并将电话接续到第一转接局，告诉它，我要找某某某局（ABCD），具体要找的人不告诉它；第一转接局根据收到的 ABCD，一瞅："嗨，要找的不是我们，这个局我们也不知道门路，高攀不上啊，不过，我介绍给你一个朋友，它离你要找的近点"，于是给发端局做了个介绍，把电话接续到第二转接局；发端局又拜访第二转接局，告知来意："我要找 ABCD 局"，第二转接局和收端局是老交情了，就把电话接续到收端局。如此这般发端局终于找到了收端局，一番拜访寒暄之后发端局把详细的电话号码告诉收端局："我要找你局的 ×××"，收端局接续被叫，这样就完成了主叫和被叫的接续。

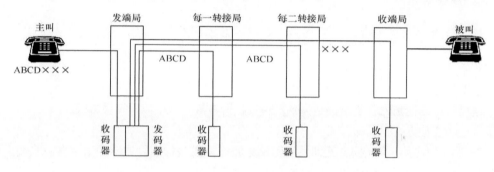

图 6-2　端到端方式

端到端方式的特点是：速度快，拨号后等待时间短。速度快是相对逐段转发方式而言的。

（2）逐段转发方式

如图 6-3 所示，信令逐段进行接收和转发，全部被叫号码（ABCD×××）由每一个转接局全部接收，并逐段转发出去。

恩，不是所有转接局都态度好，肯一级级指点你找到相应的人。人家直接和你说："把资料都扔这儿吧，我们到时候帮你转达。"噻，你不能直接去找要找的人，当然不能只告诉人家所在的局（ABCD）了，一定要把详细的信息告诉人家（ABCD×××）。

逐段转发方式的特点是：对线路要求低；信令在多段路由上的类型可以多种多样；信令传送速度慢，接续时间长。

（3）混合方式

在实际中，通常将端到端方式和逐段转发方式结合起来使用，这就是混合方式。如中国 1 号记发器信令可根据线路质量，在劣质电路中使用逐段转发方式，在优质电路中使用端到端方式；7号信令通常采用逐段转发方式，但也可提供端到端信令。

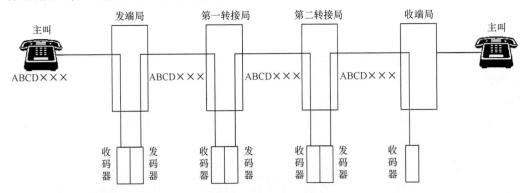

图6-3　逐段转发方式

3. 控制方式

这个传送信令很多情况下就像搞访谈节目，一般情况下都是有问有答，有来有回的。你说的话对方得有回馈才表明他听到了，无论是语言也好，眼神也好，动作也好，总之得有回馈；如果你说得太快，或者说得让对方不明白，对方就会打断你，请你重复一遍。

这里所说的控制方式是指控制信令发送过程的方法，包括以下3种方式。

（1）非互控方式（脉冲方式）

如图6-4所示，非互控方式即发端不断地将需要发送的连续或脉冲信令发向收端，而不管收端是否收到。这种方式设备简单，但可靠性差。

（2）半互控方式

如图6-5所示，发端向收端每发一个或一组脉冲信令后，必须等待收到收端回送的接收正常的证实信令后，才能接着发下一个指令。

由发端发向收端的信令叫前向信令，由收端发向发端的信令叫后向信令。半互控方式就是前向信令受后向信令控制。

半互控方式很像你教一个刚刚入门的学生英语，你教英语叫作前向信令，学生学着读英语叫作后向信令。你教一句就得停下来，等着对方反馈，看对方是否明白了，要不等学生反馈就开始下一句学生是跟不上的，所以你的教学速度实际上受制于学生的反馈速度，这叫前向指令受后向指令控制。

（3）全互控方式

全互控方式有点特别，发端发前向信令不能自动中断，要等收到收端的证实信令后，才停止发送；收端发证实信令也不能自动中断，须在发端信令停发后，才能停发证实信令。因为前向信令和后向信令均为连续的，所以称为连续互控。这种方式抗干扰能力强，但是设备很复杂。

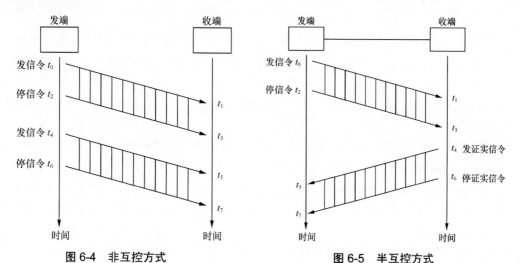

图 6-4　非互控方式　　　　　　图 6-5　半互控方式

如图 6-6 所示，全互控方式很有点类似记者做访问类节目，嘉宾在不停地说话（发信令 t_0），记者边记边点头反馈嘉宾，意思就是我记下啦（发证实信令 t_2）。嘉宾收到反馈，觉得记者记得太辛苦啦，于是说"我这一句说完了"（停信令 t_4）。记者趁这时间记好笔记，然后说"了解"（发证实信令 t_6），这时候嘉宾开始说第二句（发信令 t_8）。

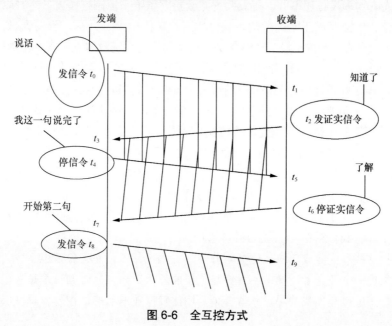

图 6-6　全互控方式

6.2 从流水线和产业链说起——也谈 OSI 7 层模型与 7 号信令

现代社会呈现出如此生机勃勃的繁荣景象某种程度上应该感谢科学管理之父弗雷德里克·温斯洛·泰勒（Frederick W. Taylor）。泰勒的科学管理理念的精髓之一就是进行流水作业，把一个工作拆分为若干个环节，每个环节都实行标准化，确定操作规程和动作规范。工作的分解和劳动过程的标准化，使得原来复杂的工作通过分解和重复变得简单了许多，从而大大提高了劳动生产率。

泰勒的思想不仅深深地影响了制造业，而且逐渐发散到各个行业。近 20 年以来，流水线生产方式被深刻理解，各行各业都争相引入流水线生产方式。以软件开发为例，20 年前做软件开发，就是程序员单枪匹马去编码、编译和调试。随着软件工程得以应用，软件开发细化为架构设计、软件编码和测试等几个部分，软件开发可以采用工厂化的流水线生产方式来进行。用流水线方式生产软件与软件工程师单打独斗编程相比，能够发挥规模经济的优势，使得软件开发成本大幅度下降。

泰勒与 OSI 模型到底有什么关系，泰勒时代还没有计算机和现代通信吧？把他和麦克斯韦、马可尼、贝尔、史端乔放到一起，想说明什么呢？别急，我们先来看看一个完整的通信系统应该做些什么。

贝尔发明了电话，史端乔发明了交换机，电话加交换机合在一起就可以组成一个通信网络了。然而光有物理设备还不够，得发明一整套指挥系统来控制这些设备本身以及上面跑来跑去的比特流，才能完成正常的通信。就好比古代乌压压十万大军，矛尖盾厚、车甲齐备、粮草充足，但没有旌旗金鼓，没有律令条例，指挥和控制系统没建立起来，还是打不了仗的。

在通信网络中，这个指挥系统的指令称为"信令"，这个 7 号信令应该完成一些什么工作呢？不管怎样，要传递信令首先得有通路，就像开汽车得先有马路一样，你得定义这条通路的物理、电气功能特性和链路接入方法；除此之外，道路通了，你是不是得保证一端到另一端信号可靠的传输，不能丢，不能错，不能以次充好，就是运送货物，这也是基本的条件吧；俗话说条条道路通罗马，然而到底该选哪条路，那是乱花渐欲迷人眼，看都看不清楚，到底选哪条路好得有个负责选路的人吧；传递信号的应用层软件是很多的，就如需要运输货物的客户也是很多的，从电脑到水果林林总总，不一而足……

传递一个信令要干的事情这么多，如果要让一个研究人员从头管到尾，实在是太难了。要完成这些工作，我们得学习泰勒的科学管理法（这不是来了），挥舞起大剪刀，咔嚓咔嚓咔嚓咔嚓，把这些事情剪成 7 块，这个叫分层，也就是分工；光有分工也不行，每一层对另一层而言必须像一个黑盒子一样，不管你盒子里面怎么折腾，从外面看都是一样的，我只需要在你的黑盒子上再叠加我的黑盒子就够了，用比较专业一点的话说是，每一层设计东西的变化不能影响其他的层级，你物理层的东西的变化不能影响应用层，就好比你把 INTEL 的 CPU 换成 AMD 的，腾讯 QQ 不能就跟着得重新设计，要不大家就没法混了。

　　分工的重要性大家应该都明白，没有分工就无所谓专业，没有专业就无所谓效率。但是这层级与层级之间的工作应当怎样设计才能使每一层的变动都不会对其他层次构成影响，这个或许一时之间难以深入理解。我们不妨先从技术层面之外的东西来了解一下，不是说泰勒思想已经深入各行各业了么，我们来看看一个典型的分层结构——苹果公司的 ipod 的产业链是怎么做的。

　　如图 6-7 所示，产业链各层级的分工非常清晰，从研发到销售各司其职，如果你让搞研发的还去琢磨这个 ipod 零件如何生产，该怎么组装，去哪里卖，这个研发工作能搞好才奇怪。问题是产业链不是光分工明晰就可以的。一定要标准化，一个解码器，无论

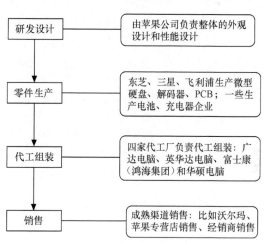

图 6-7　ipod 产业链分工

是东芝还是三星抑或是飞利浦，生产出来的必须完全符合同样的标准，要不一堆千奇百怪的零件最后交到富士康或华硕的手里组装出来一定变得更加千奇百怪。

　　好的，解析了 ipod 的产业链之后，我们得把通信这块要完成的工作也深入讲解下。要想富，先修路，要想通信，也得先修路，定义这条路的标准，这是物理层的工作；要保障信号从路的这一头完整地走到那一头，不出错不少东西不被调包，这可不是一件容易的事，这件苦差事交给数据链路层来做，这位老兄，你就"把信送给加西亚"好了；如果说以上两项是苦力活，下面要说的就是智力活了，哪条路最近，哪条路没堵，哪条路重新又通了，对这些信息的管理与调度是网络层要干的活；基于这 3 层上面的传输层、会话层、表示层和本章的工作没有多少关系，就不在这里啰唆了；最后就是应用层了，话说这又是修路，又是防打劫防货物丢失，又是画拓扑图找路由好省点油钱的，都是为谁辛苦为谁忙啊，还不是为了应用层，在通信系统中，应用层可什么内容都有，什么 TUP、ISUP、BSSAP 的，就如搞个物流的谁都找你门上来了，寄个信，发个礼物，托运电脑，都是业务啊，只要赚钱的活，通通都干。这一级级功能是划清楚了，标准也是清楚的。比如第二层，那活就是要"把信送给加西亚"，你就是不能搞错不能搞漏了，更不能因为工作忙就要第三层给你分担压力，你第二层就是干苦力活的，我第三层就是搞调度搞管理的，按孔子的话说，就是"上智下愚不移"，随便更改工作标准，工作性质是会引起混乱的。

　　我们回顾一下 OSI 7 层模型的图（如图 6-8 所示），中间的那三层反正 7 号信令不用，TCP/IP 也不用，我们就将就看看，不让它搅活到我们的"物流模型"里面去了。

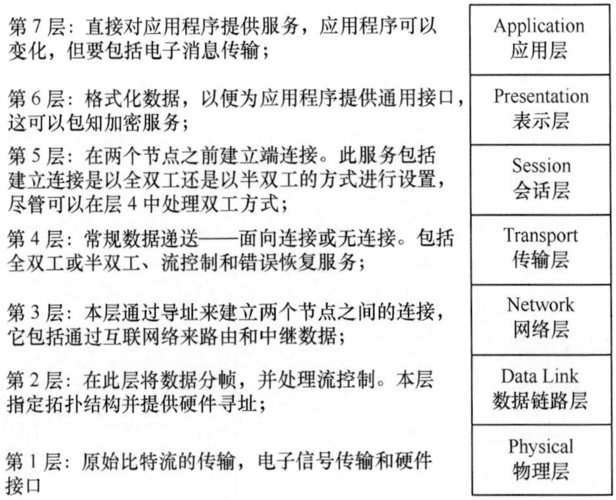

第 7 层：直接对应用程序提供服务，应用程序可以变化，但要包括电子消息传输；
第 6 层：格式化数据，以便为应用程序提供通用接口，这可以包知加密服务；
第 5 层：在两个节点之前建立端连接。此服务包括建立连接是以全双工还是以半双工的方式进行设置，尽管可以在层 4 中处理双工方式；
第 4 层：常规数据递送——面向连接或无连接。包括全双工或半双工、流控制和错误恢复服务；
第 3 层：本层通过导址来建立两个节点之间的连接，它包括通过互联网络来路由和中继数据；
第 2 层：在此层将数据分帧，并处理流控制。本层指定拓扑结构并提供硬件寻址；
第 1 层：原始比特流的传输，电子信号传输和硬件接口
Application
应用层
Presentation
表示层
Session
会话层
Transport
传输层
Network
网络层
Data Link
数据链路层
Physical
物理层

图 6-8　OSI 7 层模型

7 号信令的基本功能结构由消息传递部分（MTP）和用户部分（UP）组成。UP 可以是电话用户部分（TUP）、数据用户部分（DUP）、ISDN 部分（ISUP）等，具体的应用还有很多，我们就不一一列举了。

图 6-9 所示只是 7 号信令的简单结构，消息传递部分（MTP，Message Transfer Part）就包含了 OSI 模型 1 ～ 3 层的功能，我们需要继续进行细分。

说起来，7 号信令的模型与 OSI 基本一致，不过和 TCP/IP 一样，7 号信令也只有 4 层，依次称为信令数据链路级 MTP-1（对应 OSI 7 层模型的物理层），信令链路控制级 MTP-2（对应 OSI 7 层模型的数据链路层），信令网功能级 MTP-3（对应 OSI 7 层模型的网络层），用户级（对应 OSI 7 层模型的应用层），图 6-10 所示为两个信令点通信的示意。

UP 部分
UP 部分
消息传递
部分（MTP）
消息传递
部分（MTP）

图 6-9　7 号信令基本功能结构

信令点 A
信令点 B
UP
用户级
用户级
MTP-3
信令网功能级
信令网功能级
MTP-2
信令链路控制级
信令链路控制级
MTP-1
信令数据链路级
信令数据链路级

图 6-10　7 号信令系统的 4 层结构

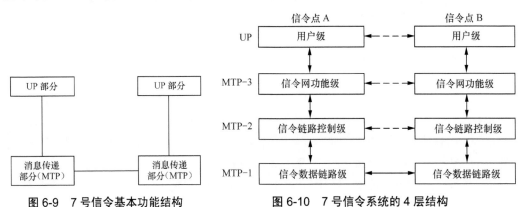

其中各层的功能如下。

MTP-1：为信令传输提供一条双向数据通道，定义了信令数据链路的物理、电气功能特性和链路接入方法。

MTP-2：定义了在信令数据链路上传送信令消息的功能和程序。它和第一级一起共同保证信令消息在两信令点之间的链路上可靠地传送。

MTP-3：在消息的实际传递中，将信令消息传至适当的信令链路或用户部分；当遇到故障或拥塞时，完成信令网的重新组合，以保证信令消息仍能可靠地传递。

UP（User Part）：由各种不同的用户部分组成，每个用户部分定义和某一类用户相关的信令功能和过程。

这里的用户与大家通常意义上理解的用户是不一样的，指的是消息传递部分（MTP）的用户，比如 TUP、ISUP 之类，你不妨把 E-MAIL、FTP、HTTP 也理解为 TCP-IP 的用户。

应当说上面的 7 号信令各层的结构还很初级，很不完善，比如说 MTP-3 利用 DPC 进行寻址，而 DPC 的编码只在一个信令网内有效，不能跨网进行直接寻址；另外，MTP-3 不能完成段对端的信令传输，如果中间有信令转接点，只能采取逐段转发模式，再者 MTP-3 识别用户的 SI 只有 4bit，导致一共只能支持 16 个用户，远远不能满足现代通信发展的需求。对于以上细节问题会在后面几节中详细讨论，我们现在只要知道由于这些问题又增加了 SCCP 和 TCAP，就形成了目前的 7 号信令系统（如图 6-11 所示）。

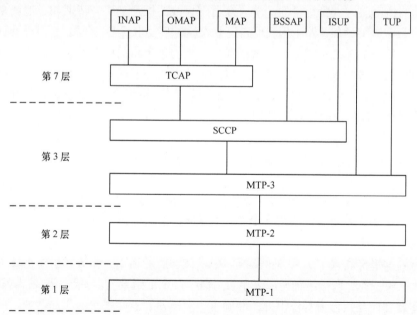

图 6-11　7 号信令功能级结构

我们对7号信令有了整体的初步的概念，下面的章节我们就要来一层层对它们进行分析。

6.3 唐僧开物流公司——也谈 MTP-1 和 MTP-2

唐僧向李世民吐露想开物流公司的想法。太宗听罢，颔首微微一笑："御弟，此事有何难哉，现在不是物流很赚钱吗。你就在大唐做物流吧，朕批准你在'长安—虎牢关—洛阳'一线做物流，等做大了朕再批别的路线"。

三藏一听大喜，这可是大唐最肥的一条路线啊，于是拜谢过太宗，急匆匆寻找昔日部下组建公司去了。

6.3.1 白龙马的世界级企业梦想——信令数据链路级 MTP-1

要搞物流，先得修路，这没办法，大唐当年的运输条件就这样。三藏遂找来当年的白龙马同志共商大事，白龙马是个老司机了，驮着唐僧走了那可是十万八千里啊，这路该怎么修，他最有发言权了。

白龙马知道师父与世民哥哥的交情，知道赚大钱的机会来了，特别开心地就来给唐僧出主意了："话说师父啊，这路不用我们自己修，让陛下发道诏书，征集上万百姓就可以了。不过咱得制定标准，都说一流的企业做标准嘛。咱们这条路的标准称为信令数据链路级标准，也称 MTP-1 标准。你不是说以后要在这条路上跑7号信令么，那我们的标准就是：得采用 2M 线的 TS0 以外的时隙来传递信令，信令的速率为 64kbit/s，这个就称为 MTP-1，也就是那个什么 OSI 常常说的物理层"。

6.3.2 任劳任怨的沙僧——信令链路控制级 MTP-2

太白金星听完三藏的抱负和白龙马的点子之后哈哈一笑："一个 OSI 有7重境界，你这才刚练到第一层呢，不要嫌第一层太简单，7层都能像这样码得牢牢实实，你这个企业可是蔚为壮观啊，不比世界一流企业差的"。

唐僧听到这里又高兴了起来，这路修好了，做物流的话下一步该找组织运输工了。话说这运输大队长一职，唐僧最钟意沙悟净了。悟净自东土到天竺，一路上勤勤恳恳挑担子，无论是工作态度还是执行力都没得挑，经验也十分丰富，这"把信送给加西亚"的活，非沙僧莫属了。

沙僧接到的第一笔单子来自 ITM 公司，说是要传递什么比特流，比特流说简单也简单，就两种型号，一种叫作"0"，另一种叫作"1"。沙僧一听就乐了，这么一笔大单就这么简单的工作，那还不是小菜一碟，挣钱也太容易了。结果仔细一看合同条文傻了眼，这 ITM 公司可够苛刻的，这些比特流 8 个一组，若干个组称为一个信令单元，每个信令单元最少有 6 个八位位组。ITM 要求比特的顺序不能乱，而且一个都不能错，错了就得重新发一组，因为 ITM 公司说每个组顺序不同了也好，0 信号变成了 1 信号也罢，都代表不同的意思，所以这是绝对不能错的（7 号信令中 8 个 bit 算作一组）（见图 6-12）。

信令单元

01000100110101010101

ITM 的任务：将下列比特完好地送到目的地

01000100110101010101010001001101010101010001001101010100010011010101010101

图 6-12　ITM 的信令单元和任务

沙僧不知道怎么办，便来问师父。唐僧半闭着眼睛念念有词："啥叫'没有任何借口'、啥叫'把信送给加西亚'、啥叫'执行力'啊。这都搞不定要你这运输大队长作甚？"沙僧知难告退，只得自己想主意。

沙僧知道，要将这一串比特流完好地送到目的地首先要保证的是每个信令单元信号的正确性，信令单元的信息要是乱了，也就等于整个比特流的信息乱了，我先从小处着手。

1. 定界

沙僧翻阅了 ITM 送过来的技术资料，资料上说信令单元一共有 3 种形式：消息信令单元（MSU，Message Signal Unit）、链路状态信令单元（LSSU，Link Status Signal Unit）、插入信令单元（FISU，Fill-In Signal Unit），姑且不论这些信令单元是做什么用的，光其中一点特性就够要命了，这些信令单元有的 128bit，有的 256bit，它们不等长！不等长有什么要命的地方？请问图 6-13 所示的比特流到底可以划为几个信令单元？

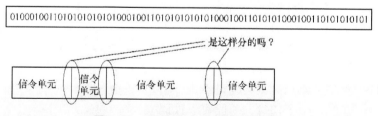

图 6-13　比特流如何分解成信令单元

沙僧决定完成第一步工作，就是怎么也得把信令单元与信令单元之间的界限区分出来，这个工作称为"定界"。

什么叫定界？定界就是采用码型为"01111110"的标志码作为信令单元的分界，它既表示上一信令单元的结束，也表示下一信令单元的开始（请注意，为了践行 7 号信令中所有符号都为 8 位位组的理念，我的定界码也是 8bit 的）。这个标志码也称为"F 字段"。

那么比特流就变成了图 6-14 所示的内容。

图 6-14 信令单元的定界

定界的问题到这里并不算都解决了，假如信令单元中本身就有个"01111110"的码型那可怎么办呢？这问题不难，就好比你个隋朝人到了大唐偏偏又有个"世民"的名字，那该怎么办，为忌天子讳把你的名给改了。

对付这种企图鱼目混珠冒充定界码的办法就是在信令的发送端进行"0"比特插入，在接收端进行"0"比特删除。

所谓"0"比特插入，就是在发端连续发 5 个"1"之后插入一个比特"0"，不让你搞成连续 6 个 1 避免和我们的标志码搞混。到了接收端，把这个插入的"0"去掉就是"0"比特删除。

在实际操作中，定界的功能是由硬件电路自动完成的。

2. 信令单元定位

如图 6-15 所示，我们刚刚完成定界工作，规定除了标志码以外，不得出现连续 6 个"1"的码型，如果出现了这种情况，说明信令信息出错了。另外，我们说了，信令单元都是由 8 位位组构成的，而且最少都有 6 个 8 位位组，最多也不能多于 $m+7$ 个 8 位位组（$m=62$ 或 272），如果出现了信令消息比特个数不是 8 的整数倍或者位组小于 6 个大于 $m+7$ 个的情况，说明链路出错了，我们称为"失去定位"，从而进入信令单元出错率监视过程。

3. 误差检测

话说 ITM 的条件虽然很苛刻，但也不是一个比特不许错。对于 7 号信令消息，一般要求误码率低于 1.2×10^{-6}。沙僧狂晕："这与一个也不许错有什么区别"。当然，既然提出了误码率的要求，那首先得增加一个检验机制，查查到底比

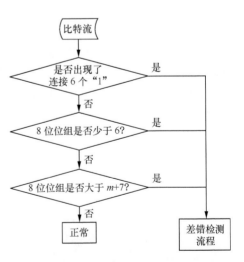

图 6-15 信令单元定位

特流是否出错。

　　沙僧决定将信息单元的所有比特对一个生成多项式 $G(x)$ 做一个除法运算，得出一个 16 比特的余数 $r(x)$，取其二进制反码附在这些信息位的后面，称为 CK 字段（如图 6–16 所示）。

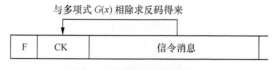

图 6-16　循环码校验法

　　这样就相当于生成了一个多项式，该多项式 $T(x)=x^{16}\times$ 信令消息 +CK，这里 x^{16} 的意思就是将信令消息往高处位移 16 位，然后加上余数。到了接收端，对整个 $T(x)$ 字段作同样的运算，因为后面已经加了上次未能整除的余数，所以本次一定能整除，如未能整除，说明本次传输过程中有误。

　　本结论有严格的数学证明，本节就不在这里展开。

4．误差校正

　　在我们上述过程中如果出现了错误怎么办？校正它！

　　问题是该怎么校正呢，沙僧又想起了当年猴哥教他猴王棒法的经历。猴哥当年将猴王棒法拆解成九九八十一招，一招一招地教他。悟空的棒法从第一招到八十一招都编了序号，称为 FSN 序号。沙僧每学一招也自己标记一个序号，称为 BSN 序号。除了序号，沙僧还有一个标签用来标记自己的学习进度是否跟得上猴哥，这个标签称为 BIB，如果猴哥都教到第 10 招了，但沙僧第 9 招还没学会，沙僧就把第 10 招丢弃不学，同时把 BIB 从 "0" 转换为 "1" 给猴哥一个反馈，猴哥自己这里也有一个标签叫 FIB，拿来和 BIB 一比对，这不对啊，我的 FIB 状态还是 "0"，他的 BIB 状态已经为 "1"，两边的进度没有同步哈，沙僧第 10 招都不学直接给我发这个，说明他第 9 招没有学会哈，重教一遍。

　　图 6–17 所说的就是基本校正法，这显然属于我们之前所说的非互控方式。它是一种既有肯定证实（BSN+1），也有否定证实（BIB 反转）的重发纠错系统。

　　发送端按顺序依次发送信令单元 MSU1，MSU2…。为了便于待会出了错可以重发，它们都被存在发端缓冲器中，直到接收到接收端送来的肯定证实之后，将被证实已正确收到的信令单元从缓冲器中抹去。若收到的是否定证实信令，则说明该 MSU 在发送或传输过程中甚至是接收处理过程中出现了错误。此时，停发新的 MSU，而从由否定证实所指出的那个错误 MSU 开始（BSN+1 的信令单元），重发已发出的但未收到肯定证实的信令单元。

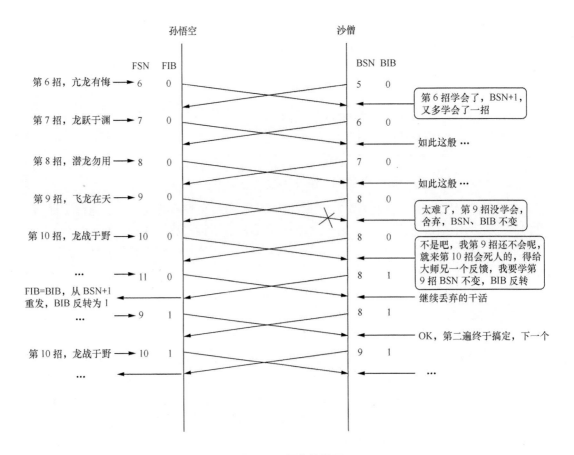

图 6-17　悟空教学图

重发功能是以下几个参数共同完成的，即前向序号（FSN，Forward Sequence Number）、前向指示比特（FIB，Forward Indicator Bit）、后向序号（BSN，Backward Sequence Number）、后向指示比特（BIB，Backward Indicator Bit）。

FSN 完成信令单元的顺序控制功能，FSN 只给消息信令单元（MSU）分配新的编号，并按顺序发送，在 0 ~ 127 循环。而对填充信令单元（FISU）不分配新的编号，只给它前面的 MSU 的 FSN。

BSN 完成肯定证实功能。当收到对方的 FSN 是期望值，即 FSN（对端）=BSN（本端）+1，且该 FSN 序号的 MSU 经误差检测（第 3 部分的内容）是正确的，就将 BSN 加 1，发向对端，否则，BSN 保持不变。

FIB、BIB 完成否定证实功能，并利用值的反转来向对方要求重发。正常情况下，BIB 与另一个方向的 FIB 一致，当一端收到的 MSU 不是期望值时（FSN ≠ BSN+1），就将 BIB

反转，送向对端，对端收到 BIB，发现与本端的 FIB 不一致，就开始重发，并将 FIB 反转。重发都是从 BSN+1 的消息开始的，如图 6-18 所示。

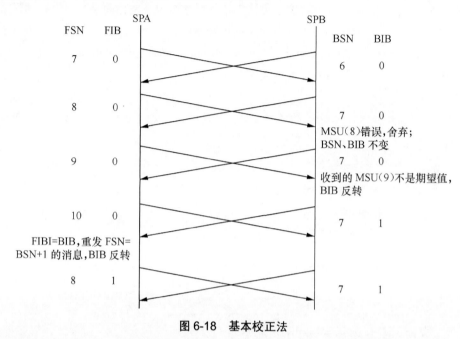

FSN FIB   SPA   SPB

7   0   BSN   BIB
                                                6   0

8   0

                                                7   0
                                                MSU（8）错误，舍弃；
                                                BSN、BIB 不变
9   0   7   0

                                                收到的 MSU（9）不是期望值，
                                                BIB 反转

10   0   7   1

FIBI=BIB，重发 FSN=
BSN+1 的消息，BIB 反转

8   1   7   1

图 6-18　基本校正法

应当说基本校正法不是什么时候都有效，它适合传输时延小于 15ms 且错误不是太多的链路，对于我们的 2M 电路自然是非常合适的。然而它虽然在不出错的时候效率高，但是出错信息一多就容易造成循环重发，对于传输时延较大的卫星链路，这种循环重发是很要命的。为了解决这一问题，就引进了预防循环重发校正法，主要用于卫星链路。本书的重点是蜂窝通信，不是卫星通信，所以在下面只对这种方法略提一下。

预防循环重发校正法（PCR 方法）是一非互控、正证实、循环重发、前向纠错的系统，差错校正由发送端主动发送完成。

在这种方法中，发送端发出信令单元后，同时将该信令单元存储在重发缓冲器中，一直到收到该信令单元的正证实为止。在等待正证实信息期间，当无任何新的消息信令单元时，则凡未被证实的消息信令单元自动循环重发。

为防止循环重发队列的过度增长，本方法还规定了强制重发程序，即当未被证实的信令单元数量达到参数值为 $N_1(N_1 \leq 127)$ 或未被证实的信令单元的 8 位位组数量达到参数值 N_2 时，开始强制重发，即中断发送新的信令单元，而重发存储的准备重发的消息信令单元，直到缓冲器中未被证实的信令单元数及信令单元的 8 位位组数分别下降至 N_1 及 N_2 以下为止。

显然，在传输时延较大的卫星链路中采用这种差错校正方式比采用基本校正方法优越得多。它取消了负证实，不再等待收到了负证实指示后才组织重发，而且凡没有得到证实的消息信令单元一律重发，使对端在重发中接收到正确的消息信令单元。很明显，这种方法对于提高时延大的信令链路的消息传输效率是有效的。使用 PCR 方法校正的差错的示意图如图 6-19 所示。

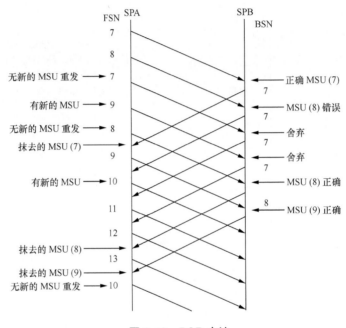

图 6-19　PCR 方法

上面介绍的是两种校正方法，为了在差错检测之后能够对信号进行有效的验证，还需要我们在信令消息原有的基础上增加一些元素，即 FSN、BSN、FIB 和 BIB。这就使得信令单元消息变成了图 6-20 所示的模式。

F	CK	信令消息	F I B	F S N	B I B	B S N	F
8bit	16bit	若干	1	7	1	7	8bit

发送方向

图 6-20　增加了 CK 字段和校正字段的信令单元消息

FSN 和 FIB 各为 7bit 和 1bit 并不令人意外，我们前面说过，FSN 从 0～127 循环计数，也就是有 128 个数字要表示，表示 128 个数字 7bit 当然够了（$2^7=128$），至于 FIB，一共只有两个表示语，即"0"和"1"，自然 1bit 就足够了。对于 BSN 和 BIB，也是同样的道理。

5. 插入信令单元（FISU）和链路状态信令单元（LSSU）

话说沙僧通过反复钻研差错检测和校正的方法，终于搞定了 ITM 给出的第一笔单子，那就是无差错地传输比特流，不免长舒了一口气。沙僧躺在虎皮沙发上，美滋滋地数着师父给的第一笔分红，心想这下海来跟随师父创业这一步棋是走对了，我大小也是个创始人了。

没想到几天之后 ITM 又找上门来了，由于沙僧的出色表现。这次他们带来了一份新的合同，要和唐三藏的大唐物流公司建立战略合作伙伴关系，由大唐物流负责给 ITM 公司长期运送比特流。

这次 ITM 又出了 3 道难题，这几道难题都是针对"长安—虎牢关—洛阳"这条线路目前的安全状况来的。

① 当前土匪横行，妖孽作乱，平时我们不运送比特流的时候，你也应该在路上运点什么东西，好让我们知道这条路没有中断，还能用。

② ITM 公司的企业文化就是"科技以人为本"，人是 ITM 最核心的资源，所以你这条道路上发生了什么意外情况，比如什么"失去定位""业务中断"都得及时告诉我们。

③ 新开辟一条道路也好，从妖孽手里把原来已经中断的道路抢回了也罢，先得做验收，验收合格才能投入使用。

这些不消说，都是"把信送给加西亚"的活，都不用去问唐三藏了，沙僧你没得挑，没得跑。沙僧看到这里不由得一阵苦笑，但一想起干完活花花绿绿的钞票，立即又动力十足了。

为了解决第一个问题，沙僧引入一个叫作插入信令单元（FISU，Fill-In Signal Unit）的伙计，这个伙计什么信息不带，什么事不干，通俗一点讲就是一吃闲饭的。当链路上没有 MSU 或者 LSSU 在跑的时候它就冒出来了，为的就是让大家知道这条链路还是好的，没有中断。FISU 的单元格式的初步设计如图 6-21 所示。

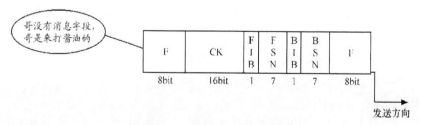

图 6-21　FISU 的设计初稿

第二个问题嘛，也难不倒沙僧，沙僧决定再引入一个叫作链路状态信令单元（LSSU，Link Status Signal Unit）的兄弟。这个老兄有个叫 SF 的字段，SF（Status Flag）为状态标志，可以为 8bit 或 16bit，本来的规定是 8bit，目前只用了 3bit，另外 5bit 为备用，其编码如下。

SF：HGFEDCBA

备用 000   "SIO" 失去定位

001   "SIN" 正常定位

010   "SIE" 紧急定位

011   "SIOS" 业务中断

100   "SIPO" 处理机故障

101   "SIB" 链路拥塞

就这样，沙僧设计出来了 LSSU 的初步方案如图 6-22 所示。

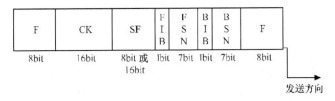

图 6-22　LSSU 的设计初稿

一切看起来都很完美，MSU、FISU、LSSU 都已经就绪，然而问题又来了，如何让处理机很快地辨别这 3 种不同的信令呢？沙僧决定一鼓作气把事情办得漂亮一点，他知道，3 种不同的信令其差别就在于 FIB 与 CK 之间的字段的位数有所不同，于是他在 FIB 字段后面加了一个 LI（Length Indicator）字段，用于标注自 LI 至 CK 中间共有多少 8 位位组，这样就可以让处理机很容易对 MSU、FISU、LSSU 进行区分。沙僧是这样写 LI 的技术规范的。

LI：长度指示码，指示 LI 至 CK 间的八位位组个数，用于区分 3 种信令单元。当 LI=0，为 FISU；当 LI=1 或 2 时，为 LSSU；而 LI > 2 时，为 MSU。这样就形成了 3 种信令单元格式的最终版本，如图 6-23 所示。

ITM 的第①点要求和第②点要求算是终于完成了，那么第③点要求该怎么做呢，别急，且听下面分解。

6. 初始定位

这部分工作是用来应对 ITM 的第③点要求的，一条链路进入业务使用前必须经过初始定位，初始定位是由链路状态信号单元（LSSU）中的 SF 字段来完成的。

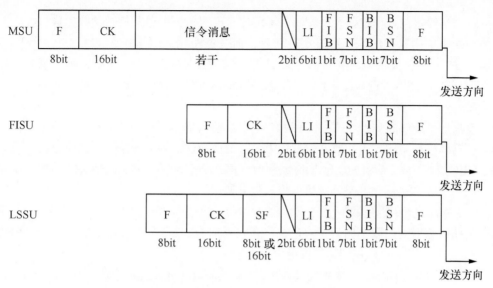

图 6-23 MSU、FISU、LSSU 的最终版本

图 6-24 为初始定位的示意图。

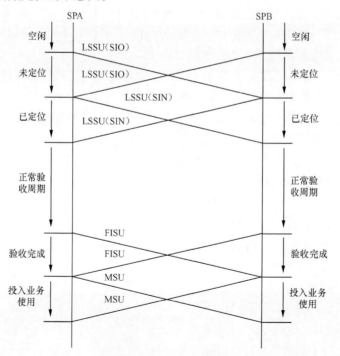

图 6-24 初始定位过程

（1）初始定位过程包括 5 个阶段，未定位—已定位—验收周期—验收完成—投入业务使用。处于空闲状态的信令链决定启动时，信令链两端，即信令点 SPA、SPB 互送 LSSU（SIO），进入未定位状态，并启动定时器 T_2，当双方都收到 LSSU（SIO）时，停 T_2，启动 T_3，互送 LSSU（SIN）进入已定位状态；收到 LSSU（SIN）后，停 T_3，启动 T_4，进入验收周期阶段。

验收是怎么做的呢？在这里要采用一个定位差错率监视程序（见第 7 部分）对信令单元的差错率进行累加，当计数器超过门限 T_i，就认为这次验收合格。若验收合格，且未收到 LSSU（SIOS）或 LSSU（SIO），则完成验收，停 T_4，启动 T_1，进入验收完成阶段；此时双方互送 FISU，以提示链路空闲，可以投入业务使用。

（2）初始定位程序有两种，正常定位（SIN）和紧急定位（SIE）。其区别在于验收周期的时长和计数器的门限不同。正常定位，验收周期为 8.2s，门限 $T_i=4$；紧急定位，验收周期 0.5s，$T_i=1$。信令链路使用哪一种定位，由第三层来决定。

（3）在验收周期内，验收须经过 5 次，5 次均不合格才发业务中断 LSSU（SIOS）。

（4）在初始定位过程中，用到 4 个定时器。

T_2：未定位定时器。在初始定位期间发送 LSSU（SIO）允许的最大时延。它应大于传输时延和处理机处理消息所需时延之和，以保证远端能收到 LSSU（SIO）；同时，为保证在故障情况下定位尝试不成功能及早通知第三级进行处理，以便在另一条链路上进行初始定位，T_2 也不能太长。目前我国规定 T_2 的时长为 5 ~ 150s。

T_3：已定位定时器。T_3 的时长应不小于传输通路的最大环路时延再加上远端从 SIO 转换到 SIN 或 SIE 所需要的处理时间。我国规定 T_3 为 1 ~ 1.5s。

T_4：定位完成定时器。在 T_4 规定时限内，链路必须完成验收投入业务使用，否则，判为故障状态。对于数字信令链路，T_4 规定为 40 ~ 50s，建议值为 45s。

T_i：验收周期定时器。对于数字信令链路，正常和紧急验收周期分别为 8.2s 和 0.5s。

7. 数据链路控制级的其他功能

除了对信令消息定界、定位，进行误差检测和校正，对新投入使用的链路进行初始定位以外，还应该在初始定位和链路投入使用之后对差错率进行监视，差错率低的话可以通过重发来校正，但是差错率高的话会引起信令频繁重发，从而产生长的排队时延，所以对信令单元的差错率应该规定一个门限，超过该门限，则判断为链路故障（如图 6–25 所示）。

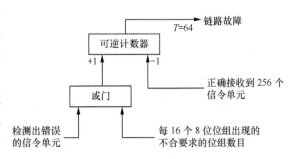

图 6-25　差错率检测机制

另外，当由于高于第二级造成链路不能正常使用，就认为发生了处理机故障，处理机故障分为本地处理机故障和远端处理机故障。

　　当第二级收到来自第三级的指示或已判断出第三级故障时，则判断为本地处理机故障。它发送 LSSU（SIPO，处理机故障），并舍弃收到的 MSU。这时，如果对端第二级处于正常工作状态，且仍在发送 MSU 而不是 FISU，则根据收到的本端发送的 LSSU（SIPO），通知第三级连续发送 FISU。

　　当本地处理机故障消除后，则恢复发送 MSU 和 FISU，只要远端的第二级能正确接收 MSU 和 FISU，就通知第三级恢复正常。

　　远端处理机故障的处理过程与本地处理机基本类似。

　　信令链路通过发送 LSSU（SIB）消息进行流量控制。

6.4　八戒掌握了物流调度大权——MTP-3

　　话说因为沙僧的出色表现，大唐物流公司声名远播，业务也渐渐做大了。西到敦煌，北到雁门，南到巴蜀，都开辟了新路线，唐僧亟须优秀的管理人员来工作。悟净的执行力无疑是一流的，但在 3 个徒弟中，这位卷帘大将的资质显然是最差的，让他做 CEO，唐僧这位董事长还是不放心。斗战胜佛孙悟空毫无疑问地能力出众，问题是他那眼睛里容不得沙子的个性能不能带好一个团队让三藏心里觉得没底，想来想去，想到了八戒，八戒就八戒吧，人家好歹是天蓬元帅出身，管理经验丰富。

　　主意拿定，唐僧遂从如来身边要回八戒，语重心长地对八戒讲："八戒啊，现在大唐物流做大了，你沙师弟忙着做运输总监，检错纠错，开山劈路，非常辛苦。我这边的事情需要一个人打点，你上任后的主要工作就是要对新铺开的众多业务城市和道路进行管理，物流的调度和管理是大权，汝要慎之又慎，切记切记。"

　　八戒刚来就被委以重任，自然不敢懈怠。上任第一件事就是给国内各大城市编码，无论是长安、洛阳、成都这样的重镇信令点（SP，Signal Point），还是虎牢关、潼关、萧关这样的中转站信令转接点（STP，Signal Transfer Point），都通通编上号。这其实也是借鉴了大唐邮政的做法，大唐邮政也给大唐境内的城市编了号，发信的时候，邮件的左上角就填收信地址邮编，右下角就写发信地址邮编，一目了然。

　　八戒也如法炮制，把发信地址称为源点码（OPC，Original Point Code），收信地址称为目的地码（DPC，Destination Point Code），当然，从源地址到目的地址可能有多条路径，可能有土路、有高速、有驰道（信令传输中 SP 之间可能有多条路径），这些路用什么标注呢？八戒用 4bit 的链路选择字段（SLS，Signal Link Select）来标注这些不同的道路。这其中

OPC 和 DPC 在大唐境内均为 24bit 编码，SLS 是 4bit 编码，因为 7 号信令均为 8 位位组，为了和谐，给 SLS 加了 4 个 0，凑成 8 位。这就使得信令消息单元又变成了图 6-26 所示的格式。

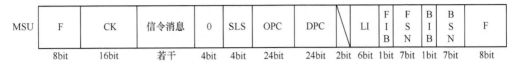

图 6-26　MSU 加上了寻址功能

话说做物流的，自然不是给城市和道路编个号就算完了，对这些道路情况的监控和管理是一项非常重要的工作。哪里的路况出了问题，那么这趟物流可能就要倒到别的路线上去，这称为"倒换 COO"；如果该路线恢复了，就要把物流再倒回来，这称为"倒回 CBD"；有时候几条路况都不怎么好，频繁地倒来倒去，很是烦人，调度部门就不得不出手，强行阻断这条路，先进行维护和测试再说，暂时不让运输大队从这里通行，这被称为"管理阻断 MIM"。

话说这些管理消息实在太多了，八戒想了个办法，把这些消息分为 16 组，用一个 4bit 的 H0 用于识别消息组，每个消息组又分为若干种消息，再用一个 4bit 的 H1 用于识别具体消息。为了方便调度部的同事记住这些管理消息，列出表 6-1。

表 6-1　7 号信令第三功能级网络管理消息

消息组 H0 / H1		0000	0001	0010	0011	0100	0101	0110	0111	1000	...	1111
	0000											
CHM	0001	COO	COA			CBD	CBA					
ECM	0010	ECO	ECA									
FCM	0011	RCT	TFC									
TFM	0100	TFP		TFR		TFA						
RSM	0101	RST	RSR									
MIM	0110	LIN	LUN	LIA	LUA	LID	LFU	LLT	（LRT）			
TRM	0111	（TRA）										
DLM	1000	DLC	CSS	CNS	CNP							
	1001											

续表

消息组	H1 / H0	0000	0001	0010	0011	0100	0101	0110	0111	1000	...	1111
UFC	1010		（UPU）									
	1011											
	1100											
	1101											
	1110											
	1111											

表 6-1 中所列消息组如下。

CHM：倒换和倒回消息。

ECM：紧急倒换消息。

FCM：信令业务流量控制消息。

TFM：禁止、允许、受限传递消息。

RSM：信令路由组测试消息。

MIM：管理阻断消息。

TRM：业务再启动允许消息。

DLM：信令数据链路连接消息。

UFC：用户部分流量控制消息。

表 6-1 中常用的命令有倒换（COO）、倒换证实（COA）、倒回（CBD）、倒回证实（CBA）、紧急倒换（ECO）、紧急倒换证实（ECA）、信令路由组拥塞测试（RCT）、受控传递（TFC）、禁止传递（TFP）、受限传递（TFR）、允许传递（TFA）、禁止目的地信令路由组拥塞测试（RST）、业务再启动允许（TRA）等（注：关于这些消息的具体用法可谓长篇累牍，由于篇幅和风格的原因本书不打算进行深入解释，请读者自行查阅相关资料）。

除了源地址和目的地址识别、链路识别和管理消息（见表 6-1）以外，还有传统的 8 位位组的信令消息，这才是真正用于网络进行交互的消息。

这几种字符合在一起称为 MSU 的信令信息字段（SIF，Signal Information Field）。那么 MSU 的结构就变成了图 6-27。

在将路由的编号与管理等基础工作做扎实之后，八戒开始思考一个 CEO 最重要的工作——业务！准确地说，路由的编号与管理应该是技术总监的活，对业务的规划应该是营销副总的工作，然而大唐物流刚刚起步，八戒不得不身兼数职。

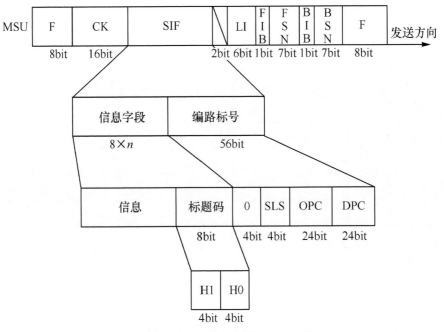

图 6-27　增加了网络管理功能 H0、H1 的 MSU

八戒首先把国际和国内的工作进行区分，他设置了一个 4bit 的 SSF 字段，SSF 字段的 Abit、Bbit 备用，Cbit、Dbit 为网络指示语（NI），用于区分国内消息或国际业务消息。国内消息是 14 位或 24 位信令点编码。

比特	DCBA	
	00 备用	国际网
	01	国内 24 位
	10	国内网
	11	国内 14 位

其次，就是要对物流的各项具体业务进行划分了。很多行业都和大唐物流做生意，比如家电、家居、建材、粮油、钢铁、化肥、煤炭……八戒在这里设置了一个 4bit 的 SI 字段，用于区分各种不同的业务。

4bit 的 SI 为业务字段，用于指明该 MSU 是到第三级的消息还是到第四级的消息。其具体编码如下。

比特	DCBA	
	0000	信令网管理消息
	0001	信令网测试和维护消息

0010　　备用

0011　　SCCP（信令连接控制部分）

0100　　TUP

0101　　ISUP

0110　　DUP（与呼叫和电路有关）

0111　　DUP（性能登记和撤销消息）

其余　　备用

我们刚刚讲到的信令网管理消息（见表 6-1），其 SI=0000。

我们也把 SI 和 SSF 合称为业务信息字段（SIO，Service Information Octet），那么至此一个 MSU 的最终版本终于形成了，如图 6-28 所示。

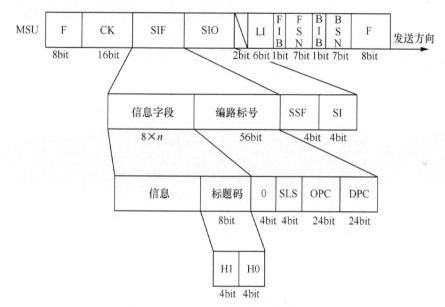

图 6-28　MSU 组成结构（最终版）

话说我们刚刚对从信令点到链路的编号、从管理信息到业务信息讲了一大堆，这些东西该怎么用，下面我们就来进行一下讨论。

信令消息处理功能是用来保证源点的用户部分产生的信令消息传递到该用户指明的目的地的相同用户。

（1）消息编路功能

如果源信令点 OPC 要把信息发送出去，或者是信令转接点（STP）要把信息进行转发，显然首先要做的工作就是路由的选择。

我们可以根据 SI、DPC、SLS 来选择到达某一目的地的路由中的一条信令链。具体步骤如下。

当第 3 层消息或第 4 层消息需要发送时，那么路由的选择就是一个必不可少的过程。7 号信令由 MTP-3 中的消息路由功能为待发的消息选择消息路由。如果两信令点间有两条或多条信令链路可将信令业务传递到同一目的地点，要采用负荷分担的方法，将这一信令业务在这些链路之间分配。

消息路由的选择是以预先确定的路由数据为基础，通过分析路由标记中的目的地编码（DPC）和信令链路选择码（SLS）来完成的。在某些情况下，还需利用业务信息 8 位位组中的 SI 和 SF 来完成。

消息路由功能确定到达目的地路由中的一条信令链路要有 3 个步骤。第 1 步是根据业务信令 8 位位组字段 SIO 中的 SI 选择信令业务使用的路由表，这是由于不同的业务（比如 TUP、ISUP）可采用不同的信令路由。但如果信令网中不同的业务都使用同一路由表的话，这一步可以省略；第 2 步是根据所要达到的目的地，即 DPC 来选择使用的信令链路组；第 3 步是根据 SLS（或 SLC）在信令链路组内选择一条信令链路。

消息发送时，消息路由的选择过程可由图 6-29 来说明。

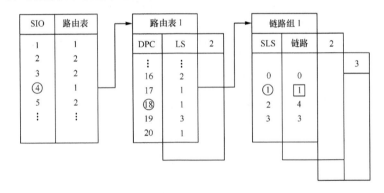

图中，SIO：业务信息 8 位位组；DPC：目的地编码；
　　　LS：链路组；　　　　　SLS：信号链路选择

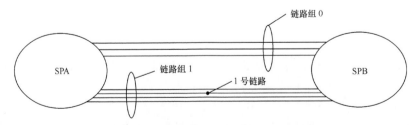

图 6-29　消息发送时消息路由选择示意图

由图 6-29 可以看出，SIO = 4、DPC = 18、SLS = 1 的信令消息将经过 1 号信令链路组中的 1 号信令链路传送。

消息路由功能在选择发送消息的信令链路时所涉及的信令路由表、信令链路组、信令链路数据，是在交换局开局时设计并生成的。在局数据中除了这些数据外，还有信令路由、链路组信令链路的优先级及当前状态的数据等，这些数据也将在消息路由选择中使用。这些路由信息可以通过人机命令进行补充和修改。

（2）消息鉴别功能

首先根据目的地 DPC 可判定该消息的终点是不是本信令点。若不是则本信令点为转接点，继续将信令发给其他信令点。

（3）消息分配功能

当一个消息到达某一信令点时，首先执行消息鉴别功能，将收到的 DPC 与接收点本身的编码进行比较，若不一致，则不是本信令点，须经过本信令点执行消息编路功能进行转接。若一致，则是到本信令点的，接着执行消息分配功能。

消息分配功能把信令消息分配给本信令点的相应用户部分。由于信令点的 MTP 部分可能要为多个用户服务，因此决定信令消息分配给哪一个用户部分，主要依靠分析信令消息中的业务信息八位位组 SIO 中的业务指示码（SI）来实现。

当 SI 字段等于 0000 或 0001 时（待分配的消息为信令网管理消息或信令网维护和测试消息），还要分析标题码 H0、H1 的编码，以确定将消息交由哪个信令网管理功能部分处理。

6.5 孙悟空重出江湖——SCCP

俗话说的好，世界上没有无缘无故的爱，也没有无缘无故的恨。这话在 SCCP 和 MTP 身上也同样适用。MTP 的三层结构无疑取得了很大的成功，它和电话用户部分（TUP，Telephone User Part）一起完美地完成了大多数的通信。随着业务的发展，MTP 慢慢显现出它的弱点来，比如不适合传递与电路无关的消息，DPC 寻址的能力有限，SI 字段能支持的业务种类有限，不能建立面向连接的虚电路从而发送大量非实时消息等。现代通信的迅速发展，让 MTP 的不足显得愈发突出，信令连接控制部分（SCCP，Signal Connect Control Part）由此应运而生。

八戒的短板也随着公司的高速发展很快显现出来，首先，八戒人比较懒，只肯和大公司做大业务（呼叫业务，与电路相关），不肯去做一些快递之类的小业务（GSM 中的漫游通信、位置更新、呼叫转移等业务，与呼叫电路无关），而这些业务对物流公司的发展相当重要；其次，八戒是用 DPC 和 OPC 来对国内的物流点（信令点）进行编号，然而大唐是按 24bit 进行编码的，国际是按 14bit 进行编码的，无法实现国际物流，这让唐僧相当不满，因为从和白龙马创建公司时起他就想把公司打造成一个全球一流的物流公司；再次，八戒是用业务信息字段（SIO）中的 SI 来定义具体的业务种类，SI 总共只有 4bit，4bit 只能支持 16 门类，可是大唐的业务早不止建材、汽车、钢铁、煤炭等传统业务的物流了，随着社会的发展好多物流业务像雨后春笋一般涌了出来，如行李托运、网络购物、鲜花礼仪、月饼寄送等，4bit 根本无法支持大唐物流公司日益扩大的业务种类需求；最后，八戒还被一些国际巨头，如报捷、联合华丽、普辉联合投诉了，说他搞的 MTP-3 层不肯为这些巨头开辟专门的物流通道（建立虚电路）用以方便地传送大量的物资（虚电路通过预先建立连接的方式用于传递大量的非实时信息），这些巨头还威胁，Internet 公司能提供虚电路业务，你们公司要是敢不提供虚电路，我们就要集体改投 Internet 公司的门下了。

唐僧便招来悟空。话说悟空到了东土，立马组织了一个部门叫作信令连接控制部分（SCCP，Signal Connect Control Part），该部门职权在八戒的 MTP-3 之上，统管公司业务。该部门首要的任务就是要解决八戒的一些遗留问题。

SCCP 部门刚筹建就有属下满脸委屈地向悟空告状——MTP 层有八戒撑腰根本不听指挥，理都不理他们，就是那些业务部门比如 MAP、BSSAP、ISUP、INAP 也一个个摆架子，不把他们当回事。悟空一听大怒，立即下发了第一道总裁函："即日起，位于 SCCP 层之上的应用层和位于 SCCP 之下的 MTP 层，都给我设置一个或多个叫业务接入点（SAP，Service Access Point）的接口，层与层之间通过接口进行信息交互。为了避免口说无凭和互相推诿，层与层之间的工作交流必须采用工单，工单也称原语。MTP 层与 SCCP 层的通信，采用 'MTP-' 原语；应用层和 SCCP 层的通信，采用 'N-' 原语，各部门敢违抗总裁令的，金箍棒伺候！"

悟空金箍棒的厉害人尽皆知，此令一下，各部门莫不噤若寒蝉，只得照章奉行。该工单由 4 部分组成，其格式如下。

层标识	属名	专用名	参数

① "层标识"表示提供业务的功能块，如，MTP- 表示 MTP 和 SCCP 间的原语，N- 表示 SCCP 和其用户间的原语。

② "属名"说明该功能块应提供的服务，如，UNITDATA 表示传递单元数据，NOTICE 用于进行通知，CONNECT 用于建立连接，DISCONNECT 用于拆除连接。属名的作用就是让对方知道该干什么，相当于工单的标题。

其中，SCCP 用户（不妨理解为业务部门吧）给 SCCP 层打的工单称为 N- 原语，都有如下类型，如表 6-2 所示。

表 6-2　用于网络服务的 SCCP 用户原语

原语名	原语类型	协议类别				原语参数
		0	1	2	3	
N–UNITDATA 单元数据原语	请求	√	√			CDA CGA SEQ RO UD
	指示	√	√			CDA CGA UD
N–NOTICE	指示	√	√			CDA CGA RR UD
N–CONNECT 建立连接原语	请求			√	√	CDA CGA RCS EDS CI
	指示			√	√	QOS UD CI
	响应			√	√	RA RCS EDS CI
	证实			√	√	QOS UD CI
N–DISCONNECT 拆除连接原语	请求			√	√	RA REA UD CI
	指示			√	√	OR RA REA UD CI
N–DATA 数据原语	请求			√	√	CR UD CI
	指示			√	√	CR UD CI
N–EXPEDITED DATA 加速数据原语	请求				√	UD CI
	指示				√	UD CI
N–RESET 复位原语	请求				√	REA CI
	指示				√	OR REA CI
	响应				√	CI
	证实				√	CI
N–INFORM 报告原语	请求				√	REA QOS CI
	指示		√	√	√	

表示原语参数缩写的含义为：

CDA：被叫地址　　　　CGA：主叫地址　　　CI：连接识别号　CR：证实请求

EDS：加速数据选择　　QOS：服务质量参数集　OR：发信者　　　RA：响应地址

RCS：接收证实选择　　REA：理由　　　　　　RO：回送选择　　RR：回送理由

SEQ：顺序控制　　　　UD：用户数据

SCCP 部门给 MTP 打的工单也称为 MTP- 原语，如表 6-3 所示。

表 6-3　MTP- 业务原语

原语		参数
原语名	特定名	
MTP–TRANSFER	请求	SCCP 消息
	指示	
MTP–RESUME	指示	受影响信令点
MTP–PAUSE	指示	受影响信令点
MTP–STATUS	指示	受影响信令点
MTP–UPU	指示	受影响信令点

其中，部分 MTP- 业务原语含义如下。

MTP–TRANSFER 请求：SCCP 用于接入 MTP 的信令消息处理功能。

MTP–TRANSFER 指示：MTP 的消息处理功能把信令消息传送到 SCCP。

MTP–PAUSE 指示：由 MTP 发送，表明它不能把消息传送到指定的目的地。

MTP–RESUME 指示：由 MTP 发送，通知用户 MTP 有能力提供到指定目的地的 MTP 业务。

③ "专用名" 指示了原语的类型，通俗一点讲就是发工单呢还是收工单，抑或是工单反馈。OSI 定义了 4 种原语，如图 6-30 所示，其分类功能如下。

● 请求原语（Request）：高层用户向下层请求一种功能，比如说 SCCP 部门给 MTP 部门发工单要求办一件事。

● 指示原语（Indication）：服务提供者向高层请求一种功能或通知高层一种功能已在 SAP 中完成。

● 响应原语（Response）：用户通知下层已完成原先在 SAP 点由指示原语请求的功能。

● 证实原语（Confirm）：服务提供者通知高层已完成原先在 SAP 点由请求原语请求的功能。

这 4 种原语的顺序是：请求→指示→响应→证实。

④ "参数" 为层间要发送的信息，可以理解为 "② '属名'" 的扩充说明。比如说 "属名" 为 N–NOTICE 的通知原语就有 CDA(被叫地址)、CGA(原叫地址)、RR(返回原因)、UD(用户

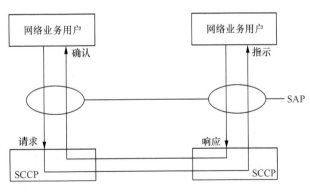

图 6-30　原语类型

数据)4 个可选参数。

我们看到，N- 原语和 MTP- 原语加起来一共有 18 种。

整肃了部门的风气以及规范了工作流程之后，悟空这位强势的 CEO 开始着手考虑解决那些影响业务发展的问题了。

一些国际大公司提出的面向连接的物流通道问题。在这个问题上，悟空借鉴了另一家物流公司 Internet 公司的做法，将业务划分为无连接业务和面向连接业务。Internet 公司是通过 UDP 和 TCP 两种协议来实现的，但悟空并不想那么麻烦，他就打算用 SCCP 来实现这两种功能。

1. 业务

悟空将 SCCP 的业务按照是否面向连接划为 4 类：0 类和 1 类是无连接型，2 类和 3 类是面向连接型，即 0 类是基本无连接业务，1 类是有序无连接业务，2 类是基本的面向连接业务，3 类是流量控制面向连接业务。

（1）无连接业务

无连接业务实质上是分组交换中的数据报业务，不需要事先建立连接就可以传递信令，数据报的传递是通过逐段转发来实现的。

它把应传送的数据信息利用单元数据消息（UDT）——这种消息在 GSM 里面使用得很普遍——从发端 SCCP 节点作为独立的消息直接发送出去。图 6-31 为无连接业务的示意图，图中各个 SCCP 节点之间传送着互不相关的 UDT(可能来自不同的用户)。中继 SCCP 通常指两个不同信令网的连接点，用来连接两段 SCCP 链路。如果发生故障使中继 SCCP 不能传递该 UDT 时，就向发端返送 UDTS 消息用于说明无法传递的理由。

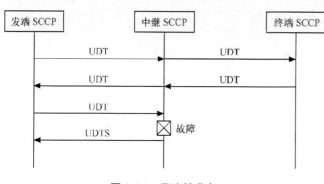

图 6-31　无连接业务

在 0 类业务中，各个消息被独立地传送，相互间没有关系，所以不能保证按照发送的顺序把消息送到目的地信令点。在 1 类业务中，给来自同一信息流的数据信息附上了同一信令链路选择字段（SLS），就可保证这些数据信息经由同一信令链路传送。因此，可按发送顺序把消息送到目的地信令点。无连接业务每发一次数据，都需重选一次路由。

（2）面向连接业务

面向连接业务实质上是分组交换中的虚电路方式，即在传送数据之前，需要先建立逻辑连接；传送数据之后，要拆除逻辑连接，如图 6-32 所示。在两类业务中，由于各个数据消息不带顺序号，因此不能完成顺序控制和流量控制。在 3 类业务中则可以完成顺序控制和流量控制。SCCP 与 TCP 的对比如图 6-33 所示。

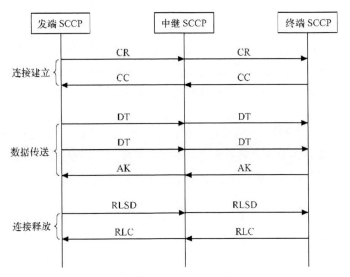

图 6-32　面向连接业务

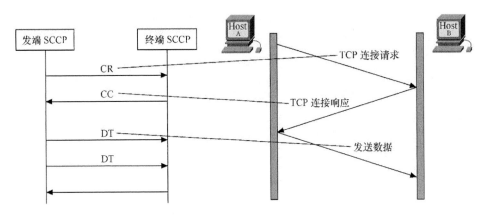

图 6-33　SCCP 与 TCP 的对比

　　请注意，图 6-32 比图 6-31 多了一个连接建立与释放的过程，连接建立的过程与 TCP 连接建立的过程也很相似，我们来看看 TCP 的经典的"三次握手"建立连接的方式，如图 6-33 所示。

面向连接业务又分为暂时信令连接和永久信令连接。暂时信令连接是指信令连接的建立和拆除需要由 SCCP 用户启动和控制，类似于拨号电话接续；永久信令连接是本地（或远端）的 O&M（操作维护中心）功能，或者由节点的管理功能建立和释放，用户无法控制，他们为 SCCP 用户提供半永久连接，类似租用电话线路。

面向连接业务适用于传送数据量大，实时性要求不高的业务；而无连接业务适用于数量不大，有实时性要求的业务。

目前，智能网业务 INAP，移动电话业务 MAP 和 ISUP 基本都采用无连接 SCCP，当需要大量的网管数据信息时可采用面向连接的 SCCP。

2. 消息格式

悟空定义了部门之间的沟通语言——工单（原语）之后，解决了部门之间政令不通的问题。然后以雷霆手段，将 SCCP 部门的业务支持划为两种，即支持实时性强的无连接业务和实时性不需要很强但是需要传递大量数据的面向连接业务，这使建立虚电路成为可能，从而缓解了国际巨头的投诉危机。

现在他开始把眼光投向内部，他需要整肃内部的工作流程，以使整个公司的工作都规范化。这个内部工作流程的整顿就是通过岗位说明书的方式规定每一个位置的岗位（每一个消息块），所占的资源多少（比特数），以及要完成的工作，这个就是 SCCP 的消息格式。

SCCP 消息同信令网管理消息、TUP 消息一样，是采用信令单元的方式在信令链路上传递，它们的区别在于 SIO 中的业务字段 SCCP 不同。当 SI=0011 时，信令单元传递的消息为 SCCP 消息（如图 6-34 所示）。

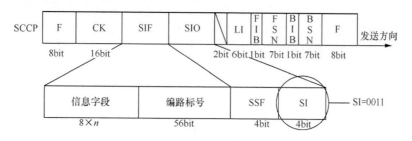

图 6-34　SCCP 消息

图 6-35 所示是 SCCP 消息的 SIF 的具体内容，它是由整数个 8 位位组组成的。发送时先发送顶部 8 位位组，后发送底部的 8 位位组，而在每个 8 位位组中，从最低有效位开始发送。

（1）编路标号

大家对比一下图 6-35 和图 6-36 可以看出，MTP 消息和 SCCP 消息在路由标记上并没有什么不同，都是由目的地码（DPC）、源点码（OPC）、链路选择字段（SLS）3 部分组成的，SCCP 把与 MTP 不同的寻址功能放到了参数中。

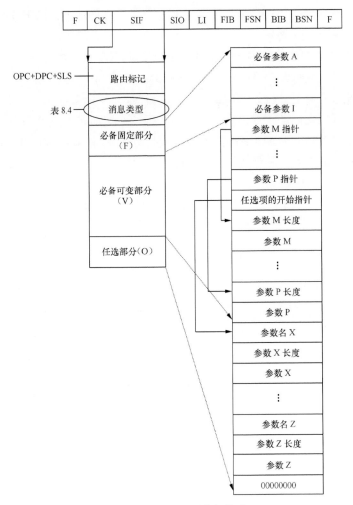

图 6-35　SCCP 消息格式

（2）消息类型编码

为了完成 SCCP 功能，共规定了 18 种用于网络服务的消息，如表 6-4 所示。对这些消息每种分配一个消息类型编码，来区分不同的消息，它对所有的消息都是必备的。

表 6-4 SCCP 的消息类型及编码

功能分类	消息类型	协议类别				编码
		0	1	2	3	
连接建立	CR 连接请求			×	×	00000001
	CC 连接确认			×	×	00000010
	CREF 拒绝连接			×	×	00000011
连接释放	RLSD 释放连接			×	×	00000100
	RLC 释放完成			×	×	00000101
数据	DT1 数据形式 1			×		00000110
	DT1 数据形式 2				×	00000111
	AK 数据证实				×	00001000
	UDT 单位数据	×	×			00001001
	UDTS 单位数据业务	×	×			00001010
	ED 加速数据				×	00001011
	EA 加速数据证实				×	00001100
初始化	RSR 复原请求				×	00001101
	RSC 复原确认				×	00001110
其他	ERR 协议数据单元错误			×	×	00001111
数据	增强的单元数据（XUDT）	×	×			00010001
	增强的单元数据业务（XUDTS）	×	×			00010010

×：此消息可在对应的协议类别中使用。

（3）参数部分

① 必备固定部分

对于一个如上（2）所述的消息类型，有些参数是必不可少且长度固定的。这部分参数放在必备固定部分。消息类型规定了这类参数的位置、长度和顺序，所以在参数中不需要包括该参数的名字和长度指示码。

② 必备可变部分

对于一个如上（2）所述的消息类型，有些参数是必不可少但是长度可变。这部分参数放在必备可变部分。

每个参数开始由指示字表明，这个指示字不妨理解为编程中的指针，它指出了从指示字开始到参数之间有多少个 8 位位组，其实也就是寻址功能。比如指示字"00000001"指明相关的参数在指示字之后的第一个 8 位位组开始，中间没有别的信息。当然，如果不止一个参数，那就不会有"00000001"指示字了，指针后面连的还是指针。

必备可变部分的开始部分是逐一排列所有的指示字，然后根据指示字去寻址具体的参数。每个具体的参数开始的一个 8 位位组总是参数长度指示码，后面接参数的内容。

在长度可变的参数部分，最重要的就是地址信息参数了。我们之前介绍 MTP-3 的短板时，有一条就讲的是 MTP-3 的寻址能力太差。这个问题在 SCCP 中是怎么解决的呢？

下面让我们回顾一下 MTP 的寻址功能（如图 6-36 所示）。

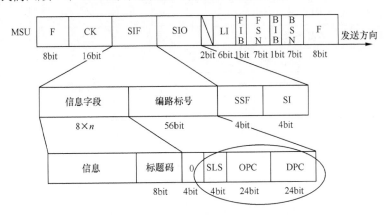

图 6-36　MTP 的寻址功能

我们看到了 MTP 就是采用 OPC、DPC、SLS 来寻址，这种做法有一个显而易见的缺点，那就是当两个不同的设备采用同一个 DPC 进行编号时，你打算怎么办，如何区分它们？这种情况还真存在，比如说 HLR/AuC 就是集成在一起的，MSC/VLR 也是如此。如果把 DPC 比喻成门牌号码，那这就好比同一个门牌号码的大楼中驻扎了两个机构一样，光靠门牌号码是没法区分了，你得想别的办法。

悟空设计了一个子系统号（SSN，Sub-System Number）来解决同一门牌对应几个不同机构的问题。

SSN 用于识别 SCCP 的用户，由一个 8 位位组组成，其编码如表 6-5 所示。

表 6-5　SSN 编码

比特序号	HGFEDCBA
00000000	未定义的子系统号 / 没有使用
00000001	SCCP 管理

续表

比特序号	HGFEDCBA
00000010	备用
00000011	ISDN 用户部分
00000110	操作维护管理部分（OMAP）
00000101	移动应用部分（MAP）
00000110	归属位置寄存器（HLR）
00000111	拜访位置寄存器（VLR）
00001000	移动交换中心（MSC）
00001001	设备识别中心（EIR）
00001010	鉴权中心（AuC）
00001100	智能网应用部分（INAP）
11111111	扩充备用
其他	备用

　　SSN 的启用不仅解决了如何识别子系统的问题，而且相比 MTP 的 SI 字段，这里多了 4bit（SI 只有 4bit），这就大大扩大了大唐物流的业务经营范围。对于 DPC 的弱点，不能进行国际漫游寻址没有什么帮助，于是，就有了 GT（Global Title）码。目前交换设备是采用 E.214 方式进行编码，也称为"MSCID"。结构形式如下：

$$E.214 = E.164 + E.212$$

　　例如，86130H0H1H2H3×××*。前面采用 E.164 的 CC 和 NDC，后面采用 E.212 的 MSIN，这是因为 E.164 格式比较适合在网络中传输。

　　应当说具体的 GT 码格式远比我们刚才所说的要复杂，它还要包括全局码的翻译类型、编号计划和编码方案。由于篇幅和整体风格的限制，我们在这里不一一介绍了，请大家自行查阅相关的书籍。

　　在 SCCP 的构架中，DPC、SSN 和 GT 构成了完整的 SCCP 主被叫地址。SCCP 的主被叫地址是一个 SCCP 消息的一部分，准确地说是参数，我们会通过任务的分解来一步步还原 SCCP 消息。

　　主叫 / 被叫用户地址是长度可变的参数，用来准确地识别源点、目的地点及 SCCP 接入点。在无连接业务中，它表示消息传送的起点和终点，类似于 MTP 编号标号的 DPC 和 OPC；在面向连接业务中，它只用在连接建立过程中，表示信令连接的起点和终点，与消息传递的方向无关，一旦连接建立好了，就好比修了一条高速公路，我从高速的起点走到终点就好了，不需要知道起点和终点的具体地址。主叫 / 被叫用户地址参数结构如图 6-37

所示。

地址指示码用于指示包含在地址字段中地址信息的类型，比如是否包括信令点码、是否包括子系统号以及是从 GT 还是 DPC+SSN 选取路由等信息，这里不再详加讨论。

8 7 6 5 4 3 2 1
地址指示码
信令点编码(DPC)
子系统号码(SSN)
全局码(GT)

图 6-37　主叫 / 被叫用户地址参数结构

③任选部分

除了必不可少的部分之外（必备固定部分以及必备可变部分），SCCP 消息还有任选部分，任选部分和必备部分一样，也分为固定长度和长度可变两种。每一任选参数应包括参数名、长度指示码和参数内容。如果有任选参数，则在任选参数发送后，发送全 0 的 8 位位组表示"任选参数结束"。

说了这么久的参数，下面就来看看 SCCP 消息类型的参数都有哪些（如表 6-6 所示）。

表 6-6　SCCP 消息的参数

参数名	编码
任选参数结束	00000000
目的地本地参考	00000001
源本地参考	00000010
被叫用户地址	00000011
主叫用户地址	00000100
协议类别	00000101
分段 / 重装	00000110
接收序号 P[*]	00000111
排序 / 分段	00001000
信用量（Credit）	00001001
释放原因	00001010
返回原因	00001011
复原原因	00001100
误差原因	00001101
拒绝原因	00001110
数据	00001111
分段	00010000
跳计数器	00010001

3. SCCP 消息及用户最终数据的生成

对于互联网也好，7 号信令网也罢，用户数据信息都是自顶层一级级向下封装而得来的。这些信息都是怎么封装的呢，我们来举一个例子，如图 6-38 所示。

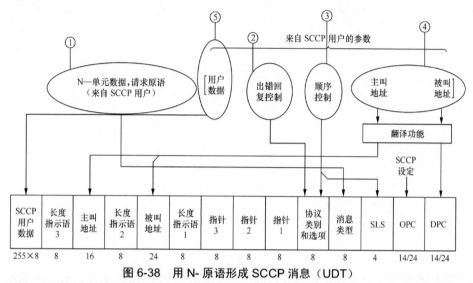

图 6-38　用 N- 原语形成 SCCP 消息（UDT）

① 根据原语名和原语类型生成"消息类型"参数，原语为 N-UNITDATA 消息，那么根据原语就生成一个 UDT。

② 根据原语参数中的回送选择参数（RO）确定是否要求后续节点 SCCP 在无法传送本消息时将原消息送回，据此确定"协议类别"参数的 5 ～ 8bit。

③ 根据原语参数中的顺序控制参数（SC），确定协议类型。如果要求消息有序发送，则视为 1 类协议，否则为 0 类协议。据此确定"协议类别"参数的 1 ～ 4bit。若为 1 类协议，则根据 SC 参数值确定 SLS 值，否则随机选择一个 SLS 值。

④ 根据原语参数中的主叫地址参数（CGA）和被叫地址参数（CDA），经过 SCRC 功能模块的翻译和处理，转换成 UDT 消息中的主叫地址和被叫地址，并得到 MTP 寻址的 DPC，同时填入本节点的 OPC 码。

⑤ 将原语参数中的用户数据原封不动地装入 UDT 的"用户数据"字段。

上面讨论的是对于一个"N- 原语"，如何将其翻译成 SCCP 消息，接下来要做的是将 SCCP 消息翻译成 MTP 消息。我们首先把 SIO 字段中的业务指示语 SI 置为 0011（SI=0011），指示 MTP 其用户为 SCCP，接下来对 SCCP 消息进行封装。

这样就形成了"N- 原语"→"SCCP 消息"→"MTP-3 消息"→"MTP-2 消息"的逐层封装，如图 6-39 所示。

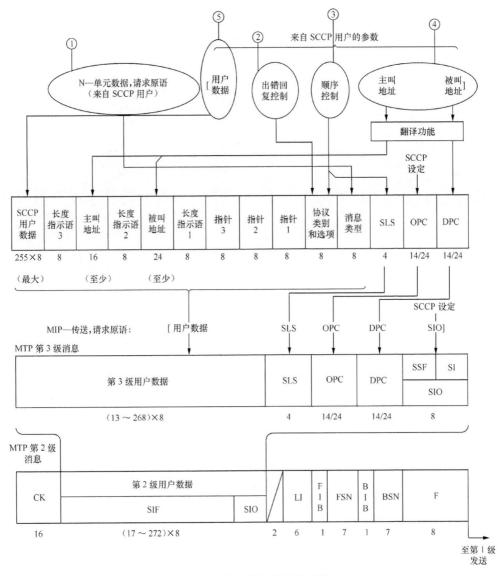

图 6-39　用户消息的逐层封装

应当说八戒（MTP-3）和悟空（SCCP）这前后两位大唐物流的 CEO 在公司的战略层面上并没有本质的区别，有了沙师弟（MTP-2）在下面任劳任怨地完成点到点的无差错物流工作。处于高层的八戒（MTP-3）和悟空（SCCP）绝大多数时候只需要考虑如何很好地完成物流的调度。应当说八戒的"OPC+DPC+SLS"的管理模式已基本足以应付绝大多数寻址了，但随着国际业务的发展和子系统的诞生（比如 MSC 和 VLR 的合设），这种方式就不足以应付现代通信的需求了，于是就诞生了悟空的"GT+SSN"，SSN 相当于 SIO 字段中的 SI 的扩展，SI 原来只有 4bit，SSN 有 8bit，一下子可以支持的业务或者可识别的子系统就由 16 个到 256 个，这算是悟空体系对八戒体系的扩展。

在"MTP-3"体系中，所有的数据都是加上源地点和目的地点发出去的，与 Internet 上的 UDP 消息一样，事先不需要建立连接，也没有固定的路径依赖。对于实时性比较强的数据和并非数据量很大的数据，这样做是很有必要的，因为事先建立连接，开辟一条虚电路是需要浪费时间和资源的，这种情况下电路交换（虚电路）远没有分组交换来得有效率，可是对于大量的和实时性不是那么强的数据，那么建立虚电路进行有序和大量的传送显然是有必要的。在这方面，SCCP 更像是 TCP 和 UDP 的结合，既可以提供无连接业务又可以提供面向连接业务，有效弥补了 MTP-3 不能进行面向连接的传送的不足。

原语并非 SCCP 所独创，原语是用于层与层之间交流的，本节中介绍了 MTP- 原语和 N- 原语，下节还要介绍 TACP- 原语。原语的属名说明要触发的动作，专用名用于说明消息的走向，参数你不妨理解为对属名要触发的动作的阐述。应当说这几个名词很生涩，并不好理解，我们用一个武术动作来对其进行解读。比如"白鹤亮翅——收回左拳护腰，乘势将左足向前踢一寸腿，同时右手再向前发一冲拳……"，那么这里的属名就叫作"白鹤亮翅"，说明将要做的动作；专用名就是"进攻对手"，白鹤亮翅是一手攻招，4 个专用名"请求—指示—响应—证实"说明了原语的流向，你不妨理解为"进攻对手—对手挨打—对手反攻—本人挨打"；参数就是对"白鹤亮翅"的具体阐述，"左拳护腰""左足前踢""右拳向前"就是具体的参数。SCCP 层具体消息的参数已在表 6-6 中列出。

SCCP 层要承接 N- 原语和向 MTP 层发 MTP- 原语，算是原语最丰富的地方，所以 7 号信令的教材讲原语都从 SCCP 层开刀，本书也不例外。消息的层层封装都是原语所触发的，图 6-38 和图 6-39 对这个问题加以了阐述。

MTP 层还有一个问题就是它以前都是 TUP 触发的，属于呼叫触发型，对于固网而言，这基本就够了。但是对于移动网而言，因为用户位置的不断变化，就算不打电话时也要进行信令的交互，比如说你漫游到了新的 MSC 下面，VLR 需要从 HLR 中调取你的数据存到本地，这与话路没有关系，你打不打电话这个过程都是必需的，位置更新和鉴权与此也类似。MTP 算是老革命遇到了新问题，然而 SCCP 就没有这个麻烦，它可以由 TCAP 触发。TCAP 是一个统一的接口，MAP、INAP、OMAP 都经过它加工后可以由 SCCP 进行处理。在移动网中，与话路无关的信令实在是非常多，这也是 SCCP 诞生的重要理由。

本节开始的时候我们就说过，没有无缘无故的爱，也没有无缘无故的恨。现在我们要说的就是："SCCP 也不是无缘无故蹦出来的，它就是历史的必然，它就是群众的呼声，它就是为移动通信革命而生的！"

6.6 长袖善舞的太白金星——TCAP

上一节中已经说过了，无论是 SCCP 层也好，MTP 层也罢，关注的都是网络层的问题，即如何完成信令消息的调度（寻址），如何提供无连接和面向连接的信息交互。然而需要进行通信的实体又是如此之多，如 OMAP、MAP、INAP 等，而且这个阵容还在不断扩大，处理各种不同的消息是很复杂的。按 OSI 的理念，层与层之间的工作应该有清晰的区分，SCCP 既然关注的是网络层的东西，它就不应该再去关注和懂得具体的业务，专业才能铸就品质。SCCP 需要应对的是一种固定的格式，这种固定的格式就好比一个筐，MAP、INAP 或者新增的一些应用服务通通可以往这个筐里扔，SCCP 只需要考虑如何把这个筐进行打包进行传送，而并不需要考虑筐里装的到底是什么，这个筐的工作就由本节要提到的 TCAP 来完成，这也是本章开始就提到的泰勒的科学管理的理念。

就好比你去肯德基喝饮料，服务生应该先给你个杯子（TCAP），你可以随便在这个杯子里装什么饮料，可乐（OMAP）、雪碧（INAP）、芬达（MAP），然后把杯子（TCAP）放在盘子（SCCP）上，用盘子把这些东西运走。盘子是不会考虑杯子里到底装的是什么饮料。

或许有人并不同意，反对意见就是 SCCP 层和 MTP 层也要考虑封装的对象的，论据就是 SSN 指示语和 SI 指示语。如果把邮局打包裹的大麻袋比作 SCCP 或者 MTP 的话，那么 SSN 和 SI 就相当于一个标签，往这个麻袋上"啪"地一贴，表明麻袋里装的是土豆还是地瓜，便于你解开麻袋的时候辨认，但无论装的是土豆也好，是地瓜也罢，麻袋的封装方式是不会为此而改变的。

话说大唐物流的业务越做越大了，OMAP、MAP、INAP 通通冒了出来，为了应对这些业务，唐僧在各地建立了一些叫 HLR、VLR 的大仓库，OMAP、MAP、INAP 就可以直接去仓库里取。但是问题也很快就出来了，一是业务太多了，格式各不相同，这使得 SCCP 的封装有点困难，SCCP 部门希望专门有人可以出面和 OMAP 等打交道，以免 OMAP 等再去纠缠专门搞调度的技术人员；二是不同的人都可以去仓库取东西，仓库管理员的眼睛都看花了，另外 OMAP、MAP、INAP 这帮人交货习惯和行为方式还各不相同，搞得仓库管理员无所适从啊，于是仓库管理员强烈要求建立一个物资管理部，所有业务都只和物资管理部打交道，然后物资管理部来仓库提货，这样就符合 ISO9000 质量认证标准了，也就规范化了。

唐僧觉得这些建议都言之有理，为了节省开支，他并不想多增加部门，于是就和悟空商量，想让悟空在 SCCP 增设一个处理业务的中心。没想到悟空一口拒绝了，悟空的理由是专业人做专业事，他那里的都是专业技术人员，去搞业务没道理，业务和调度也不适合放一个部门，还拿出 OSI 的文件精神给唐僧看——诺，OSI 是讲究分层的。唐僧没辙，就打算筹建一个市场部，专门管理这些业务。想来想去，他还是觉得天上地下，就数太白金星交游最广，佛家道家通吃，西天天庭人脉都不错，于是决定邀请太白金星来担任市场部部门经理兼副总裁，主管营销。

太白金星是何许人也，那是三清之一，道教的领袖啊，于是他决定要玩酷的，虽说内容并不复杂，但是名字一定要搞得很酷，让你们都看不懂。哼，如果你们都能看懂我在玩什么，我还能叫太白金星吗。他首先把自己的部门命名为事物处理能力应用部分（TCAP，Transaction Capabilities Application Part），然后规定了和这些业务单元的工单叫作"TC- 原语"，和 SCCP 的工单称为"N- 原语"，这不过是抄袭了孙悟空的杰作，没什么创意。

太白金星闻之大怒，你们都看得懂是吧，看懂了显不出我三清的水平来了是吧。太白金星这一怒不要紧，他创造的 TCAP 的新名词可是坑苦了学通信的后辈们，人人学 7 号信令只要一听到 TCAP 就摇头啊，那些词汇太莫名其妙了。

太白金星将 TCAP 分成了两个子层，分别称为成分子层（CSL，Component Sub-Layer）和事务处理子层（TSL，Transaction Sub-Layer），两个子层之间用"TR- 原语"进行通信。而 CSL 又分为对话处理和成分处理两部分。TCAP 层的结构如图 6-40 所示。

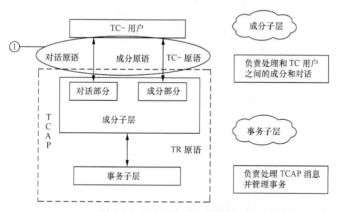

图 6-40　TCAP 的分层结构

成分、对话、事务，我相信大多数人都要晕了。之所以晕不是因为这些词汇我们不熟悉，而是因为太熟悉了，然而又完全不是我们日常生活中的意思，所以在大脑里两个概念会打架。你非要把英语重新编写过，说"tree"是猫的意思，"dog"是跑步的意思，我相信学过一点英语的人大脑也会被搅成一团浆糊。

我们还是从上往下看过来，第①部分讲的是原语，原语我们并不陌生，它就是用来实现层与层之间通信的，我们的各种消息就是通过原语自上而下生成的。然而，一般情况下层与层之间只用一种原语，但是TCAP的用户和TCAP之间居然有两种原语，叫作成分原语和对话原语，这实在让人觉得很晕，7号信令本来就够复杂了，你搞两种原语这不是添乱吗？

要解释这两种原语的区别我们还是绕不开那几个词汇："对话""成分"和"事务"。

什么叫成分呢？一个操作是由远端要执行的一个动作，它可以带有相关的参数。一次操作请求或响应。我相信这种解释是没有办法让大家对"操作"和"成分"这两个词产生联想的。成分来源于单词"Component"，是组成成分的意思。那么所谓的"成分"是谁的组成成分呢？那就是对话。

那什么是对话呢？为了完成一个应用，两个TC之间所有的操作以及操作返回的信息就构成了一个对话，简单地说，一个业务过程就是一次对话，一个对话通常是包含多个成分的。所以成分就是对话的"Component"。

什么叫作事务呢？事务就是网络两节点间处理的业务，事务与对话之间有一一对应的关系。

我们举一个例子来说明这3个概念。你去银行给老乡汇款，那么给老乡汇款这件事本身就是一项"事务"。为了完成这项"事务"，你需要先填汇款申请单，然后请营业员帮你转账，转账时营业员会给你一张确认单，你填完确认单之后这笔业务才正式宣告结束。填汇款申请单也好，填确认单也罢，这都被称为"成分"，那么完成这一系列的操作就被称作一个"对话"。

TCAP这样做的优点在于它的通用性，而与具体的应用无关。它是将信息传递功能与呼叫控制功能分开，传递与电路无关消息的统一的协议。为了支持其通用性，TCAP将消息交互过程看作"事务"或者"对话"，其中包括一次或多次"操作"，每次操作由本端调用，由远端执行，并回送操作执行结果。这样的一次操作请求或响应，就构成TCAP消息中的一个成分，若干成分按一定顺序组合成TCAP消息中的事务处理部分。这种统一的消息结构和语法规则适用于所有的TC-用户，每个成分的信息含义及成分顺序包含用户信息，与具体应用有关，取决于TC-用户。

如图6-41所示，TC-用户与CSL成分子层之间采用TC-原语接口，TC-原语又分为成分处理原语和对话处理原语；CSL成分子层与TSL事务子层之间采用采用N-原语接口。

（1）TC- 原语之成分处理原语

如同我们前面所说的，成分处理原语就是用来处理操作和应答的，共有 7 种，它是一个完整的"对话"的组成部分。图 6-41 列出了原语的名称、类型和功能。

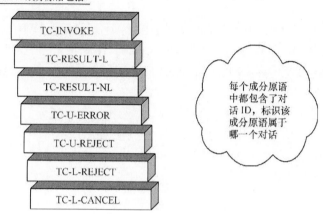

图 6-41　TC 成分原语

TC-INVOKE 调用（请求，指示）：一个操作的调用。

TC-RESULT-L（请求，指示）：成功执行的操作结果。

TC-RESULT-NL（请求，指示）：成功执行的操作分段结果的非最终部分，说明结果还没完，还在继续。

TC-U-ERROR（请求，指示）：对一个以前调用的操作的回答，指明操作执行失败。

TC-L-CANCEL（指示）：通知本地 TC- 用户，一个操作调用因时限到而终止。

TC-U-CANCEL（请求）：TC- 用户将撤销决定通知本地成分子层，都是撤销，一个是由时限引起的，另一个是由用户引起的。

TC-L-REJECT（指示）（本地拒绝）：成分子层通知本地 TC- 用户，收到的成分无效。

TC-R-REJECT（指示）（本地拒绝）：成分子层通知本地 TC- 用户，收到的成分被远端成分子层拒绝。

TC-U-REJECT（请求，指示）：TC- 用户拒绝由其同层实体产生的它认为不正确的成分。都是拒绝，前两者是因为成分子层引起的，最后这个是因为 TC- 用户引起的。

（2）对话处理原语

对话处理原语用来请求或指示与消息传递或对话处理有关的子层功能。当事务处理子层用来支持对话时，这些原语对应到 TR- 原语（如图 6-42 所示）。

TC-UNI（请求，指示）：请求 / 指示一个非结构化对话，我们一般不用。

TC-BEGIN（请求，指示）：开始一个对话。

TC-CONTINUE（请求，指示）：继续一个对话。

TC-END（请求，指示）：结束一个对话。

TC-U-ABORT（请求，指示）：表示用户层放弃，用户层告诉 SP 信令点，由于用户原因操作对话被放弃。

TC-P-ABORT（指示）：由于对话的格式不被 TCAP 所理解，被 TCAP 层放弃。

TC-NOTICE（指示）：当 TCAP 要进行一次对话，结果传送到 SCCP 层时由于网络原因导致不能传送，SCCP 层会通知 TCAP 由于 SCCP 层本身有问题，让 TCAP 转告用户，TCAP 则通过 TC-NOTICE 告诉它的用户。

（3）TR- 原语

TR- 原语与 TC 原语中的对话处理原语有一一对应的关系，即 TR- 原语也有 7 种，分别为：TR-UNI、TR-BEGIN、TR-CONTINUE、TR-END、TR-U-ABROT、TR-P-ABROT、TR-NOTICE，如图 6-43 所示。

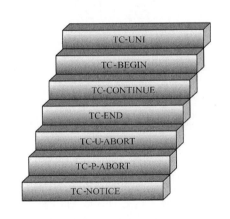

图 6-42　TC- 对话处理原语

可以看到，TR- 原语和 TCAP 消息有对等关系，只不过 TR- 原语中不包括事务处理的内容。

图 6-43　TR- 原语

虽然我们在上面对"成分""对话"和"事务"进行了解释，也对所包含的原语种类进行了解析，但相信还是没有打消多数人的疑虑。那就是同样是为了进行操作，为什么要分为"对话"和"成分"两个部分？既然"对话"和"事务"有一一对应关系，那么设置两个子层有何必要呢？

对此，我们举一个例子来进行解释。这个 TCAP 的各种行为就好比拍电视剧，演员的或哭或闹、一笑一颦都是在导演的掌控下完成的，导演的指令和演员的动作都可以称为"成分"。比如说导演用 TC-INVOKE 原语调用演员开始哭，演员就用 TC-RESULT-L 向导演展示一个梨花带雨的哭的场面。有些演员比较大牌，导演的每一个指令不一定都执行，比如说李小龙，有一次导演让他演一个场景，也就是用拳打一个泰拳演员，结果泰拳演员纹丝不动的场面，就被李小龙返回了一个 TC-L-REJECT 指令，对不起，我的截拳道如此之牛，对方是不可能站着不动的，我一拳就要让他趴下！这些"成分"都要有一个 ID，这就相当于每个动作都归属于某集电视剧一样，你拍的时候就应该给这些动作一个编号，好归口管理到一集电视连续剧里去（一个对话）。

　　问题是这电视剧不是说拍就拍的，导演、演员、灯光、摄影都得准备好才能开始，所以我们看到拍片的时候，导演都会拿一块牌子，口中开始倒计时"Action——开拍！"，这 TCAP 也是如此，它用 TC-BEGIN 开始一个对话，用 TC-CONTINUE 继续一个对话，用 TC-END 结束一个对话。任何操作要进行，都必须先启动对话，"对话"是对"成分"的管理，没有对话是无所谓成分的。就好比导演还没说开始拍戏，演员在那里"操作"（或"成分"）都是没有用的，是编不进电视剧的。

　　"成分"和"对话"分开颇有点承载和控制分离的意思，"成分"承载了操作动作，"对话"是对"成分"的控制。"成分"的传送用 TC- 原语中的成分处理原语完成，但是否要发送成分或者接收成分，需要用 TC- 原语中的对话处理原语来控制和通知。

　　话说这"对话"和"事务"的关系就更让人费解了，明明是一一对应的，搞两个是不是有点劳民伤财，这两者到底有什么区别？

　　我们首先来比较一下 TC-BEGIN 原语和 TR-BEGIN 原语的不同，这两者之间虽然是一一对应的，但是具体内容就有很大的不同。TC-BEGIN 原语只是 TC 用户通知 TCAP 准备启动一次对话，并不包含成分；但是 TR-BEGIN 原语是由成分子层（CSL）送给事务处理子层（TSL）的，它既包含启动对话的信息，也包含相关的成分。与此类似，TR 这些成分都既有对话信息也有成分信息。

　　其次，"对话"更偏重于微观层面的管理，"事务"更侧重于宏观层面的管理。这是什么意思呢，比如说 2008 年的奥运会开幕式，就有总导演和节目导演之分，"对话"相当于一个节目导演，它要做的就是完美地完成自己的节目；而"事务"就相当于总导演了，每个"对话"都在它那里有备案，它要负责管理这些"对话"，并把所有的节目进行封装（变成 TCAP 消息），提供给观众（SCCP）。

　　我们应当注意的是，TR- 原语并不是 TCAP 层工作的尽头，它还需要把这些信息进行封装打包提供给 SCCP 层，再由 SCCP 层封装给 MTP 层。

　　我们下面来看一个具体的例子，通过例子来讨论一下 TCAP 的信令过程到底是如何实现的？

　　（1）成分子层处理过程

　　成分子层处理过程包含对话处理和成分处理。

　　图 6-44 所示为一次成功的成分处理过程。首先由信令点 SPA 的 TC- 用户发起一次

操作，向本端的成分子层（CSL）发送调用请求原语 TC-INVOKE，该 CSL 利用收到的 TC-INVOKE 形成调用成分，并动态分配 INVOKE ID（标识一个操作）为 I。远端节点 B 的 CSL 接收该调用成分，并用 TC-INVOKE 的指示原语送给 TC- 用户。节点 B 的 TC 用户将操作结果分别用最终结果 TC-RESULT-L 请求原语、返回结果（最终）成分（INVOKE ID 也等于 I，标识是同一个操作）和 TC-RESULT-L 指示原语反方向送到信令点 SPA 的 TC 用户。

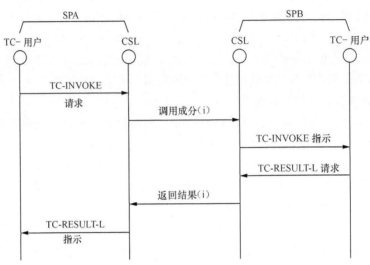

图 6-44　正常的成分处理过程

这里有几点要注意。

① INVOKE ID 由发端成分子层分配，一个 TC 用户不需要等待前一个操作完成，就可以调用另一个操作。也就是说允许任何时刻，可以同时有多个并发的操作在远端执行。不同的操作用 INVOKE ID 来区分，属于同一操作的调用或结果成分，含有相同的 INVOKE ID。

② 当收端收到一个操作并执行时，需发端继续提供信息，于是向发端发出一个操作请求，这个操作有自己的 INVOKE ID，同时还带有前面收到的 ID，此处称为链接 ID，表明为了执行前面的操作才请求调用这个操作。

③ 成分子层通常还通过对话 ID 将成分与一个特定的对话相联系。

（2）事务处理子层过程

图 6-45 所示为一次正常的事务处理子层过程。首先 SPA 的 TR 用户（CSL 层）用 TR-BEGIN 请求原语启动一次事务处理，TSL 将原语进行处理封装形成 BEGIN 消息（TCAP 消息），其中起源事务处理 ID（OTID，Original Transaction ID，用于标注一个事务）等于 X，

送到 SPB。收到 BEGIN 消息后，TR–BEGIN 的指示原语送到 SPB 的 TR 用户。若 SPB 的 TR 用户决定建立事务处理，就将 TR-CONTINUE 请求原语送到 TSL，并形成 Continue 消息传送到 SPA，Continue 消息含有 OTID 和目的地事务处理 ID（DTID，Destination Transaction ID），其中 OTID 等于 Y，DTID 等于 X，因为源地址和目的地址反过来了。然后有 TR-CONTINUE 指示原语送到 TR 用户。若想结束事务处理，有两种方法，一种称为基本方法，即任何一端的 TR 用户通过 TR-END 原语和 END 消息终结事务处理；另一种称为预先安排的方法，即预先安排在应用的某一给定点释放事务处理，这时，只发送 TR-END 请求原语，不发送 END 消息。

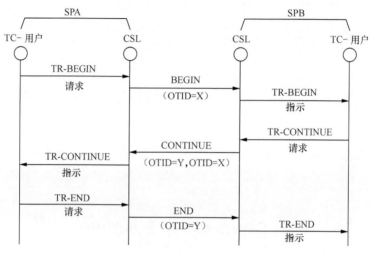

图 6-45　事务处理子层示例

这里应注意以下两点。

① 事务处理 ID 用来识别事务处理，每个节点在启动事务时，分配它本身的本地事务处理 ID，在事务处理过程中保持不变。

② TCAP 消息中的成分部分在事务处理子层原语中作为用户数据，在成分子层和事务处理子层之间通过。

我们之前提到了 MTP 层、SCCP 层和 TCAP 层，设计这些层次的目的都是为了承载在其之上的应用层。对于 GSM 而言，最重要的就是 MAP 消息和 BSSAP 消息。这两部分消息与信令流程联系非常紧密。

图 6-46 算是本章内容的总览，最下面的内容是 MAP、BSSAP，也就是应用部分，打包放入 TC 层的成分部分。TC 层的消息又打包装入 SCCP 层的数据部分。SCCP 层的消息又封装到 MTP-3 的信息内容部分。

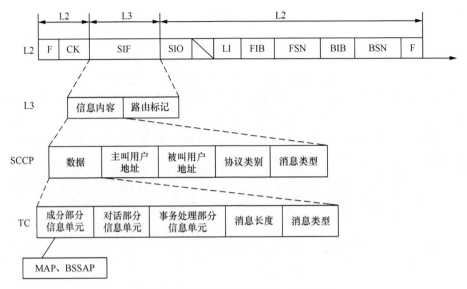

图 6-46　从应用层到 L2 的一层层封装

由此我们也可以看到，7 号信令的封装方式与 TCP/IP 没有本质的区别，都是自上而下层层封装。

 # 6.7　未来——向 Diameter 信令网演进

目前，电信信令网正处在新老交替阶段，将逐渐从成熟稳定的 SS7 信令网，向新的 Diameter 信令网平滑演进，这是为了支持更新的通信制式和应用场景。以 TDM 为基础的语音和短消息业务逐渐被 LTE、NR 替代时，在信令层面 Diameter 将逐渐替代 SS7。但这个替代过程是长期的，未来以 STP 为基础的 SS7 信令网将与 Diameter 信令网长期共存。Diameter 协议层次如图 6-47 所示。

无论采用哪种信令网，要实现的功能都是大同小异，无非是把各层职能再次进行整合和重组，核心是要理解协议的层次与结构，建立通信的整体观、系统观。

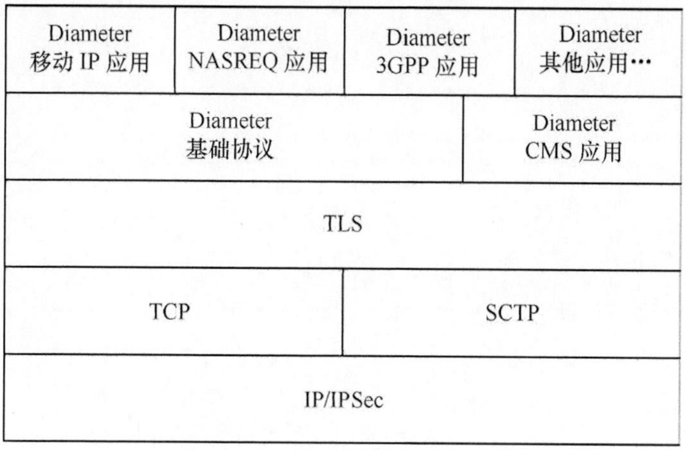

Diameter 移动 IP 应用	Diameter NASREQ 应用	Diameter 3GPP 应用	Diameter 其他应用…
Diameter 基础协议			Diameter CMS 应用
TLS			
TCP		SCTP	
IP/IPSec			

图 6-47　Diameter 协议层次

Chapter 7
第 7 章

现代主流通信：4G LTE

当基于 ADSL 的宽带出来之后，曾经也有人对此不屑一顾，56kbit/s 的拨号上网不是够了吗？上网的需求不就是看两个没有图片的文字新闻，发几个 E-mail 么，那么大的带宽用来做什么吗？然而，宽带和互联网的发展迅速击溃了这种质疑，回顾中国 20 年前互联网的状况，真可谓沧海桑田。当时用 56kbit/s 的猫在互联网上的速度用蜗牛来打比方绝不夸张，碰到有图片的网页还需要点击"停止"键，否则整个网页要很久之后才能出得来，经历过当年互联网状况的人，可曾展望过今天？

有线宽带的革命也会发生在无线上，3G 虽然曾经备受质疑，但是随着以 iPhone 和 Android 为代表的智能机成为主流，数据业务逐渐取代语音成为网络的发展重心。

视频点播、电视直播等高流量的业务发展，预示着无线网络必须在下行峰值速率和小区吞吐量方面有所突破；而越来越多的人开始通过无线网络参与互动类对战网络游戏，这意味着我们需要一张扁平的网络，减少层级，减少时延，提高反应速度。

没错，这两方面都是 UMTS 网络的长期演进（LTE, Long Term Evolution）网络所关注的。LTE 和 LTE-A 是最为主流、最为成熟的商业通信制式，让我们来看看它们特征、需求与机制。

7.1 LTE——更扁平，更高效

7.1.1 LTE 动力——与 WiMAX 争武林盟主

在 3G 的三大标准之中，又以 3GPP 制定的 WCDMA 标准最具竞争力和影响力，占据了很大部分 3G 的份额。2004 年，当 3G 系统在全世界逐步部署的时候，增强型的 UMTS 技术——高速下行分组接入（HSDPA）和高速上行分组接入（HSUPA）的标准化工作也已经基本完成。IMT-Advanced 技术也就是俗称的 B3G（Beyond 3G，超 3G）技术或者 4G 技术。当时踌躇满志的 3GPP 的一干众兄弟都在讨论 3G 的大好形势和 4G 的美好前景，此时，谁曾想到这 3G 和 4G 之间还会硬插进来个 LTE。我们不禁要问，这 LTE 是怎么来的呢？

天有不测风云，在 3GPP 过着烈火烹油、鲜花似锦的日子的时候，斜刺里杀出来个搅局者——全球微波互联接入（WiMAX, World Interoperability for Microwave Access）。虽然 WiMAX 的名字取得生硬拗口，也没有挂个什么"Communication"的头衔，看起来不像是来挑战 3GPP 的江湖地位的，但是这个不速之客还是着着实实让 3GPP 吃了一惊。3GPP 如此重视 WiMAX 是有道理的，因为 WiMAX 其背后的力量实在不容小觑——WiMAX 是由 IEEE 组织开发的标准，这个组织的名声不用说大家也知道。WiMAX 势力的盟主也绝非泛泛之辈——正是大名鼎鼎的 Intel！加盟阵容也可谓豪华，在芯片领域，有 Intel 和 TI 执其牛耳；在设备

领域，阿尔卡特——朗讯、北电、NEC、西门子依次排开；在运营领域的阵容也蔚为壮观，
AT&T、BT、France Telecom、Sprint、Telefonica、KDDI 都是赫赫有名的运营商。

　　Intel 曾是 Wi-Fi 的坚定支持者和主推者，当时它又开始力推 WiMAX，既然 Wi-Fi 能
如此成功，那么 WiMAX 的成功似乎也是顺理成章的事情。WiMAX 其初衷在于"宽带的无
线化"，IEEE 希望为用户提供高速的、广覆盖的宽带无线接入，从这一点上看，WiMAX 可
以理解为 Wi-Fi 的广覆盖版，Wi-Fi 虽然很成功，但是其覆盖范围毕竟太有限了，而且用
的是不需要授权的频段，不需要授权频段的特点就是方便，谁都可以拿来用，因此用得多了，
干扰也就不可避免，这两个缺陷使得 Wi-Fi 注定只能去覆盖一些热点。而 WiMAX 可以实
现对一个城市的广覆盖，这种定位就使得它不可避免地要和 3GPP 的 UMTS 及其增强型演
进的标准来抢饭碗。抢饭碗就抢"饭碗"吧，开打靠的是实力，WiMAX 各项性能指标怎
么样呢？我们不妨和 HSDPA 进行一下对比，如表 7-1 所示。

表 7-1　WiMAX 与 HSDPA 的性能比较

性能参数	WiMAX	HSDPA
频率范围	16d：2～11GHz	上行：1920～1980MHz
	16e：≤6GHz	下行：2110～2170MHz
信道带宽	16d：1.25～20MHz	5MHz
	16e：1.25～20MHz	
应用地域	16d：主要在北美和欧洲	起源：日本
	16e：起初在韩国	发展：欧洲、美国和韩国
基本业务	16d：固定宽带无线接入，点对点中继	高速移动数据
	16e：移动宽带无线接入	
最大吞吐量	16d：75Mbit/s（20MHz 带宽下）	14.4Mbit/s（5MHz 带宽下）
	16e：30Mbit/s（10MHz 带宽下）	

　　在这里，我们首先要区分一下 WiMAX 的两种主流标准，IEEE 802.16d 和 IEEE 802.16e，
其中 802.16d 主要针对固定接入，也就是插个 WiMAX 网卡坐在星巴克边喝咖啡边上网的场
景；而 802.16e 增加了移动性，这就和 3GPP 发生了正面冲突。我们从表 7-1 中可以看出，
IEEE 802.16e 在相等的带宽内下行峰值速率相对 HSDPA 并没有多大的优势，但是架不住人
家带宽高啊，在 10MHz 频谱的带宽内，WiMAX 能做到 30Mbit/s。除此之外，WiMAX 还支
持动态带宽，可以在（1.25～20)MHz 进行选择。对于有些带宽资源不那么富裕的国家，
比如说美国，能动态调节带宽显然很有吸引力。

　　3GPP 开始坐不住了，无论是 WiMAX 论坛还是 WiMAX 技术本身的性能指标，都让

3GPP 感到了一种潜在的威胁，如果 WiMAX 也像 Wi-Fi 一样遍地开花。那么 HSDPA 就会受到不小的挑战，形势非常严峻。这些年来 3GPP 及其之前的标准化组织在移动通信领域从来都是纵横天下无敌手，WCDMA 以及其前身 GSM 一直牢牢霸占着手机通信这一块最大的份额，这武林盟主之位，岂能轻易让人！

在这种局面下，3GPP 旗下的通信厂商不得不团结起来快速跟进，为了使 3GPP 相对其他标准保持长期的优势，它们在 HSDPA 和 IMT-Advanced 之间横插进去一个标准，也即 LTE，并不遗余力地投入了 LTE 的标准化工作。

为了能和可以支持 20MHz 的 WiMAX 技术相抗衡，LTE 也必须将最大系统带宽从 5MHz 扩展到 20MHz。为此，3GPP 不得不放弃长期采用的 CDMA 技术（CDMA 技术在实现 5MHz 以上大带宽时复杂度过高），而是采用了新的复用技术，即 OFDM 技术，这与 WiMAX 采用了相同的方式。选取 OFDM 而放弃 CDMA 还有一个原因，就是高通在 CDMA 上收取的专利费用过于高昂，厂家希望有更便宜的技术。

同时，为了在 RAN 侧降低用户面的时延，LTE 取消了一个重要的网元——无线网络控制器（RNC），从模拟系统到 2G、3G 一直都扮演着重要角色的基站控制器就此退出了历史舞台。另外，在整体系统架构方面，核心网侧也在同步演进，推出了崭新的演进型分组系统（EPS，Evolved Packet System），这称之为系统框架演进（SAE，System Architecture Evolution）。无线网和核心网都有这样大的动作，这使得 LTE 不可避免地丧失了大部分与 3G 系统的后向兼容性。

自 2004 年 11 月启动 LTE 项目以来，3GPP 以频繁的会议全力推动 LTE 的研究工作，仅半年时间就完成了需求的制定，可谓进展神速。在 2006 年 9 月完成了研究阶段（SI，Study Item）的工作，2008 年年底基本完成了工作阶段（WI，Work Item），从 2009 年开始，已经陆续有一些运营商开始进行试商用。

7.1.2 LTE 方向——移动通信的宽带化

应当说无论有没有 WiMAX，移动通信标准都会走向今天的模样，也即"宽带化""数据化""分组化"。区别只是在于，WiMAX 的出现大大加速了这一进程，并导致了横亘在 HSDPA 和 IMT-Advanced 之间的 LTE 的出现。LTE 的本质和方向性的变革，还在于移动通信与宽带无线接入（BWA，Broadband Wireless Access）技术的融合。

宽带无线接入技术早期定位于有线宽带技术（如 ADSL）的延伸，目的就是希望能够摆脱网线的束缚，实现自由自在的无线上网。最早实现这一目标的是 IEEE 802.11x，也就是我们俗称的 Wi-Fi。试想一下，假如没有 Wi-Fi，你在星巴克上网的时候便会出现下面这样的场景，你微笑着与服务员说："请帮我牵根网线，要结实一点，你看这里人来人往，不要随便就被踩断，也不能太结实，免得成了绊马索"。试想随着客人的增多，星巴克中牵着密密麻麻的网线，如同蜘蛛网一样，走路都要小心翼翼，多煞风景，哪里还优雅得起来。正因为如此，Wi-Fi 一推出，即大受欢迎，多数笔记本电脑和智能手机都含有 Wi-Fi 模块，其规模不可谓不大，应用不可谓不广泛。

然而 Wi-Fi 的缺点也是明显的，那就是覆盖距离太短，于是就推出了 WiMAX 的固定版，IEEE 802.16d，可以实现最大 50km 的超远覆盖。在此基础上发展的 IEEE 802.16e 加入寻呼和漫游等功能，体现了明显的"宽带接入移动化"的特点。这是信息技术（IT，Information Technology）产业向通信技术（CT，Communication Technology）产业的一次渗透。

与此同时，移动通信技术也在向提供更高的数据速率而努力前行，3GPP 和 3GPP2 组织分别向 HSPA 和 EV-DV 方向演进，这标志着 3GPP 和 3GPP2 在坚持蜂窝通信标准移动性的同时，也在日益重视低速行走、局部场景下的高速下载能力。这实际上也可以理解为 CT 向 IT 的一次渗透，通信产业从传统的语音业务在不断向宽带数据业务进行拓展。

传统的通信产业和 IT 产业不约而同地注意到了它们之间交汇点的巨大潜力——移动互联网（Mobile Internet）正在兴起，人们希望可以随时随地接入因特网，浏览新闻、观看视频，并通过微博随时分享他们的所见所闻（如图 7-1 所示）。移动互联网用户的增长是如此迅速，以至于摩根斯坦利在他的一份著名的报告 "Internet Trends Outline" 中用了史无前例一词来形容移动互联网发展的迅速。

而移动互联网的接入技术是可以多元化的，你可以通过 HSDPA 来上互联网，也可以通过 Wi-Fi、WiMAX 或者是 EV-DO、LTE。只要你能满足无线宽带对于速率和时延等性能指标的要求，那么采用何种技术接入对于用户而言并不是那么关心。由于 IEEE 和 3GPP、3GPP2 从不同的方向朝着同一市场渗透，这也使得 IT 和 CT 在无线宽带领域的技术的界线变得越来越模糊，呈现出融合的趋势。

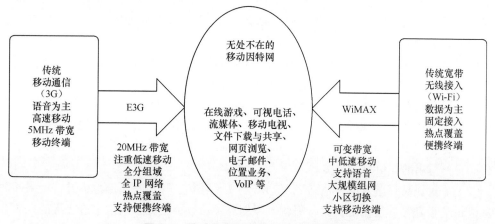

图 7-1　移动通信和宽带无线接入的融合

"宽带接入移动化"的趋势表现为：由大带宽向可变带宽（有的国家频谱资源比较紧张，为了部署方便，WiMAX 可以支持小带宽）发展；由固定接入向支持中低速移动演变，由孤立热点覆盖向支持切换的多小区组网演变（从 802.16d 向 802.16e 的演变趋势正是如此）；由支持数据业务向同时支持语音业务演变；由支持以笔记本电脑为代表的便携终端，向同时支持以手机的移动终端演变。业务语音化、覆盖广域化、网络移动化、终端手机化，IEEE 剑指何方，不言而喻。

而"移动通信宽带化"又表现为：由 5MHz 以下带宽向 20MHz 以上带宽演变（根据香农定理，没有更高的带宽就无法提供更高的速率，所以从 2G 到 3G 再到 LTE，其带宽都在不断提升）；由注重高速移动向低速移动优化演变；由电路交换、分组交换并行向全分组域演变（无论是 3GPP 还是 3GPP2 都意识到了 IP 网络的迅猛发展，都在标准中增加了支持 IP 的选项）；终端形态由以移动终端为主向便携、移动终端并重演变（大家可以看到数据卡的发货量越来越大）。

正是因为对移动通信未来必然宽带化的共识和应对 WiMAX 挑战的需要，3GPP 从 2005 年开始就将绝大部分力量投入 LTE 的研发。但这样的决策并非没有争议，因为 LTE 相对 UMTS 而言变化太大，根本就是一次革命性的改变，而非 LTE（Long Term Evolution）字面上来得那么平滑。为了保护在 UMTS 上的既有投资，也为了已有的 UMTS 网络相对 WiMAX 而言能够保持足够的竞争力，从 2006 年年初开始，又启动了 HSPA 演进（又称为 HSPA＋）的工作。

7.1.3 先有的，后放矢——LTE 需求

开公司，要先定战略，所谓战略，就是回答公司未来要往何处去。起草通信标准，首先要解决目标问题，技术细节敲定之前，先要对这个系统要达到的要求做一个整体的概述。我们都知道，目标越清晰，实现的可能性也就越大。3GPP 会对 LTE 有一个整体的目标，然后向各个成员征集方案，所以这个目标往往也称作需求。我们就来看看 LTE 的需求都是什么，在这里，我们只挑选在本书将展开论述的最重要的几条。

（1）显著提高峰值数据率，达到上行 50Mbit/s，下行 100Mbit/s。我们知道，LTE 追求的是"无线的宽带化"，想象一下，对于宽带而言，100Mbit/s，还是共享的，就相当于一个网吧的带宽只有 100Mbit/s，这个要求高吗？当然，对于移动通信，这很不容易，相比有线通信而言，付出的代价要大得多。

（2）显著提高频谱效率，达到 3GPP R6 的 2～4 倍。速率在不断地提升，如果所需要的频谱带宽也随之同比例地提升，那就太不划算了。频谱是无线通信中最宝贵的资源，提高频谱资源效率，是通信中永恒的命题。

（3）尽可能将无线接入网的环回时延降低到 10ms 以内。现在我们是要实现"无线宽带"，那么宽带要不要玩魔兽世界呢，宽带要不要玩反恐精英呢？对于每一个玩过对战类游戏的人而言，都知道时延高是一件多么痛苦的事情。

（4）可扩展带宽，需要支持 1.4MHz、3.0MHz、5MHz、10MHz、15MHz、20MHz 等系统带宽。我们可以看到，WiMAX 和 LTE 都不约而同地提出了希望支持可变带宽，而且希望能够支持 5MHz 以下的小带宽。这是因为全球的频谱资源都很紧张，有些国家或者运营商可能拿不出 20MHz 这样完整的一块频谱资源用于 LTE，那么让它们在更少的频谱带宽下也能运营 LTE 相当重要，能促进 LTE 在全球的开花结果。

下面我们就来看看 LTE 是如何实现以上目标的。

7.1.4　纵向删减，横向拉通——LTE 的卓越之道

传统的企业是金字塔式的，金字塔状的企业结构由高层、中层、基层管理者和操作层组成，董事长和总裁位于金字塔顶，他们的指令通过一级一级的管理层，最终传达到操作层；操作层的信息通过一层一层的筛选，最后到达塔顶。这样一来，反应的速度势必变慢，据说国内某大型钢铁集团公司曾经失去大客户上海汽车一事，顶层管理者 3 个月后才知道。

针对这种情况，美国管理学家德鲁克一针见血地指出："组织不良最常见的病症，也就是最严重的病症，便是管理层次太多。组织结构上的一项基本原则是，尽量减少管理层次，尽量形成一条最短的指挥链"。这也就是现在俗称的企业扁平化。

扁平化带来的另一个结果就是分权。对于金字塔状的企业而言，由于层级多，传递过程和时间长，信息易失真，因此实行的是绝对集权管理，要求下属绝对地服从上级的命令、听从指挥。同时一个上级指挥的下级也少，有精力对每个下级进行有效的管理。

而企业扁平化之后，原来一个上司只管 7 个下属，现在可能要管 30 个，覆盖面一广，在精力上不可能做到面面俱到，因此一般是以分权管理为主，权力中心下移，各基层组织之间相对独立，尽量减少决策在时间和空间上的时延，这将提高决策的民主化和决策的效率。

有时候不得不说人类的智慧是相通的，在企业由金字塔转向扁平化之时，移动通信网络几乎也发生了类似的变化。为了降低时延，LTE 将从 2G 到 3G 都一直很重要的基站控制器去掉了，无线网络由"核心网—基站控制器—基站"3 级结构变成了"核心网—基站"2级结构。在网络扁平化的同时，也不可避免地遇到了企业扁平化的问题，那就是一个上级（核心网）管的下属（基站）太多了，因此必须分权，所以，基站控制器的功能，大部分被下移到了基站，由基站自行进行决策。

在无线接入网发现变革的同时，核心网也在悄然兴起一场革命，其中心思想就是全IP化。有这样的思路并不奇怪，互联网蓬勃发展，而且互联网也被证明了可以有效承接语音业务（比如Skype），作为一张以数据业务为中心的网络，LTE有什么理由在核心网上再保持电路域加分组域这种传统的模式呢。

比方说以往的蜂窝系统，往往是采取电路交换模式（比如GSM），有的移动通信制式既有电路交换，又有分组交换（比如WCDMA，它有Iu–CS口和Iu–PS口分别与核心网的电路域和分组域相连），而LTE仅支持分组业务，它旨在在用户终端和分组数据网络间建立无缝的IP连接，以后无论是语音也好，数据也罢，全部走全IP网络，这与传统的网络大大不同。

LTE(Long Term Evolution)的含义是长期演进。演进包含两方面，一方面是核心网的演进，叫作系统架构演进（System Architecture Evolution），也就是那个全IP的分组交换核心网（EPC，Evolved Packet Core）；另一方面是无线接入网的演进，两者相加就构成了演进分组系统（EPS，Evolved Packet System）。上面的专业术语比较多，读者可能看得比较头晕，作者之所以把它们都列出来，是因为平时相关的资料或者文献中面经常提到这几个词汇。其实对于做无线的人来说，我们除了要记住LTE以外，其他几个名词比如EPC、SAE、EPS之类的可以暂且放在一边，不记得了就查书。接下来我们就从无线接入网和核心网两方面来阐述LTE相对GSM和WCDMA的变化。

1. 世界是平的——扁平化的LTE无线网

《世界是平的》是普利策奖获得者托马斯·弗里德曼（Thomas Friedman）最畅销也是影响最大的图书，在全世界都享有盛誉。如果弗里德曼也搞通信，我想他还会写一本书，叫作《LTE是平的》。如果问LTE的无线网相对以前的蜂窝系统变革最大的部分在哪里，那么就在于网络的扁平化。

在这里，我们首先来介绍一下LTE的无线接入网。LTE在砍掉基站控制器（RNC）后，它的无线接入网（E–UTRAN，Evolved–UTRAN）就只剩下基站一个网元了，界面倒是清爽了许多。大家很容易发现一点，以前无线接入网叫作UTRAN，这里叫作E–UTRAN，基站以前叫作Node B，这里叫作eNode B，这里的e，就是Evolved（演进）的意思，因为在LTE中基站eNodeB承接了很多原来RNC的功能，所谓权力越大，派头越大，既然原来的上级RNC的部分功能都有了，那么名片就要修改一下了，从头衔上一定要能看出来和以前那些基站的区别，于是就加了一个"e"，有这么一个前缀，大家一看到就能心领神会，哦，这就是LTE网络的基站，那个强大的、具有RNC功能的基站！

我们看到，UMTS中的Iub接口、Iu–CS接口和Iu–PS接口不见了，取而代之的是eNode B和核心网之间的S1接口。如果将S1接口分得更细一点，又包括和MME相连的S1–MME接口以及和SGW相连的S1–U接口，如图7–2所示。关于MME和S–GW的功能我们暂且放到后面再说，大家在这里先把这两个设备笼统地理解为核心网。

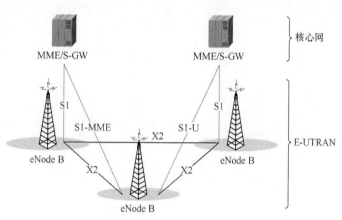

图 7-2　E-UTRAN 总体架构

由于 RNC 的功能大部分都转移到了 eNode B 上，假如你把 eNode B 看作是 RNC 的话，那么你很容易就能理解 S1-MME 和 S1-U 接口是做什么用的。S1-U 就相当于 WCDMA 中的 Iu-CS 接口和 Iu-PS 接口的用户面部分，也就是纯粹走语音和数据的，在 LTE 中语音和数据都走分组域的 IP 包，没有什么差别了，所以不再有 Iu-CS 接口和 Iu-PS 接口之分。S1-U 中的这个 U 也就是 User，用户数据的意思。

S1-MME 就相当于 WCDMA 中的 Iu-CS 接口和 Iu-PS 接口的控制面部分，走的都是信令。这个 MME 的全称叫作移动性管理实体（MME，Mobility Management Entity）。所谓移动性管理，就是管位置更新、鉴权加密之类的工作，因为无线资源管理（切换、功控等）这个本来是 RNC 的活已经由 eNode B 承包了，所以只剩下了这部分功能。

除了 S1 接口以外，eNode B 还有一个很有意思的接口，叫作 X2 接口。这个接口很特殊，特殊就特殊在从 GSM 到 WCDMA，从 cdma2000 到 TD-SCDMA，基站与基站之间都不存在任何接口。但是在 LTE 时代，RNC 消失了，所以 RNC 的有些功能 eNode B 就不得不承接下来，比如说基站的负载和干扰消息，以及切换信息，以前是由 RNC 来进行交互的。现在没有 RNC 了，就需要通过 eNode B 的 X2 接口来进行交互。如果是以前，基站是不需要知道另一个基站的负荷情况的，因为它不需要操心切换，RNC 会来统计每个基站的信息，并作为切换和负载均衡的依据。这个 X2 接口就部分相当于以前 WCDMA 和 TD-SCDMA 中的 Iur 接口，以及 cdma2000 中的 A3/A7 接口。

我们不妨拿一个公司的例子来打比方，说明 LTE 的组织架构及接口情况，如图 7-3 所示。

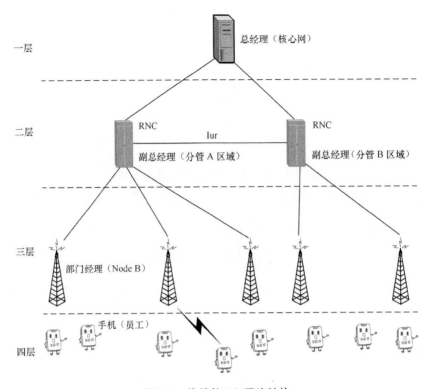

图7-3　传统的3G网络结构

3G网络结构是一个典型的金字塔结构，假如把核心网理解为总经理，总揽全局的话；那么RNC就是副总经理，分管某一个大的区域；基站就相当于部门经理，直接管理着一堆员工（手机）。

作为一个称职的副总，RNC需要时时关注部门经理的Node B的负荷情况，比如是不是手下管了太多员工（太多手机在交互信息），或者说业务量太大（话务、数据流量高），如果是的话，就需要对不同部门经理的工作量进行调整，这个就叫作"负荷分担"。

在企业待过的人都知道，一个员工想跨部门调动，从来就不是两个部门的部门经理说了算的，一定要到主管副总这一级。在无线网络中，也是如此，如果一个手机因为所在区域的变化要从一个基站切换到另一个基站，这两个基站是没有发言权的，它们只能把手机的测量报告（调动原因）上报给RNC，由RNC来进行决策，看到底该切换到哪个基站下。这个也是RNC副总的活——"切换"。

除此之外，副总还要负责一个重要的事情，叫作"功率控制"。什么叫作"功率控制"呢，那就相当于员工的出差补助。如果离家比较远（距离比较远），一般补助会高一点（提高发射功率）。如果出差的地方条件比较差，环境比较艰苦（干扰严重，或者衰落比较厉害），通常也会通过多发钱来补偿（提高发射功率）。"功率控制"是移动通信中一个很重要的动作，在 CDMA 网络中尤其如此（需要用它来克服远近效应）。

这么多信息副总之间怎么交互呢，嗯，就是那个 Iur 接口，当然有的信息是先通过核心网，然后由核心网来和各个 RNC 互相交互，这也很正常，如果都是在下面就交互完了，不就把老大（核心网）架空了么。

应当说图 7-3 所示的结构运转得挺正常的，但是随着无线宽带化趋势的发展，未来势必有越来越多的对时延要求很高的交互类游戏或者其他应用要跑在无线网络上，LTE 未雨绸缪，提出了无线网络 10ms 往返时延的要求，这不能不说是一个很大的挑战。为了降低时延，LTE 公司把副总这一层砍掉了，由总经理直接管部门经理，减少层级，加快事情的处理，如图 7-4 所示。

我们看到，为了提高反应速率，LTE 公司一狠心就精简机构了，裁掉的还不是普通员工，是副总经理！问题是，副总经理的这些活还得干，于是这些活就大部分下移到了 eNode B。eNode B 主要通过 X2 口交互各种信令消息。请注意，图 7-4 中每个 eNode B 只与另外一两个 eNode B 相连，实际上，是可以与若干个相邻的 eNode B 相连的。更强大的是，eNode B 可以自动发现自己的相邻基站，并与它相连，这个是怎么实现的呢？

LTE 中有一个自动邻区关联功能（ANRF，Automatic Neighbour Relation Function），这个功能就是利用手机来鉴别有用的、相邻的 eNode B 节点，即 eNode B 可以允许手机从另一个 eNode B 的广播信息中读取新小区的小区身份标识，然后把这个信息上报给 eNode B，这样 eNode B 就可以认为手机读到的小区信息就是与它相邻的基站发的。这与传统的无线网络的邻区的鉴别方法有着本质的不同，甚至可以说完全相反。传统的邻区都是通过人工在仿真地图上敲定的，然后在网络中进行配置，配置好的邻区信息是通过基站小区的系统消息的方式下发给手机的，手机对邻区既没有选择权，也没有建议权。如果某个邻区配置得不对或者配置是单向的，那么很容易就造成掉话，事实上现网很多掉话都是因为邻区配置不当。传统邻区的判别方法如图 7-5 所示。

到了 LTE 时代，在这方面要大大迈进了一步，3GPP 的设计者们估计征集了很多运营商的意见。我们知道，在空闲状态或者信号传输的压缩状态之时，手机会对其他基站的信号进行测量，如果发现信号的强度比较高，那么自然说明这个就是邻区了，因为一般意义上信号强说明手机和该基站离得也近，信号差说明手机和该基站离得也远。我们不难理解，通过手机的测量情况来发现邻区的方案自然要比人工看地图、然后对邻区情况进行拍脑袋的工作有效得多。说起邻区的检查和优化，估计从事 GSM 网络优化的人最有感触，他们几乎每天都需要查找邻区的漏配、多配、错配情况，这些工作是如此之多以至于他们总是过着面朝电脑背朝墙壁的生活，看到 LTE 对邻区的自动查找，估计要泪流满面："什么年代才能上 LTE 啊，我实在是不想优化邻区了"。

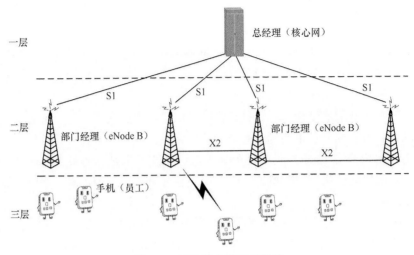

图 7-4　LTE 的 3 层网络结构

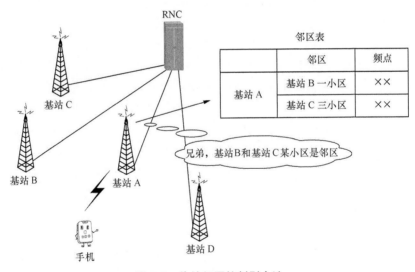

图 7-5　传统邻区的判别方法

自动邻区管理功能（ANRF）是 LTE 引进自优化网络（SON）的非常关键的一步，另外一步靠 X2 接口的自动数据交换，如图 7-6 所示。需要有足够的负载、干扰、切换等信息，LTE 网络的自动优化才能运转起来，因为没有数据就只能靠拍脑袋，这可不是电脑的长项。

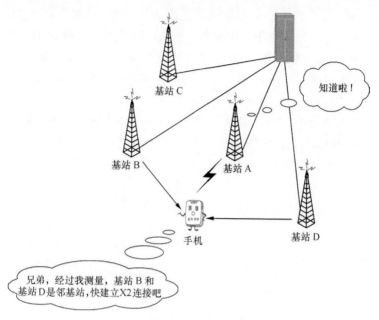

图 7-6　LTE 中的自动网络关联

2. 车同轴，路同轨——全 IP 化的 LTE 核心网

"天下大势，分久必合，合久必分"，这是《三国演义》中的经典台词，放到移动通信核心网的发展历程中来看也挺合适。最早的移动通信网只有电路域，GSM 也好，IS-95 也罢，都是这样，更不要提那个砖头般的大哥大了，整个核心网都是电路域的，这叫作"合"。到后来，数据业务的需求日益显现，于是在核心网侧除了电路域以外还有了分组域，比如 GPRS 中的 SGSN 和 GGSN，以及 CDMA 1X 中的 PDSN 和 AAA 鉴权服务器，核心网被分成了电路域和分组域两部分，这叫作"分"。LTE 设计之初就把满足数据业务放在了首位，加之 Skype 的成功，也说明了语音可以在 IP 网络上有效承载，所以一狠心就把电路域砍掉了，核心网又归一到分组域上，这叫作"合"。

所以我们看到移动通信的核心网也如三国一样经历了"合—分—合"的过程。核心网的第一个合，合于"电路域"，后一个合，合于"分组域"。LTE 的核心网号称是 EPC 网络，如同 eNode B 一样，这里也用 E（演进）来标注自己的身份，我们看看有 E 的 LTE 的核心网和没 E 的 WCDMA、cdma2000 的分组域核心网有什么区别。

（1）cdma2000 网络的核心网（如图 7-7 所示）

AAA 鉴权服务器的功能很简单，包含了鉴权、授权、计费功能。这个服务器的功能很重要，没有它，运营商的网络就敞开让人用了，收不到费了。就好像健身房的前台一样，验证了你的会员卡才让你进（鉴权），然后每次运动完毕再进行收费（计费）。

PDSN 的主要工作是为手机分配 IP 地址，建立、维护和终止与手机的 PPP 连接，并将数据转发到外部的公共数据网络。我们看到，这个设备除了要维护一条无线连接以外（没有办法，谁让无线的链路比有线的复杂那么多），其他功能与路由器很相似。

（2）GPRS/WCDMA/TD-SCDMA 的核心网

3GPP 出于平滑演进的考虑，继承了 GPRS 的原有分组域核心网，如此一来，GPRS、WCDMA、TD-SCDMA 的分组域核心网基本上是一致的，我们可以合到一起来看，如图 7-8 所示。

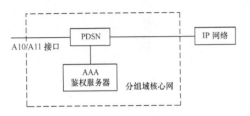

图 7-7　cdma2000 网络分组域

图 7-8　GPRS/WCDMA/TD-SCDMA 分组域核心网

SGSN 的功能有点类似于 GSM 电路域中的 MSC/VLR，其主要作用就是对移动台进行鉴权、移动性管理和路由选择。而 GGSN 的功能比较简单，那就是 IP 地址的分配和数据转发功能，然后生成计费信息，就相当于一台路由器。如果和 cdma2000 进行比较，我们就可以发现 PDSN 相当于剥离了鉴权功能的 SGSN 和 GGSN 的合体。

（3）LTE 的核心网（EPC 网络）

LTE 是 3GPP 发起的，由于思维惯性，UMTS 核心网的那些思路也会在 LTE 中有所体现。于是，我们想，一定会有和 SGSN 及 GGSN 相似的实体出现，如图 7-9 所示。

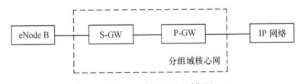

图 7-9　LTE 核心网（雏形 1）

其中，S-GW 是服务网关（Serving Gateway），它的功能和 SGSN 比较相似，但还不完全一样。它不仅要负责移动性管理，还要负责数据的转发，等于说把 GGSN 的一部分活都抢过来了。所以继承了 SGSN 的 P-GW（PDN Gateway）就只剩下一个可怜的 IP 地址分配功能了。

我们知道，LTE 时代，下行的带宽大大提高了，可以达到 100Mbit/s 甚至更高，可以拿"无线宽带"作为卖点来吸引用户了。但是大家知道，有线宽带有一个特点，就是付费金额不同的用户可以得到不同的服务。在 LTE 时代，带宽是共享的，那么运营商自然希望也设置不同的 QoS 等级，让付费更高的用户享受更好的保证带宽（GBR，Guranteed Bit Rate），这样运营商也可以赚到更多的钱。为了达到这个目标，LTE 又在核心网中增加了一个叫作策略与计费规则功能（PCRF，Policy and Charging Rules Function）的设备，由这个设备来确定应该给用户怎样的 QoS 并通知 P-GW 执行，因此 P-GW 拜这个新政策所赐，又增加了一个新功能。那么分组域核心网需要做一点小小的调整，如图 7-10 所示。

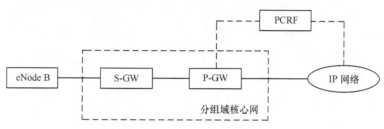

图 7-10　增加了 PCRF 的 LTE 核心网

大家看到，cdma2000 的核心网结构，没有包含 HLR，GPRS/UMTS 核心网的结构中，也没有 HLR。莫非分组域核心网中，不需要 HLR 吗？

答案显然是否定的，开户信息、用户鉴权信息，以及用户现在所处的位置等重要信息都存储在 HLR 中，移动通信网中怎么可能少得了这个设备呢？ cdma2000 的核心网中之所以没有 HLR，是因为 cdma2000 中的 AAA 服务器已经包含了类似的功能。在 cdma2000 中，电路域使用 HLR，分组域使用 AAA 服务器。GPRS/UMTS 核心网中之所以没有 HLR，是因为我们为了简单起见，没有画出来而已，在 GPRS/WCDMA/TD-SCDMA 中，分组域和电路域都是共用一个 HLR 的，SGSN 都有到 HLR 的接口，叫作 Gc 接口。所以，很显然 LTE 里面也不可能没有 HLR，于是，对图 7-10 略微进行修改，就变成了图 7-11。

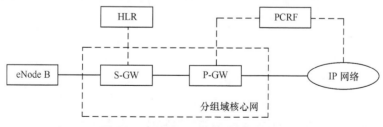

图 7-11　增加了 HLR 的 LTE 核心网

在图 7-11 中，应当说 LTE 的核心网已经很完备了，有人分配 IP，有人负责信息转发，有人记录用户信息，还有人控制 QoS 来赚增值服务费。但是 LTE 还是觉得不满足，它觉得 S-GW 的信令的流量是比较少的，业务数据流量是比较多的，两种流量应该分开由不同的设备来承载，比如信令由 MME 来承载，数据由 S-GW 来承载，这样才更有效率、更经济。因为 S-GW 可能在一个地市放一台，MME 在省里放一台就够了。这也是继承了从 WCDMA R4 以来一贯的控制与承载分离的思想。对图 7-11 再进行一些修改，就成了图 7-12。

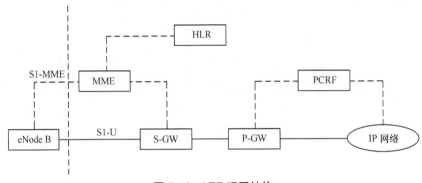

图 7-12　LTE 现网结构

移动性管理实体（MME，Mobility Management Entity）是处理手机和核心网络间信令交互的控制节点，这个设备继承了一部分 RNC 的功能，比如位置更新、承载的建立和释放等。当然，RNC 的大部分功能都下移到 eNode B 中去了。

到这里，我们就介绍完 LTE 的无线接入网和核心网，以及 LTE 的两个关键技术 OFDM 和 MIMO，这几项构成了 LTE 的骨架。接下来我们想增加一点细节的内容，将骨架填充一下，显得更有血有肉，要填充的内容是 LTE 的空中接口。毕竟，关于空中接口，我们只讲到了 OFDM 和 MIMO 技术，这不过是 LTE 物理层所采用的多址技术，而我们介绍其他标准的时候都介绍到了帧结构和信道这一级，如果 LTE 也介绍到这一级的话，也好进行比对。

7.1.5　万变不离其宗——LTE 的物理层结构与流程

LTE 对物理层资源的划分与 GSM 极为相似，在单天线的情况下（不算 MIMO），也是通过频率和时间两个维度来对资源进行划分的。如果算上 MIMO 的情况，就还可以从空间的角度来进行区分，空间是通过多天线传输和接收技术来实现的，以"层"进行测量。为了简单起见，我们在这里只讨论单天线的情况，MIMO 的情况过于复杂，暂不展开讨论。

1. "井田制"——GSM 和 LTE 的资源划分之道

当人类从狩猎文明转向农耕文明之后，必然会遇到一个问题，那就是土地资源该如何分配。土地都是大自然形成的，大小不等，形状各异，宗族的族长给大家分配土地的时候，如果随手圈一块地就分给一个人，必然大小不均，显失公平。这个问题难不倒智慧的古人，土地天生大小不匀，我们可以后天给它划匀，一横一竖地画井字，长宽都固定，这土地不就划匀了么，如图 7-13 所示。

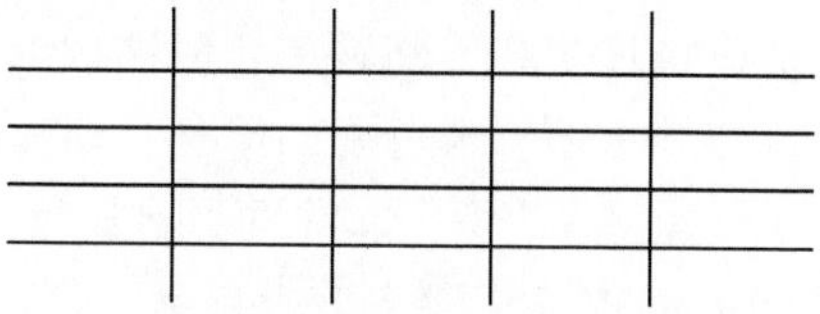

（1）GSM 与 LTE 的资源分配

GSM 也如法炮制，它以频率作为纵轴，时间作为横轴，也整出了这么一个围棋盘似的资源分配方

图 7-13　井田划分资源

案。从频率域上而言，GSM 上行的 890 ～ 915MHz，共有 25MHz，按 200kHz 这样一刀刀切下去，可以切成 75 个频点，也可以理解为 75 个载波；从时间域上而言，GSM 将一个 TDMA 帧切成 8 份，每个 TDMA 帧是 4.615ms，那么每个时隙的时间长度就是 0.577ms。频率上的 200kHz 和时间上的 0.577ms 组成了一个时隙，如图 7-14 所示。

大家应当仔细看一下图 7-14 对 GSM 频率与时间资源的划分，接下来再看 LTE 对频率与时间资源的划分，就会发现几乎长得一模一样，只是在参数和多址方式上略有差别，这些差别我们会在下面一一列举。

我们来看看 LTE 对资源的划分情况，首先看看时间域的划分情况。LTE 最大的时间单元是一个 10ms 的无线帧，分为 10 个无线子帧，每个子帧 1ms，这些子帧又分为 2 个时隙，每个时隙 0.5ms，相当于一个 LTE 帧有 20 个时隙。这与 GSM 略有不同，GSM 一个无线帧是 4.615ms，不到 LTE 的一半，然后每个时隙是 0.577ms，与 LTE 的 0.5ms 比较接近。另外，GSM 中没有无线子帧的概念。

时间轴，一个 TDMA 帧 =4.615ms，一个时隙 =0.577ms

	时隙 1	时隙 2	时隙 3	时隙 4	时隙 5	时隙 6	时隙 7	时隙 8
200kHz								
200kHz								
200kHz								
200kHz								
200kHz							◯	——时隙
200kHz								
200kHz								
200kHz								
200kHz								
200kHz								
200kHz								
200kHz								

频率轴

图 7-14　GSM 资源划分情况

在每个时隙中，LTE 有 7 个 OFDM 的符号，至于一个符号对应多少比特，那要看调制方式。

在频率域上，LTE 的一个子载波的宽度比 GSM 小得多，LTE 的是 15kHz，而 GSM 的是 200kHz。LTE 将频率切成这么细一条就是为了方便将资源进行灵活分配。大家可以从图 7-15 中看看资源分配的情况。LTE 支持的最小带宽是 72 个子载波，也即 1.08MHz。

接下来有两个非常重要的概念，在 LTE 中用得很多。第一个是资源元素（RE, Resource Element），它由频率上的一个子载波和时间上的一个 OFDM 的符号持续时间组成，这是资源的最小单元；第二个是资源块（RB, Resource Block），资源块在频率域上占用了 12 个子载波（180kHz），在时间域上占用了一个时隙（0.5ms），图 7-15 的下半部分就是一个资源块。

（2）LTE 的帧结构

我们随手摘出一个子载波在时间上的序列，如图 7-16 所示，就是所谓的一个无线帧了。现在这个无线帧是一片空白，我们按照协议规定的标准格式填进去，即是所谓的无线帧结构了。帧结构有两种，其中一种用于 FDD-LTE，另一种用于 TDD-LTE。

① FDD 帧结构。

适用于 FDD 帧结构的一个无线帧为 10ms，一共 10 个子帧，每个子帧 1ms，包含两个时隙，每个时隙 0.5ms，如图 7-17 所示。

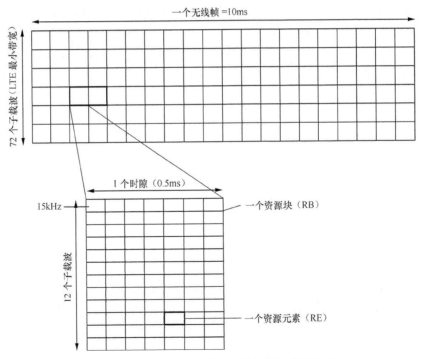

图 7-15　LTE 资源划分情况（常规循环前缀方式）

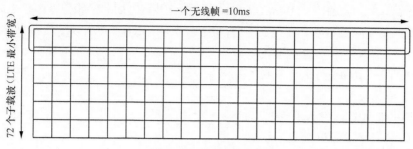

图 7-16　LTE 的无线帧

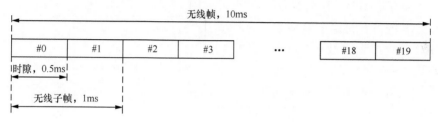

图 7-17　FDD 帧结构

② TDD 帧结构如图 7-18 所示。

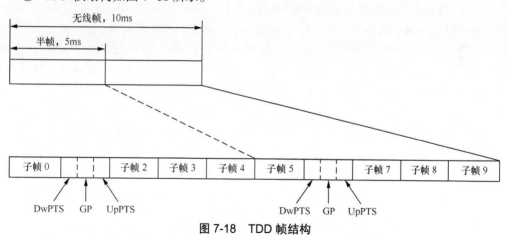

图 7-18　TDD 帧结构

我们看到，TDD 的帧结构与 FDD 很相似，不过是把两个子帧单独拎出来用来进行同步。这两个特殊子帧都包含 3 个特殊时隙——上行导频时隙（Uplink Pilot Time Slot）、下行导频时隙（Downlink Pilot Time Slot）和保护时隙（GP，Guard Period），这 3 个特殊时隙总长为一个子帧的时长 1ms。这 3 个时隙似乎让我们想起了点什么，那就是 TD-SCDMA 的帧结构，如图 7-19 所示。

我们看到，TDD-LTE与TD-SCDMA的帧结构在某些方面非常相似，都是10ms的无线帧，都分成两个5ms的半帧。在这5ms时间中，TDD-LTE有4个常规子帧和1个特殊子帧，其中这个特殊子帧用来发送上下行的导频；而TD-SCDMA有7个常规时隙和1个特殊时隙，其中这个特殊时隙也是用来发送上下行的导频。

在本章中，为了简单起见，讲述的都是FDD-LTE，如果读者对TDD-LTE感兴趣，请参考相关图书。

关于LTE的下行链路的资源划分和帧结构就介绍到这里，上行由于采用的是SC-FDMA多址方式，与此略有不同，就不再加以详细地阐

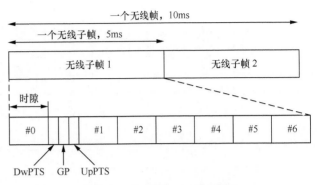

图7-19 TD-SCDMA 的帧结构

述。接下来让我们来了解一下LTE的基本工作流程。

2. "面经"是怎样总结出来的——LTE的物理层工作流程

作者没有当过"面霸"，但作者见过货真价实的"面霸120"，此人身经百战，面试过大大小小的无数公司。最后总结出很凝练的几条经验，说HR的面试无非也就是那几个问题："第一问你为什么放弃现在的工作选择我司，看看你跳槽是有长远想法还是缺乏考虑，免得你很快又闪人；第二问你对我司的企业文化、工作强度、提供岗位有什么看法，看看两者之间合不合拍；第三对你的专业水平进行测试，看看你值多少钱"。现在网上流传的N多"面经"（面试经验），想必就是这样的"面霸120"总结出来的吧。

实际上，当你经历了各种移动通信制式的通信流程之后，你会发现GSM、CDMA也好，WCDMA、TD-SCDMA或者LTE也罢，很多流程或者信令方面的东西都是相通的。比如说3G和LTE都需要先进行同步，只有同步之后才能进行其他的工作；同步之后需要通过导频对信道进行估计；导频之后需要解读系统消息，只有解读了系统消息才能知道网络的一系列相关参数，然后进行下一步动作；都需要监听寻呼，否则没法当被叫。这样总结一圈下来，或许你也可以整个什么"流程经""信令经之类"的。

在本小节，我们不妨拿WCDMA来和LTE进行一番工作流程上的比较，由于WCDMA的制定年代离LTE较近，因此相似之处要更多。

（1）看电视，先校准时间

在当年手机和电子表还不是如此流行的时候，人们都习惯戴那种老式的上发条的手表。手表的作用是很重要的，要是你没有手表，搞不好你会上班迟到，赶火车晚点。所以那个年代的人结婚，手表和缝纫机、自行车一样，并列为结婚大件。如果有了手表，但是时间

不准，上面那些麻烦同样存在，所以当年晚上 7 时的新闻联播对于很多人来说还有一个特殊的意义，那就是校准手表。在 7 时新闻联播音乐响起的那一刹那，你也按下了手表的机芯，时间对准了，意味着你和这个世界同步了，工作可以正常开展了。

对于通信系统而言，这个同步来得要更重要，由于通信系统传递的都是一串串 "0" 和 "1" 的码流，如果在时间上没有统一标准，不同步，接下来的动作会很麻烦。所以 LTE 的第一步动作，也是进行同步。WCDMA 的同步是在每个时隙的前 256 个码片，那么 LTE 的同步信号会在哪个位置呢，由于每个子载波的信号都需要同步，因此每个 10ms 的无线帧都会有同步信号，我们来看看图 7-20。

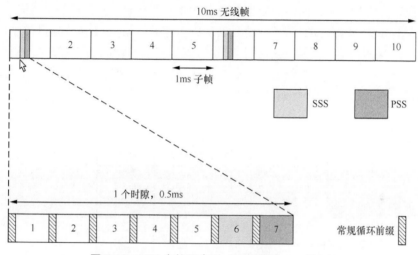

图 7-20 LTE 中的同步码（LTE 概述——华为）

在 WCDMA 中，分为主同步码（PSC）和从同步码（SSC），主同步码用来确定时隙的边界，从同步码用来确定帧的边界以及主扰码的组号。在 LTE 中也如法炮制，同步也分为两部分，即主同步信号（PSS，Primary Synchronization Signal）和从同步信号（SSS，Secondary Synchronization Signal）。

我们从图 7-20 中看到，PSS 总是处在第 1 个时隙或者第 11 个时隙的最后一个 OFDM 符号上，而 SSS 总是和它挨着，一般位于倒数第二个 OFDM 符号上（图 7-20 中显示的 1 和 6 指的是子帧号，一个子帧包含两个时隙）。

PSS 和 SSS 的作用与 WCDMA 中的 PSC 和 SSC 很相似，也是 PSS 用来对时隙进行定界，而 SSS 用来对帧的边界位置进行敲定，SSS 还可以得到小区识别号。

（2）信号不好，调调天线

以前的电视机，黑白的也好，彩色的也罢，都是接收的无线电信号，而不像现在一样接收的是广电提供的有线闭路电视信号。既然是接收无线信号，那么电视机机体还带着一根天线。如果看着觉得信号不好，就可以对天线进行调整，拉长缩短，调左调右。

我们可以拿电视机上的图像与生活中所见到的图像进行对比，如果出现变形就意味着信号质量有问题，需要进行调整和校正。在这里，我们生活中见到的图像充当了"导频信号"，如果发现电视机上的图像与之反差很大，就知道信号不对了，需要校正。

在移动通信中，导频起的也是相同的作用，导频信号是一串收发双方都知道的固定的序列。导频信号通过信道发送之后可能会有失真，会有丢失，接收端根据已知的固定序列一比对就知道问题出在哪里，就可以对信道进行校正了。

我们看到，在 LTE 中，同步信号是每个子载波上都有的，但是对于导频信号而言，这样做没有太多必要。因为 LTE 的子载波之间的频率相差也就 15kHz，这与其他制式完全不同，在之前，GSM 的信道带宽可以算很窄了，也有 200kHz。子载波之间的频率差别如此之小，那么相邻的子载波之间信道差异也不会很大，所以没有必要那么奢侈，几个子载波共用一个导频信道就好，如图 7-21 所示。

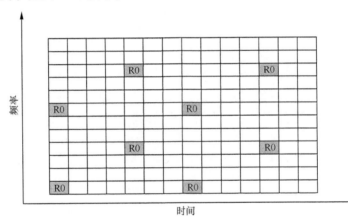

图 7-21　LTE 的参考信号

图 7-21 中的阴影区域并标识了 R0 的格子说明那是参考导频信号。大家数一数图中的横轴和纵轴的格子。纵轴是 12 个格子，也就是 12 个子载波；横轴是 14 个格子，也就是 14 个 OFDM 符号。对数字敏感的人或许察觉了什么，12 个子载波和 7 个 OFDM 就组成了一个 RB。这也就是说，图 7-21 中的 8 个导频 OFDM 符号存在于两个 RB 中，也即每 3 个子载波才有一个导频符号，比起每个子载波都放导频信号来说还是节约了不少资源。

（3）欲看电视，先看导播信息

手表的时间对好了，发条拧上了，电视的天线位置也校准好了，接下来该干什么呢？毋庸置疑，肯定应该先看导播信息，电视台总会隔段时间就播放导播信息，好让你知道有些什么节目，都分布在什么时间，这些导播信息与移动通信网中的系统信息非常相似。LTE 在前两个步骤中进行了信号的同步，又给出了导频参考信号用于信道估计，接下来的事情就是收听系统消息了，这在 WCDMA 和 LTE 中均无例外。WCDMA 在用 P-SCH 和 S-SCH 完成同步，用 CPICH 导频信道进行校正之后，接下来的工作也是收听系统消息。其实不止 WCDMA，GSM、CDMA、TD-SCDMA 莫不如此。

在 LTE 中，是利用物理广播信道（PBCH，Physical Broadcast CHannel）来传输系统消息的。PBCH 很有意思，不管 LTE 采用的带宽是多少，它永远都是只占用中间那 72 个子载波来传输数据（72 × 15kHz = 1.08MHz），这下大家可以理解 LTE 的最低带宽为什么是 72 个子载波了吧，低于 72 个子载波，系统广播消息都没法发送全，接下来的工作不好开展啊。

我们可以看到，图 7-22 上半部分表示的是 N 个子载波，PBCH 占了中间的 72 个子载波用于发射信号。图 7-22 中所示的是 6 个 RB，1 个 RB 在频率轴上占 12 个子载波，因此 6 个 RB 就是 72 个子载波。我们从中截取 1 个无线子帧，即两个 RB，放大来看，如图 7-22 的下半部分所示。

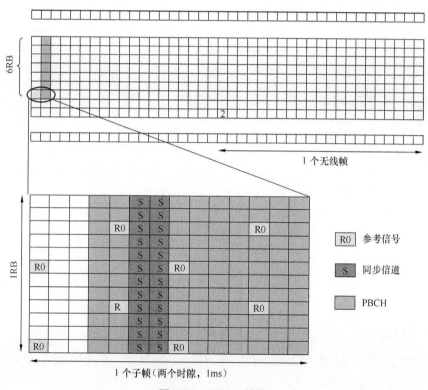

图 7-22　PBCH 结构

下半部分的前 3 列，也就是前 3 个 OFDM 符号除了导频参考信号以外没有填充其他信号，其实这部分是用来走信令的，我们在这里不展开详述。由于图 7-22 取的是第一个时隙，所以符号 6 和符号 7 都是用来作为同步的信息，至于其他部分，就可以用来传送 PBCH 信息了，PBCH 的空余地方，还可以用来传送 PDSCH 信息，那么什么是 PDSCH 信息呢？

（4）PDSCH，LTE 的正餐

如同吃饭一样，开餐前的小点心、凉菜只是用来开胃的，后面的才是正餐。前面的同步、导频和广播系统消息，目的无非是一个，为了传送语音和数据，以及伴随语音和数据的信令，那么这些信息承载在哪呢？答案就是物理下行共享信道（PDSCH，Physical Downlink Shared Channel）。

物理下行共享信道（PDSCH）是 LTE 承载主要数据的下行链路信道，所有的用户数据都能使用，还包括没有在 PBCH 上传播的系统广播消息，以及寻呼信息——LTE 系统中没有特定的物理层寻呼信道。PDSCH 通常以资源块为单位进行调度。

由于 PDSCH 没有特殊的位置，所以在本节中也就不再为 PDSCH 画框图。

应当说，LTE 离 4G 技术还有相当一段距离，为了更高的速率、更低的时延、更优的架构、更低的成本，人们还在不断努力，将 LTE 继续向前演进，这就是 LTE-Advanced。

7.2 LTE-Advanced——迈向 4G

我们之前说过，在 3GPP 组织的规划中，在 WCDMA 和 IMT-Advanced 之间，原本是不存在 LTE 的，但是因为 IEEE 的 WiMAX 的横空出世，3GPP 不得不将大部分资源集中起来投入到 LTE 上以应对挑战。

到 2008 年 3 月，LTE 的标准已接近尾声，借 ITU 征集 4G 标准——IMT-Advanced 之机，3GPP 也开始在 LTE 的基础上继续进行演进，新标准的名字没有什么创意，叫作 LTE-Advanced，先进的 LTE。那么相比以前一定有一些不一样的东西，我们来看看 LTE-Advanced 都带来了哪些不一样的东西。

7.2.1 4G 的愿景——"我有一个梦想"升级版

对于移动通信，人们很早就提出过美好的愿景，那就是"在任何时间、任何地点与任何人进行任何类型的信息交换"。

应当说到了第一代通信大哥大的时候，终于把人们从电话线的束缚中解脱出来，人们终于可以边走边打电话了，然而，有限的网络覆盖，七国八制的通信标准，使得在任何地方都能打电话还只是一个梦想。为了解决覆盖问题，摩托罗拉提出了一个颇有点理想化主义色彩的"铱星计划"，号称全球无缝覆盖，然而铱星计划最终因为成本远远高出了用户的承受能力而破产。

不能支持漫游，保密性差，到一种网络换一种终端，随着用户的快速发展，传统的模拟移动通信的毛病体现得越来越明显。痛定思痛，欧洲的 ETSI 终于打算结束这种杂乱无章的局面，开始制定全球移动通信系统标准（GSM，Global System of Mobile Communication），看这个名字就能知道其野心，无非是想建立一个全球统一的通信系统。可惜，北美的 CDMA 斜刺里杀出搅了 GSM 的好局，GSM 虽然三分天下有其二，毕竟未能实现一统。不过，GSM 的广泛应用和全面覆盖使得"任何地点"能够打电话终于基本得以实现。接下来的问题就是要解决传递"任何信息"的问题，GSM 通过升级到 GPRS 和 EDGE，使得移动通信网不再是一张单纯的语音网络，而是具备了数据功能。但是无论是 GPRS 也好，EDGE 也罢，其上网速率都太慢了，如果想开展视频点播或者其他需要高速率支持的数据业务，就显得力不从心，对于"任何信息"而言，只能算是实现了一部分。

到了 3G 时代，WCDMA、cdma2000 EV-DO、TD-SCDMA 分别支持 14.4Mbit/s、3.1Mbit/s、2.8Mbit/s。这样高的速率对于绝大多数的数据业务而言都够了，到此为止，"任何信息"总算是实现了。

目标实现了是不是就完了呢？邓丽君有一首著名的歌叫作《漫步人生路》，里面有一句歌词"越过高峰另一峰却又见，目标推远，让理想永远在前面"，这句歌词很好地描述了移动通信标准从历史到今天乃至以后推进的状况。虽然 WCDMA 以及其他两大 3G 标准很好地实现了最初的梦想，但是从 WCDMA—HSPA—LTE—LTE-Advanced，人们并没有满足，其要求越来越高，想法越来越多，其实也唯有如此，才能推动移动通信技术不断向前进步。我们来看看 LTE-Advanced 具体有哪些想法和要求。

（1）速率与时延：LTE-Advanced 毕竟定位是"无线的宽带化"，作为宽带，上行下载速率对视频类和下载类业务关系重大，而时延与交互类游戏的体验息息相关，大家想一下自己上网的体验，就知道这两个指标的分量。

在峰值速率上，LTE-Advanced 要求低速移动的情况下下行能达到 1Gbit/s，上行峰值速率为 500MHz。大家可以发现一个有意思的现象，LTE 当初提需求的时候就是下行 100Mbit/s，上行 50Mbit/s，LTE-Advanced 的这两个要求恰好是 LTE 的 10 倍；而在高速移动的条件下，要求下行峰值速率为 100Mbit/s。下行峰值速率达到 1Gbit/s 是 4G 技术的重要标志，从 HSPA 到 LTE，一直都没有越过 M 这个数量级，现在终于到 G 了，这是一个里程碑般的数字。

在 LTE 时代，对时延的要求是从空闲状态到连接状态时延小于 100ms，从睡眠状态到激活状态转换时延低于 50ms；而到了 LTE-Advanced，从空闲状态到连接状态时延小于 50ms，从睡眠状态到激活状态转换时延低于 10ms。

（2）有效支持新频段和大带宽。

频谱资源在全世界都是个稀缺货，LTE 需要的频谱资源又多，着实令人为难。因此 ITU 四处搜集空闲的频谱，与此同时也要求 LTE-Advanced 能够支持多个频段。都有哪些频段呢？

其中包含了 450 ～ 470MHz、698 ～ 862MHz、790 ～ 862MHz、2.3 ～ 4.2GHz、4.4 ～ 4.99GHz。能凑出这么多频段也殊为不易。3G 的传统频段集中在 2.1GHz，现在到了 4G，开始出现了多个频段共存，且高低分化的局面。LTE-Advanced 的大量频谱资源集中在 3.4GHz 以上的高频段上。在 2.1GHz 的 3G 频段上，就已经出现了覆盖能力和穿透建筑物的能力不够的情况，遑论更高的频段。

因此 ITU 在规划频段的时候，就考虑了在不同的场景下应用不同的频段。数据业务当前呈现了明显的不均匀分布的状况，大部分的容量需求集中在室内和热点区域，据日本的 NTT DoCoMo 统计，80% 的数据流量是发生在室内的。因此，高频段就可以用于室内覆盖场景，提供大容量高速率业务，从而可以弥补它穿透力不足和覆盖、移动性方面的弱点。

在图 7-23 中，采用高频段用来专门覆盖室内和热点区域内的低速移动用户，将大部分容量都吸收到高频段中，从而可以将覆盖效果比较好、穿透能力比较强的低频段频谱节省下来用于覆盖室外的广域区域以及高速移动用户。

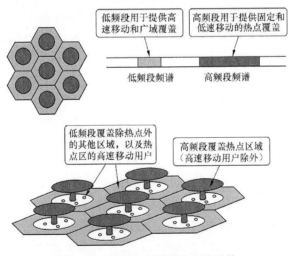

图 7-23　多频段层叠接入网络结构

我们可以把 LTE-Advanced 理解为一个"分层"的结构，底层采用的低频段，用来做广覆盖，保证每一个用户能够接入。而在这张网络之上，又选取若干热点，在这些热点上叠加高频段，用来保证容量。通过多个频段的紧密协作，就可以有效地满足 LTE-Advanced 在高容量和广覆盖方面的双重需求。既然这两个需求单纯用高频段（覆盖效果差）和单纯用低频段（频谱资源少，容量不够）都没法解决，那么我们就采取兼容并包的方式来处理吧。

（3）高频谱效率。

应当说就单条链路而言，HSPA 已经是很接近单条链路的香农极限了。如果没有 MIMO，想提升上下行速率只能通过更多的频谱资源的消耗来换取。对于频谱资源很稀缺的移动通信而言，这种奢侈的玩法显然是耗不起的，幸好有了 MIMO，我们才可以在不消耗更多频谱资源的情况下不断提升峰值速率。

LTE-Advanced 要求系统下行峰值频谱速率为 30bit/（s·Hz），上行峰值速率为 15bit/（s·Hz），并且希望这时的下行天线配置为 8×8 或者更少，上行天线配置为 4×4 或者更少。更多的天线场景在实际应用中难以碰到，如果只是在实验室实现那就没有太多意义了。

我们接下来来看看，为了提高系统性能，LTE-Advanced 都采取了哪些关键技术。

7.2.2　让梦想照进现实——LTE-Advanced 关键技术

LTE 相对于 3G 技术而言，名为"演进"，实为"革命"，其空口技术发生了翻天覆地的改变，如 OFDMA、MIMO 技术等。这些技术充分采用了 20 年来信号处理技术的成果，以至于到了 LTE-Advanced 的时候，一时也拿不出什么革命性的技术出来了。

所以 LTE-Advanced 相对 LTE 而言，在空口上没有发生太大的变化，依然沿用了 OFDM 和 MIMO 技术。这样做也有其他的考虑，LTE 本来就带有 4G 技术的特征了，只需要在其基础上进行修改，即可满足 IMT-Advanced 的要求，这个时候进行大的变动，对产业链上已经开始去进行 LTE 的商业运作的合作伙伴是一种打击，不利于 LTE 的产业化和商业部署。

基于这样的考虑，3GPP 规定，LTE-Advanced 系统应支持原来 LTE 的全部功能，并支持与 LTE 的前后向兼容性。也就是说，LTE 的终端可以接入未来的 LTE-Advanced 网络，而 LTE-Advanced 终端也能接入 LTE 系统。我们知道，从 GSM 到 WCDMA，从 WCDMA 到 LTE，都是需要更换终端的，更换终端带来了高昂的成本。而 3GPP 做出前后向都兼容的决定，无疑是在告诉产业链的上下游，可以放心大胆地投入 LTE 的商业运营上去，芯片商你赶紧生产 LTE 的芯片吧，到 4G 时代你这条流水线也不用停下来，运营商你赶紧部署 LTE 网络吧，这可是一张能对接 4G 的网络啊，现在可以领先，未来也不会落伍！

由于高速数据业务大多发生在室内和热点地区，因此 LTE-Advanced 准备重点对室内和热点场景进行优化，为了实现这个目的，它引入了中继站、家庭式基站、分布式天线等多种手段来扩展高频段的覆盖；在系统带宽的支持上，由于 LTE-Advanced 最大支持 100MHz 的连续频谱很难找到，因此提出了载波聚合（CA，Carrier Aggregation）的概念，LTE-Advanced 的关键技术还包括协同多点、演进型家庭基站、增强型 MIMO、中继等。

1. 零散的资源能放到一起用吗——载波聚合

我们在之前说了，LTE-Advanced 的频段高低分布不匀。高频段具有的频谱资源丰富，从而能提供大带宽、高容量的功能，同时它又具有覆盖能力不足、穿透能力差的弱点；低频段具有覆盖能力强、穿透性能好的特点，但同时频谱资源又非常有限，无法提供更多的带宽。

所以 LTE-Advanced 采取了"多频段层叠建网"的思路，把低频段用于广覆盖，用来给所有用户提供接入服务，用以弥补高频段在覆盖和支持高速移动方面的不足；同时在此基础上用高频段来对室内和热点覆盖，用来弥补低频段在频谱资源上的不足。有时候你可以把它理解为"广域网"和"局域网"的差别，现在中国三大运营商的 3G 建设基本都采取了这种模式，即"3G+Wi-Fi"，用 3G 来提供一个广覆盖，保证你能随时随地上网，而在高铁、机场、咖啡厅等热点场所用 Wi-Fi 叠加一个覆盖，由于 Wi-Fi 能提供高达 54Mbit/s 的下行带宽，因此能有效缓解 3G 网络的压力。LTE-Advanced 高频段资源在热点的应用场景和 Wi-Fi 是很相似的，不过能够提供比 Wi-Fi 高得多的性能。

除此之外，在频谱方面 LTE-Advanced 还遇到了别的问题，大家都知道 LTE 中支持的带宽是 20MHz，但是 LTE-Advanced 为了实现更高的峰值速率，需要最大可以支持 100MHz 的带宽。现在很多国家频谱资源都非常紧张，要找出一些 20MHz 的连续带宽已殊为不易，何况 100MHz！很多时候我们会遇到一些不连续的零散频段，中间可能有一些频谱资源已经被分配出去了，面对这种问题，我们该怎么办呢？

为了解决这个问题，LTE-Advanced 采用了载波聚合的方式。所谓载波聚合，其实就是一种资源的整合，其实我们不妨把它类比成单位捐款，现在需要捐款 1 万元，但个人要拿出这么一笔金额比较困难。怎么办呢？一人捐一点合到一起就解决了。LTE-Advanced 采取的正是这种模式。

在 LTE-Advanced 里，可以用载波聚合来实现连续 / 不连续频谱的资源整合。载波聚合的时候首先应该考虑将相邻的数个小频带整合为一个较大的频带，这样对于终端而言滤波器需要滤波的频段比较集中，不需要在一个很大的范围内去滤波，这样实现起来比较容易，如图 7-24 所示。如果相邻频段资源不够，那就要考虑去非相邻频段来整合资源了，在这么大跨度内整合资源有一个问题横亘在面前，那就是滤波器，如果这些频段之间间隔很大（很多频段相隔数百兆赫兹），那么对于滤波器而言就比较难实现。

实现载波整合后，LTE 的终端可以接入其中一个载波单元（LTE 的最大带宽为 20MHz，因此这个频谱资源块不超过 20MHz），而 LTE-Advanced 的终端可以接入多个载波单元，把这些载波单元聚合起来，实现更高的带宽。

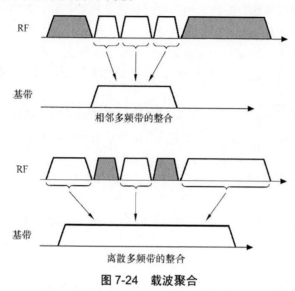

图 7-24　载波聚合

载波聚合的优点十分明显，LTE-Advanced 可以沿用 LTE 的物理信道和调制编码方式，这样标准就不需要有太大的动作，从而实现从 LTE 到 LTE-Advanced 的平滑过渡。

2. 打破部门墙——CoMP

企业一个常见的毛病就是部门墙太厚，出于自己部门绩效的考虑，各个部门各扫门前雪，对于部门之间交叉的工作办起来就效率和质量极其低下。通常认为解决部门墙的办法就是设置一致的目标和 KPI，使得部门之间能够有效协作起来，共同完成工作。

移动通信制式很多时候也是这样，由于比较关注峰值速率，因此当终端在小区边缘的时候基站容易消耗更多的资源去克服衰落带来的影响。LTE 由于很多时候采取的是同频组网，所以小区间干扰比较大，由于小区间干扰往往发生在小区边缘，属于多个基站的覆盖区域，靠单个基站的努力效果比较有限，因此需要多个基站的协作。

为了提高小区边缘性能和系统吞吐量，改善高数据速率带来的干扰问题，LTE-Advanced 引入了一种叫作协同多点（CoMP，Coordinated Multi-Point）传输的技术。

（1）基站间协同

用来进行协同多点传输技术的基站有两种，其中一种就是利用原来的 eNode B 来对用户一起传数据。这种方式会带来一个问题，就是用来进行协作传输的相邻 eNode B 之间需要敷设光纤，原来的相邻 eNode B 之间的 X2 接口是通过 Mesh 相连的，Mesh 是一种无线组网方式，大家只要理解为原来的 eNode B 之间是通过无线技术对接的即可，由于 Mesh 技术较复杂，在这里不展开讨论。既然是通过无线技术实现基站间互联的，那么大家也想象得到，其所能传输的数据量是有限的，其传输时延也是比较长的。基站之间很难实现数据业务之间的协同，而只能实现控制面的信令交流。

现在基站间通过 RoF（Radio-over-Fiber）光纤直接相连，光纤传输数据的能力大大高于无线的 Mesh 网络。因此，X2 接口可以从一个单纯的控制面接口扩展为一个用户面/控制面综合接口。

除了将现有基站的 X2 口采用光纤互联，扩大其传输能力，从而实现基站间协调传输以外，还有一种方式能实现多点协同通信，那就是采用分布式天线。

（2）分布式天线

分布式天线是一种从"小区分裂"角度来考虑的新型网络架构，其核心思想就是通过插入大量新的站点来拉近天线和用户之间的距离，实现"小区分裂"。这种方式听起来与图 7-25 所采用的方式类似，图 7-25 也是对小区进行分裂了嘛，有 4 个基站，区别在哪里呢？

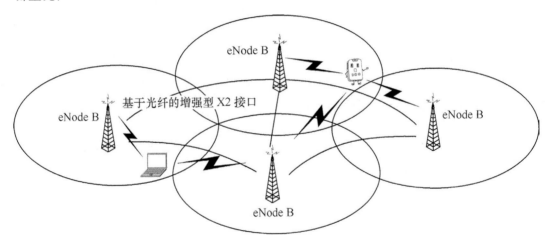

图 7-25　基于现有站点的协同传输

那就是分布式天线新增的天线站只包含射频模块，类似一个无线远端单元（RRU，Radio Remote Unit），而所有的基带处理仍集中在基站，形成集中的基带单元（BBU，BaseBand Unit）。除了"主站点"，其他分站点不再有 BBU，这就是最根本的区别。而 BBU 生成的中频或者射频信号通过 RoF 光纤传送到各个天线站。你不妨把天线站看成基站的多个扇区（因为这些站点本来就没有 BBU），既然是一个基站下的多个扇区，那么自然进行协同就非常容易。分布式系统的多站点协调如图 7-26 所示。

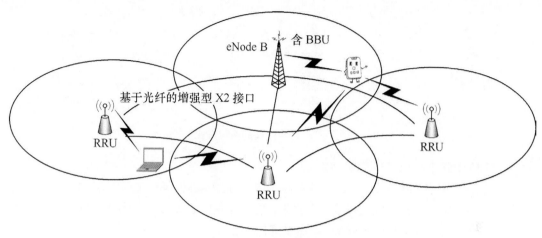

图 7-26 分布式系统的多站点协调

我们在上文知道了，协同多点传输既可以采用现有站点用 RoF 光纤联合起来工作，也可以从现有站点用光纤拉远 RRU 进行覆盖，实现"扇区内"的联合工作。然后，无论是采用 eNode B 也好，还是采取 RRU 也罢，之间的协作具体是怎么实现的呢？

首先，在 LTE-Advanced 中，CoMP 定义了两个集合，分别是协作集和报告集。协作集指的是直接和间接参与协作发送的节点集合；报告集指的是需要测量其与终端之间链路信道状态信息的小区的集合。LTE-Advanced 的 CoMP 中，传输物理下行控制信道的小区为服务小区，为了和 LTE 兼容，CoMP 中只有一个服务小区。

LTE-Advanced 的 CoMP 可以分为以下两大类。

（1）联合处理（JP，Joint Processing）。

在联合处理中，协作集中的每一个节点都会发送数据，因此数据会存储于协作集的每个节点中。联合处理可以分为两大块内容，也即联合传输（JT，Joint Transmission）和动态小区选择（DCS，Dynamic Cell Selection）

① 联合传输。在联合传输中，可以同时选择协作集中的多个节点为用户进行 PDSCH 的传输，用于提高信号质量，如图 7-27 所示。

② 动态小区选择。在动态小区选择中，一个时刻只能选择协作集中的一个节点为用户进行 PDSCH 传输。可以通过快速灵活地选择小区为用户传输数据来提高系统整体性能。这与 HSDPA 以及 EV-DO 的调度算法有点神似，在 HSDPA 和 EV-DO 中，同一个基站的小区会在不同的时间段给不同的终端发送数据；而动态小区选择中，不同的基站在不同的时间会给同一个终端发送数据。终端和基站所处的地位在 LTE-Advanced 中相对于 HSDPA 以及 EV-DO 恰好掉了个头。

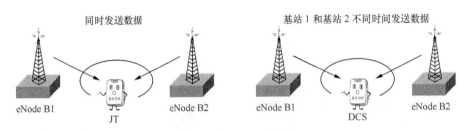

图 7-27　联合处理的两种方式

（2）协作调度／波束赋形（CS/CB）。

在协作调度和波束赋形（CS/CB，Coordinated Scheduling/ Coordinated Beamforming）中，只有服务小区可以进行数据的传输，而 CoMP 的协作集主要负责调度和波束赋形，也就是主要把电磁波的波瓣赋形到不同方向，尽量降低在小区边缘的干扰，如图 7-28 所示，请注意电磁波的指向。

我们知道，协同多点传输其根本目的就是解决在小区边缘的干扰问题。除此之外，采用分布式天线方式（BBU–RRU 模式），由于 RRU 布放比较灵活，不像建站受制于很多条件，我们还可以通过拉远的 RRU 来解决现网一些覆盖的空洞。

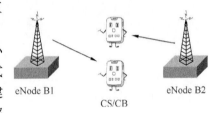

图 7-28　协作调度／波束赋形

但是我们注意到，无论是采用基站间协作也好，还是采用 BBU 和 RRU 模式也罢，中间都有一个必要的步骤就是必须采用光纤。但是现网并不是所有地方都有条件利用光纤，如果出于成本的考虑或者限于地形的影响，无法采用光纤，这种地方若有覆盖不好的情况该怎么办呢？

3. 4G 时代的二传手——中继（Relay）

所谓中继，就是基站不直接将信号发送给终端（没办法，频段这么高，覆盖盲区肯定有一些），而是先发给一个中继站（RS，Relay Station），然后再由中继站发送给终端的技术，如图 7-29 所示。

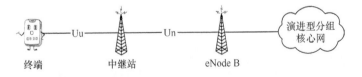

图 7-29　中继

在图 7-29 中，中继通过 Un 接口连接到 eNode B，同时通过 Uu 接口连接到终端，中继相当于在 eNode B 之间扮演了一个二传手的角色。请注意，图 7-29 中 Un 接口，也即

eNode B 和中继站的接口采取的是无线传输方式，这是一个与 RRU 光纤拉远方式重要的区别。

Relay 是 LTE-Advanced 采取的一项重要技术，一方面，LTE-Advanced 系统提出了很高的系统容量要求；另一方面，可供获得大容量的大带宽频谱可能只能在较高频段获得，而这样高的频段的路径损耗和穿透损耗都比较大，很难实现好的覆盖。比如在图 7-30 所示的场景中，基站的信号到笔记本电脑终端所在区域衰耗已经比较大，那我们就可以在这之间加一个中继，接收信号再放大一次，由于中继可以灵活选择位置，因此可以实现对终端的较好的覆盖。

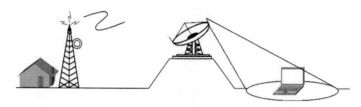

图 7-30 中继应用场景

无论是 RRU 拉远也好，中继也罢，解决的基本都还是较大范围的覆盖问题，如果现在有某个人家里的信号不好，请问该怎么办？传统的方式一般是采用天线方位调整、功率调整、参数调整等方式，但家庭的数量实在是太大了，这种方式只能解决极小一部分，未来如果要实现家庭级别的良好覆盖，必须还得有其他解决方案。

4. 家里也可以布放基站？——Femto

我们知道，无论运营商的网络覆盖有多好，要照顾到每一个家庭几乎都是一个不可能完成的任务，因为电磁波的传播实在是太难以控制了，而城市的建筑物也是在不断拔地而起，每一栋大楼的建起都会改变周边的电磁环境，要指望基站都能随之改变，实在是一件很困难的事情。或许是在家庭里开始广泛应用的 Wi-Fi 无线路由器给了 3GPP 以启示。既然有互联网的地方，就可以有 Wi-Fi（用无线路由器把有线宽带信号转成 Wi-Fi 信号），那么有互联网的地方，是不是都可以有 LTE 信号呢？

这是一个令人振奋的想法，因为有线宽带用户正在快速增长，越来越多的家庭用户拥有了固定宽带。如果能够在信号不好有需要改善覆盖的家庭也装这么个即插即用的小基站，而且就像 Wi-Fi 路由器一样便捷，那该有多好。

3GPP 对这种想法很感兴趣，因为 LTE-Advanced 需要很高的带宽，这意味着很多时候需要运行在高频段，因为只有高频段才有丰富的频谱资源给它用。但是高频段对于室内的信号质量而言不是什么好消息，很多室内信号的质量的改善可能有赖于室内覆盖，但是室内覆盖并不是那么容易建的，而且成本高昂。于是，3GPP 开始推动制定家庭基站的标准的工作，由于 LTE 是全 IP 化的网络，因此家庭基站可以通过 IP 网络来实现信号的回传，而现在的互联网也是基于 IP 的，这就意味着家庭基站可以利用家庭的宽带把手机信号回传到运营商的机房（如图 7-31 所示），这实在是非常便捷。

图 7-31　家庭基站的梦想

这种产品很快就开发出来了，大小跟一个 Wi-Fi 路由器差不多，发射功率 10～100mW，也与之很接近。这种家庭基站有一个很好听的名字，叫作"Femtocell"，所谓 Femto，在英文里的意思是千万亿分之一，也就说明它是一个很小很小的基站，在国内也通常把它叫作"飞蜂窝"，现在 Femto 已经不仅仅在 LTE-Advanced 上采用，在 UMTS 上也开始广泛使用，图 7-32 就是一个 UMTS 的 Femto。

图 7-32　家庭基站

家庭基站，顾名思义，设备是布放在家庭里面的。由于家庭用户都是非专业用户，你不能指望他们能像专业技术人员一样对基站进行配置和调测。所以这种小基站采用了傻瓜式的操作方法——只要往网线口上一插，接下来就不用管它了，数据的配置、参数的优化都由它自己完成，如图 7-33 所示。

其实这种飞蜂窝不仅可以用于家庭，还可以用于西餐厅、KTV、会所等一些装修比较好的高档场所，传统的室分施工对装修会有一定程度的破坏，因此室分进场常常会遇到阻力。而这些场所出于提升档次的需要，通常会采用大量大理石，大理石对信号的阻隔作用非常明显，但这些地方通常都会有宽带，这就为 Femto 的进入奠定了良好契机。

一个比较典型的案例发生在上海外滩的某著名银行（如图 7-34 所示），如果参加旅行团游上海，这通常是外滩的一个必去的景点。该大楼是政府指定的历史保护文物，不同意进行室内覆盖施工。传统的信号覆盖方法都是依靠室外站来覆盖室内，然而该银行装修极为富丽堂皇，用大理石做墙体，室内信号飘忽不定，时有时无。通过用 Femto 进行 3G 覆盖，仅一天半就完成了施工，达到了良好的覆盖效果。

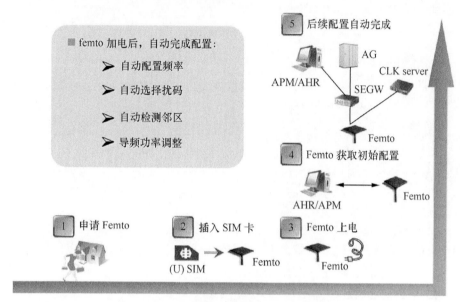

图 7-33　傻瓜式的 Femto 基站操作

图 7-34　上海外滩浦发银行采取 Femto 覆盖

　　讨论了 Femto 的用途之后，我们接下来看看 Femto 的网络结构，如图 7-35 所示。

　　我们看到，为了避免 Femto 基站对现在的核心网组织架构造成冲击，从而使得改动可以最小，在 MME/S-GW 这个 LTE-Advanced 的核心网与 eNode B 之间，还横插进来了一个

Femto 的核心域，这个核心域的作用就是对 Femto 基站进行管理，然后把数据转发到 LTE-Advanced 的核心网上去。

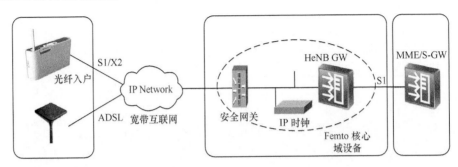

图 7-35　Femto 网络结构

我们对于 Femto 基站的介绍就到这里，Femto 的引入，为 LTE-Advanced 的室内覆盖提供了一个有效的手段，但同时又带来了一个新的问题，就是当基站进入家庭之后，如此庞大数量的 Femto 该怎样去管理、去维护呢？

5. 网络可以自己规划和优化——SON 网络

移动网络技术发展迅速，从 2G 到 3G 再到 LTE，在带来更高的数据吞吐率以及网络响应速度的同时，由于 LTE-Advanced 信号处于高频段，相比 2G、3G 信号具有更高的路损和穿透损耗，为保证良好的无线覆盖质量，无线小区数量将比以前更多，尤其是家庭基站（Femto）大量使用以后，网络将变得更加庞大。

此外，一家运营商同时运营多代无线网络也对运营成本造成了极大的压力。怎样来降低网络的运营成本，成了 LTE-Advanced 时代必须面对和解决的挑战。

在一般人模糊的印象里，可能以为资本性支出或者说建设成本（CAPEX）是运营商最大的支出，实际上，运营成本（OPEX）在当前运营商总成本中的占比已达到 60%，而其中维护和能耗成本又占到运营成本的 60%，所以尽力降低维护成本，对于运营商而言是一件非常重要的事情。在 LTE-Advanced 时代，由于站点数量的大量增加，如果还要采取当前这种纯人工维护的方式，成本会更加高昂。

除了网络运营成本的挑战，由于宽带无线接入的爆发式增长使得运维和网络复杂度明显提高。传统的以人工经验为主的组网及网优实时性差，调整粒度粗，出错概率大且人工要求高，将无法适应上述变化。与此同时，从 3G 开始，移动运营商的工作重心就逐步从网络基础设施运维转向网络业务和应用的开发及商业模式的推广，以博取竞争优势及商业收益。因此，如果高效的网络运维主要由网络自身来实现，将可以帮助运营商减少相关投入，将更多的资金和精力投入市场竞争中去。

基于这样的背景，3GPP 开始研究自组织网络（SON，Self-Organizing Network），并将其引入 LTE 和 LTE-Advanced 中。这种网络包含 4 个特点，即网络自配置、网络自优化、网络自愈和网络节能。

关于网络自配置，如果大家装过 Windows 系统，相信对此深有感触。以前装 Windows 的时候，每一步都需要人工操作，填写某些相关数据，非常麻烦，后来出了一个 Ghost 盘之后，把盘插进光驱，只需要一键就能搞定。传统的基站配置需要人工一步步执行，非常复杂，要配置大量数据，比如传输配置、邻区设置、容量和硬件配置等。而 SON 可以把这一切工作都集成到网管上，现场只需要配置极少量数据，其他参数都自动从网管上下载，就如 Ghost 安装盘一般简单方便。

网络变得越来越庞大和越来越复杂之后，网络能够自动优化就变得非常重要。对于网络自动优化而言，最重要的又是邻区的自动优化。有过维护和优化经验的人都知道，在网络建设和优化的过程中一个比较耗费人力的工作就是处理邻区关系。在部署了 LTE-Advanced 网络，尤其是部署了家庭型基站 femto 以后，网络会更庞大，邻区关系的优化就会变得更加复杂。由于 LTE-Advanced 无线网络的庞大规模，手动维护邻区关系是一个十分巨大的工程，邻区关系自动优化需求极为迫切。对于 SON 来说，自动邻区关系（ANR，Automatic Neighbor Relation）是最重要的功能之一。ANR 必须支持来自不同厂商的网络设备，因此 ANR 是 SON 功能中最早在 3GPP 组织内得以实施标准化的功能之一。当建立一个新的 eNode B 或者优化邻区列表时，ANR 将会大大减少邻区关系的手动处理，从而能够提高成功切换的数量并且降低由于缺少邻区关系而产生的掉话。降低掉话这一点非常重要，因为掉话是用户最糟糕的通信体验之一，也是 KPI 考核中一项重要的指标。

在 LTE - Advanced，不再通过网管来配置邻区，而是通过终端来自动进行 ANR 的维护，这一点非常特殊。因为 LTE-Advanced 的终端不再需要邻区列表，而是通过终端上报的测量报告来获得邻小区的情况。我们通过图 7-36 和图 7-37 来比较传统的加邻区维护方式和 LTE-Advanced 中的自动邻区关系维护方式。

网络自愈指的是网络自身应能够感知、识别、定位并关联告警，并启动自愈机制消除相应的故障，恢复正常工作状态。

一个传统无线网络的 OPEX（运营支出）中能源消耗占到 30% ～ 40%，是最大的开销项目。而根据测算，这其中 90% 的能源消耗都发生在网络没有数据传输的状态下，节能潜力巨大。所谓网络节能，其主要的节能手段就是根据具体网络负荷变化控制无线资源的开闭，在满足用户使用的同时尽量避免网络资源的空转。通俗一点说，就是通过判断负荷的高低来决定开启资源的多少，比如 GSM 里面，现网某小区有 4 个载波，如果打电话的用户多，可能 4 个载波都开启，如果打电话的用户少，就关闭其他 2 ～ 3 个载波，从而达到节电的目的。

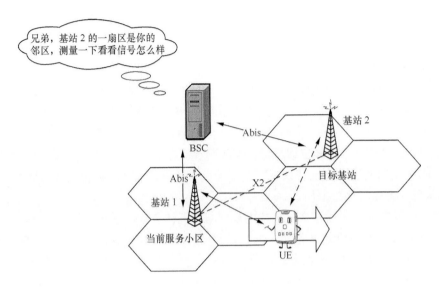

图 7-36　传统的邻区方式

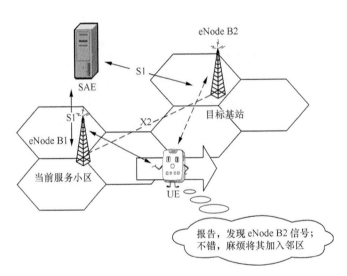

图 7-37　LTE-Advanced 中的 ANR

　　SON 通过自配置、ANR、自愈合、节能等多种方式降低了运营成本，对于运营商而言非常重要。

　　到这里，LTE-Advanced 的概要内容就介绍完了。LTE-Advanced 在制定之初，就提出了很高的目标，下行峰值速率 1Gbit/s，上行峰值速率 500Mbit/s。这样高的速率必定需要很多的频谱资源，由于连续的频谱资源并不多见，LTE-Advanced 采用了多个频段共存的方案，从高频到低频都有，分布很不均衡。由于频谱资源可能比较零散不连续，所以 LTE-Advanced 中开发了载波聚合技术，用以将零散的频谱聚合起来使用；除了关注上下行峰值速率以外，LTE-Advanced 也很关注处在小区边缘的用户的体验，在这些区域的用户想得到更好的体验，通常靠功率控制的用处并不大，因此可以通过多站点协作传输的方式来取得最佳的效率。除了峰值速率和边缘吞吐率外，由于 LTE-Advanced 多数频谱资源处于高频段，覆盖也是个很大的问题，LTE-Advanced 通过中继（Relay）、RRU 拉远、Femto 基站等多种方式来提升覆盖质量。有过建设和维护经验的人都知道，高频段意味多建站，建站数量的增多意味着管理起来非常麻烦，为了降低运维成本，LTE-Advanced 采用了自组织网络（SON），通过自动配置、自动优化、自动处理故障、自动节能来尽最大可能地降低成本。

第 8 章

迈向未来：5G

相信大家对 5G 技术早已不再陌生了，5G 标准的演进正如火如荼，5G 基站已经在密集铺设，5G 手机也走入了大家生活的视野里。

5G，即第五代移动通信技术（5th Generation Mobile Networks）是最新一代数字蜂窝移动通信技术，是继 2G（GSM）、3G（UMTS、LTE）和 4G（LTE-A、WiMAX）系统之后的延伸。

5G 并不是一次普通的"补丁升级"，而是一次量变、质变兼具的里程碑意义的移动通信系统革新。与以往移动通信系统以多址技术升级为换代标注不同的是，5G 由无线传输向网络端延伸，与其他移动通信技术结合，构建无处不在的信息网络。5G 并不会完全替代 4G、Wi-Fi，而是将 4G、Wi-Fi 等网络融入其中，为用户带来更为丰富的体验。

5G 的目标是高数据速率、减少时延、节省能源、降低成本、提高系统容量和大规模设备连接，这将为车联网、工业智能控制、AR/VR、智能机器人等提供基础，为我们未来的生活带来了无限可能性。

在未来，通信的发展将会突破我们的想象力极限，更深刻、全面地重塑人类的生产生活方式，达到"信息随心至，万物触手及"的奇妙境界。但万变不离其宗，5G 仍然符合我们所介绍的移动通信的基本框架。在本章里，就让我们一起探索 5G 的网络架构和关键技术，让我们走进 5G 世界，迈向未来！

8.1　5G 关键性能指标与应用场景

8.1.1　5G 关键性能指标

截至本书出版，5G 的标准仍处于演进之中（见图 8-1），有兴趣的朋友可以自行了解。但业界对 5G 的关键能力和性能指标基本已达成共识，5G 要能满足未来 10 年移动互联网流量暴涨数千倍的需求，这也符合本书最初为大家介绍的"通信进化论"。

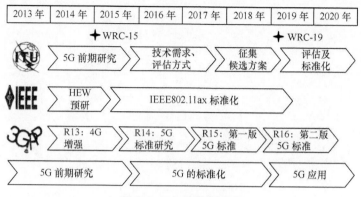

图 8-1　5G 标准的演进

8.1.2　5G 应用场景

根据 3GPP 的定义，5G 的三大应用场景（见图 8-2）为 eMBB、mMTC、URLLC。

eMBB（Enhance Mobile Broadband）即为增强移动宽带，这种场景是现在的移动宽带的升级版，主要服务于消费互联网的需求，超高的传输数据速率（峰值可达 10Gbit/s）为超高清视频、VR/AR 等大流量移动宽带业务提供支持。

mMTC（Massive Machine Type Communication）指大规模机器类通信，物联网连接起海量传感器和终端，使我们真正能感受"云上"智能生活。例如，智能井盖、智能路灯、智能水/电表等，在单位面积内有大量的终端，需要网络能够支持这些终端同时接入。mMTC可以细分为增强型物联网（eMTC，Enhanced Machine Type Communications）和窄带物联网（NB–IoT，Narrow Band Internet of Things）。

URLLC（Ultra Reliable & Low Latency Communication）指超高可靠低时延通信，低至1ms 级别的时延，为 5G 在车联网、工业控制、远程医疗等特殊行业的应用提供了可能性。在这类场景下，对网络的时延通常有很高的需求。例如，车联网和远程医疗，如果时延较长，网络无法快速响应，就有可能导致严重事故。

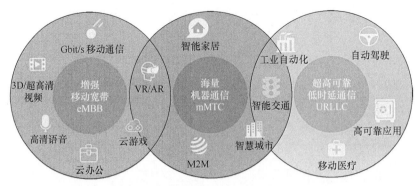

图 8-2　5G 的三大应用场景

 ## 8.2　5G 网络架构

8.2.1　两种路线：独立组网与非独立组网

5G 组网可以分为独立组网和非独立组网两种技术路线。

非独立组网模式（NSA）是指使用现有的 4G 基础设施，进行 5G 网络的部署。而独立组网模式（SA）则是指重新独立建设 5G 网络，包括新基站、回程链路以及核心网。

1. 不同选项的网络架构

在 3GPP TSG-RAN 第 72 次全体大会上，8 个选项（Option）被提了出来。选项 1、2、5、6 是独立组网，选项 3（含 3、3a、3x）、4（含 4、4a）、7（含 7、7a、7x）、8 是非独立组网。

独立组网选项如下。

（1）选项 1（见图 8-3）其实就是纯 4G 的组网架构。图中连接手机、4G 基站和 4G 核心网的线中，虚线代表控制面，实线代表用户面。控制面就是用来发送管理、调度资源所需的信令的通道。而用户面可以直观地理解为发送用户具体数据的通道。用户面和控制面是完全分离的。

（2）选项 2（见图 8-4）是 5G 独立组网的终极形态，使用 5G 的基站和 5G 的核心网，服务质量更好，但成本也很高，5G 基站的数量将是百万级的。

（3）选项 5（见图 8-5）是把 4G 基站升级增强之后接入 5G 核心网，本质上还是 4G。

但改造后的增强型 4G 基站与 5G 基站仍不能相比，在峰值速率、时延、容量等方面仍有明显差别。

（4）选项 6（见图 8-6）是把 5G 基站都连到 4G 核心网，但这就有点像用"老思路"管理"新力量"，效果一定是不好的。而且 5G 基站建设成本比 5G 核心网建设成本高多了，5G 基站都建了，就没理由还将就使用 4G 核心网。这个方案是不会有运营商选择的。

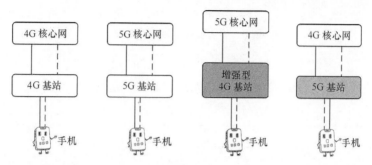

图 8-3　选项 1　　图 8-4　选项 2　图 8-5　选项 5　　图 8-6　选项 6

综上所述，5G 可能的独立组网方案其实只有选项 2 和选项 5。

非独立组网选项如下。

（1）选项 3 系列，按照数据分流控制点的不同，分为 3、3a、3x 这 3 个选项。选项 3（见图 8-7）采用的核心网是 4G 核心网，控制面锚点都在 4G，而 5G 只作为 4G 的补充。

选项 3 中，数据分流控制点在 4G 基站上，4G 不但要负责控制管理，还要负责将从核心网接收的数据分为两路，一路自己发给终端，另一路分流到 5G 后再发给终端。选项 3a 中，5G 基站的用户面直接通 4G 核心网，控制面继续锚定于 4G 基站。选项 3x 中，用户面数据分为两部分，按需求分别通 4G、5G 基站。

选项 3x 架构是对选项 3 和选项 3a 的融合，既解决了选项 3 架构下 4G 基站的性能瓶颈问题，无须对原有的 4G 基站进行硬件升级，也解决了选项 3a 架构下 4G 和 5G 基站各自为阵的问题，充分释放了 5G 基站的潜力。现阶段，大多数运营商都选择了选项 3x 进行组网。

选项 3 系列的具体对比可见图 8-8。

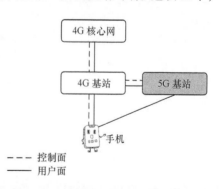

图 8-7　选项 3

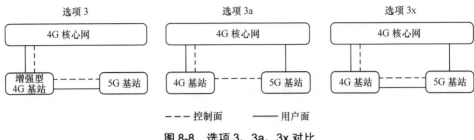

图 8-8　选项 3、3a、3x 对比

（2）"7系"组网方式包含选项 7、7a、7x（见图 8-9），就是把"3系"组网方式中的 4G 核心网替换成 5G 核心网，相应的，4G 基站需要升级成增强型 4G 基站。

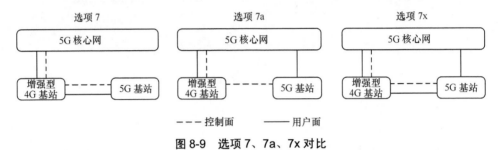

图 8-9　选项 7、7a、7x 对比

（3）"4系"组网包含选项 4 与选项 4a（见图 8-10），在"4系"中，5G 难得地"反客为主"。5G 基站（称为 gNB）为主站，4G 基站（称为 eNB）为从站。4G 基站和 5G 基站共用 5G 核心网。选项 4 的用户面还要经过 5G 基站再接入 5G 核心网，而选项 4a 的用户面直连 5G 核心网。

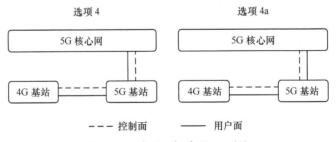

图 8-10　选项 4 与选项 4a 对比

2. SA 与 NSA 的对比

与 SA 相比，NSA 的优势主要在于以下几点。

（1）由于手机终端发射功率有限，5G 单基站覆盖范围主要受限于上行链路，通过与

4G 联合组网的方式（NSA）能够实现 5G 单站覆盖范围的扩大。

（2）NSA 标准更早冻结，更成熟。

（3）无须建设新的核心网，可以实现快速铺设，且节约建设成本。

NSA 架构也有很多劣势。

（1）必须改动 4G 现网，结构更加复杂。同时 5G NR 频段更高，覆盖范围更小，现有 4G 基站密度无法满足 5G 覆盖。

（2）NSA 需借助 4G 无线空口，但现有 4G 核心网架构和 4G 空口无法满足 5G 对于时延和传输可靠性的要求，不能很好地支持网络切片等 5G 关键技术。

综上所述，无论如何组网，NSA 还是"寄人篱下"的权宜之计，无法发挥出 5G 的性能特性，这就是"省钱"必须付出的代价。

2020 年 3 月 24 日，工业和信息化部发布关于推动 5G 加快发展的通知。通知要求加快 5G 网络建设部署，支持基础电信企业以 5G 独立组网（SA）为目标，控制非独立组网（NSA）建设规模，加快推进主要城市的网络建设，并向有条件的重点县镇逐步延伸覆盖。丰富 5G 技术应用场景，持续加大 5G 技术研发力度，着力构建 5G 安全保障体系。由此可见，5G 组网的未来仍是 SA 的天下。

运营商主流的 5G 组网策略为：

$$\text{Option1} \rightarrow \text{Option3x} \rightarrow （\text{Option7x}）\rightarrow \text{Option4} \rightarrow \text{Option2}$$

8.2.2　5G 接入网

虽然移动通信技术已经有了日新月异的发展，但移动通信网络的一般架构，仍然是"终端→无线接入网→承载网→核心网→承载网→无线接入网→终端"（见图 8-11）。

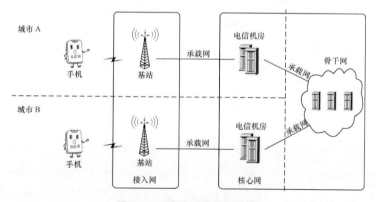

图 8-11　移动通信网络架构

无线接入网（RAN，Radio Access Network）是负责把终端接入移动通信网的网络。基站属于无线接入网。一个基站，通常包括负责信号调制的 BBU、负责射频处理的 RRU、负责连接 RRU 和天线的馈线、负责发射电磁波的天线。

　　之前，BBU、RRU 两兄弟是放在室内机房中的，后来 RRU 被放到了天线的身边，目的是减小 RRU 和天线之间的馈线长度，降低成本，减小信号损耗。这样一来，RAN 就摇身一变，变成了分布式无线接入网（D-RAN，Distributed RAN）。

　　RRU 被"放逐"出机房外了，机房内只剩下 BBU 和相关供电设备，真是有点孤独，干脆我们把 BBU 都放到一块，热闹热闹。把 BBU 集中放在一个大的中心机房（CO，Central Office）之中，可以减少机房数量，降低设备能耗，同时，BBU 集聚成 BBU 基带池之后，就可以"集中力量办大事"，方便统一管理和资源调度，共享用户数据收发、信道信息，从而可以实现多点传输技术（CoMP）。同时，我们还可以对 BBU 基带池进行网络功能虚拟化（NFV），为网络切片打下基础，这部分知识将在本章末的小节中介绍。这样一来，无线接入网又变成了集中化无线接入网（C-RAN，Centralized RAN）。

　　到了 5G 时代，5G 接入网（NG-RAN）又发生了巨大变化（见图 8-12），5G 基站 gNB 不再由 BBU、RRU、天线组成了，而是被解构重组为以下 3 个部分 AAU（无线接入单元）、分布单元（DU，Distributed Unit）和集中单元（CU，Centralized Unit），每个单元处理协议栈的不同部分，具体可见图 8-13。

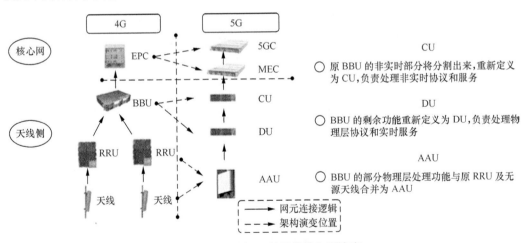

图 8-12　4G 到 5G 的无线接入网演变

　　AAU 负责原 BBU 低层物理层处理功能，还整合了原 RRU、天线的功能。

　　CU 和 DU 则都是对 BBU 功能的拆分。CU 负责处理 BBU 的非实时协议和服务，负责分组数据汇聚协议（PDCP, Packet Data Convergence Protocol）、无线资源控制（RRC, Radio Resource Control）层；DU 则负责处理 BBU 的实时协议和服务，负责介质访问控制（MAC, Media Access Control）层和无线链路控制协议（RLC, Radio Link Control）层。

之所以要这么折腾，拆分 BBU 功能，就是为了使 5G 能实现更为灵活的资源调度，从容应对不同的业务场景。

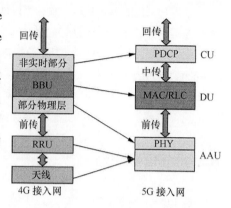

图 8-13　4G 与 5G 无线接入网的对比

8.2.3　5G 承载网

"5G 商用，承载先行"是通信业界的共识，承载网的建设是 5G 建设的先锋兵。我们先来看看承载网的功能，承载网是位于接入网和核心网之间的数据传输网络，通常以光纤作为传输媒介。

4G 承载网主要采用多协议标签交换（MPLS, Multi-Protocol Label Switching），目前面临着控制面复杂、配置效率低、扩展困难等问题，不能很好地满足 5G 业务需求。

到了 5G 时代，我们对承载网的带宽、时延、灵活性提出了更高的要求。我们上面介绍过的无线接入网中的 CU 与 DU 可以采取不同的部署方式，我们将 AAU 与 DU 之间的传输称为"前传"，把 DU 与 CU 之间的传输称为"中传"，把 CU 之上的传输称为"回传"（见图 8-14）。

图 8-14　5G 承载网的前、中、回传

那 5G 的承载网究竟是怎么"传"的，怎么"承载"的呢？

前传有光纤直驱、无源 WDM、半有源 WDM 3 种承载方案。光纤直驱方案是一种"土豪方案"，是指 AAU 与 DU 采用光纤直接连接。无源 WDM 方案是在 DU 和 AAU 上安装彩光模块（光复用传输链路中的光电转换器，也叫作 WDM 波分光模块，属于无源器件），这种方案可以大大降低光纤资源的消耗。半有源 WDM 承载方案是指在 AAU 侧安装彩光模块，经过无源波分复用器后在一根光纤中进行传输；DU 侧采用有源 WDM 设备转发前传的彩光信号，这种方式兼顾节约光纤资源和适当运维，组网灵活性提升。

中传和回传的需求基本一致，可以使用同一套承载方案。主要采用分组增强型 OTN+IPRAN 承载方案，或端到端分组增强型 OTN 承载方案。

此外，5G 承载网中也引入了很多新技术来实现其业务需求，例如，分段路由（SR，Segment Routing）技术、灵活以太网（FlexE，Flexible Ethernet）、灵活光传送网（FlexO，Flexible Optical Transport Network）、软件定义网络（SDN，Software Defined Network）、高精度时间等技术，有兴趣的朋友可以自行深入了解。

8.2.4 5G 核心网

核心网，顾名思义，就是处于统领全局、整体控制的核心位置的网络。核心网相当于通信网络的大脑，负责处理数据的交换，就像一个超级路由器一样。

我们在 LTE 一章介绍了 LTE 的演进分组核心网（EPC），5G 核心网架构（见图 8-15）则称为 5GC（5G Core）。相比于 EPC 而言，5GC 的演进思路主要是：通过 NFV 实现硬件软件的解耦，实现网络切片；采用基于服务的架构（SBV），让多个网元实现单个功能；强调控制面与用户面的分离。

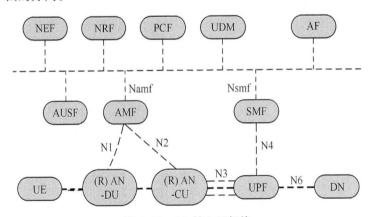

图 8-15　5G 核心网架构

我们在这里简单为大家介绍一下 5GC 中各个网元的功能。

用户平面：用户面功能（UPF，User Plane Function）是接入网和互联网等外部网络之间的网关，负责处理数据包路由、转发、检测、过滤等。

控制平面：会话管理功能（SMF，Session Management Function）负责终端的 IP 地址分配与会话管理功能。接入和移动性管理功能（AMF，Access and Mobility Management Function）负责核心网和终端之间的控制信令、用户数据的安全性，以及管理空闲态移动性。

鉴权服务器功能（AUSF，Authentication Server Function）负责实现鉴权。此外，5GC 还有网络能力开放功能（NEF，Network Exposure Function）、NR 储存功能（NRF，NR Repository Function）、策略控制功能（PCF，Policy Control Function）、负责鉴权认证和接入授权的统一数据管理（UDM，Unified Data Management）、应用功能（AF，Application Function）。

　　所有这些网元的集合，共同构成了 5GC。这些核心网功能既可以在单个或多个物理节点中实现，也可以通过虚拟化在云平台上的虚拟机中实现（见表 8-1）。这便是 5G 的魅力。

表 8-1　5G 核心网各网元功能

5G 网络功能	中文名称
AMF	接入和移动性管理
SMF	会话管理
UPF	用户平面功能
UDM	统一数据管理
PCF	策略控制功能
AUSF	认证服务器功能
NEF	网络能力开放
NSSF	网络切片选择功能
NRF	网络注册功能

 ## 8.3　5G 关键技术

　　5G 的高性能指标，需要相应的关键技术进行支撑（见图 8-16）。在组网方面，5G 采用更灵活、更智能的网络架构，例如，统一的自组织网络（SON）、超密集网络、内容分发网络等；在增强覆盖、丰富场景方面，5G 引入 D2D、M2M 技术等；在频谱利用和拓展方面，5G 引入能够深入挖掘频谱效率、提升潜力的技术，如先进的多址接入技术、多天线技术、新型编码调制技术、新型波形、新频段毫米波、新型双工等。

　　部分技术（例如，新型多址、新型编码调制、大规模 MIMO、波束赋形等），我们已经在之前的章节中介绍过了，大家可以回顾一下。本节中我们主要了解超密集网络、内容分发网络、D2D、M2M、毫米波通信、新型双工、网络切片技术。

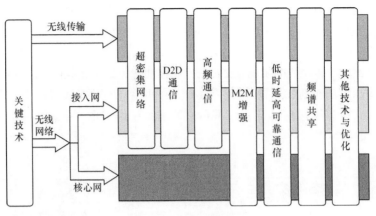

图 8-16　5G 关键技术

8.3.1　超密集网络

还记得我们在之前章节提到的用广电系统实现移动通信的畅想吗？早期通信就是在区域中心设置大功率的发射机和高架天线，把信号发送到整个城市，例如 20 世纪 70 年代纽约的 IMTS 系统。但是，这样的系统能给用户使用的信道是极少的，IMTS 系统只支持 12 对用户同时通话。为了克服这样的瓶颈，蜂窝通信的概念才应运而生，即把大区划分成若干个小区，小区内用小功率基站覆盖，实现"分而治之"。

5G 超密集网络（UDN，Ultra Dense Network）就是蜂窝思想的"登峰造极"，是蜂窝小区的进一步密集化（见图 8-17）。

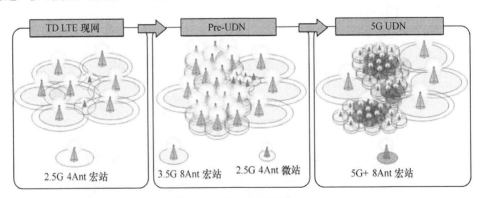

图 8-17　5G 超密集组网

实际上，5G 超密集网络也是无奈之举。我们知道频率资源非常宝贵，5G 网络要能支持 1000 倍流量增长，要能承受智能终端和用户连接数量激增的压力，要能为车站、商务区等热点地区提供高速服务，上哪里去凭空变出来这么多系统容量呢？唯有依靠减小小区半径、提高小区密度、增加低功率节点数量来提升移动通信网络容量，提升无线资源利用率和频谱效率。因此，UDN 是 5G 能兑现指标的关键保障。

但是，有得必有失，如此高的小区密度也带来了不少问题。

（1）系统干扰。小区与小区之间相隔太近，即使采用我们之前提到的"频分多区"技术，相邻基站使用不同频率，基站间的同频干扰还是难免。

（2）用户归属。如果要用一个热词来比喻用户归属，那就是"选择困难症"。在之前的蜂窝网络中，基站之间有一定距离，用户选择信号强度最大 / 信噪比最大的基站接入即可。而到了 5G 的超密集网络中，不同基站的信号强度可能差异并不大，但对于一个终端而言，只能选择一个基站进行归属，而其他基站的信号都成了干扰。

（3）移动性管理。超密集网络中小区很小，并且形状不规则，用户的移动势必会带来更为频繁复杂的切换；此外，如果大家都连在一个基站上，就会造成基站之间的容量使用不均衡，亟待有新的切换算法解决这些问题。

（4）功耗与成本。超密集网络的实现，不能纸上谈兵，必须有实打实的 5G 基站建设，而这可是一笔不小的成本。并且，这么多基站，如果持续工作不休眠，带来的功耗也将是巨大的。

新的技术，新的问题，也意味着对新的解决方案的需求，意味着新的机遇。各位读者朋友们也可以展开畅想，探索解决方案。下面我们简单介绍一下 5G 超密集网络克服其自身问题的机制。

1. 多点协作传输

多点协作传输（CoMP，Coordinated Multiple Points Transmission/Reception）是指多个传输点（服务小区及相邻小区的多个天线），协同为一个终端的数据传输，或者联合接收一个终端发送的数据。CoMP 技术能显著降低干扰，提升系统容量和用户速率，尤其对改善小区边界的覆盖很有效。

5G 超密集网络最不缺的就是基站和天线了，要好好利用起来。远亲不如近邻，主基站要能和相邻基站一起协作。同样是利用多根天线，在 MIMO 中，多根天线被设置在同一地点；而 CoMP 则是"全世界的劳动人民联合起来"，让相邻小区的各基站天线协作，实现基站资源的共享。

按照协作基站间是否进行用户数据共享，CoMP 技术可以分为两类：第一种是协作调度 / 波束赋形（CS/CB），也即 Intra-eNB，不需要基站共享用户数据，用户只由单基站提供服务；第二种是联合传输（Joint Processing），也即 Inter-eNB，需要协作基站之间共享用户数据。

协作调度（CS）通过主基站为用户提供服务，那么"协作"体现在哪里呢？其协作是指主基站与相邻基站之间协商时频资源的使用，通过联合调度算法，对系统资源有效分配。使得小区边缘既不要出现"三不管"，也不要出现"重复管辖"的现象。这就像住宅小区中，每家的住宅大家各自负责，但住宅交界处的公共空间需要大家一起商量使用。

协作波束赋形（CB）则是指在多个基站之间共享的调度信息，各基站对用户的数据进行预处理。CB与联合传输有什么区别呢？区别就在于，CB预处理后的数据仍然是由主基站单独发送的，而非协作基站一起发送。这就像客服中心的工作人员，虽然大家共享谁服务哪个客户的调度信息，但仍然是自己去服务自己的客户。

联合传输（JP）则是说，协作基站不仅需要共享信道信息，还需要共享用户信息，共同完成对协作簇内用户的服务。JP方式实现起来更为复杂，时延也更大，目前标准中讨论的CoMP方案基本以CS/CB方式为主。

2. 小区间干扰协调技术

小区间干扰协调技术（Inter-Cell Interference Cancellation）并不是NR所特有的，几乎所有的蜂窝通信系统都需要考虑如何在小区之间进行干扰协调。干扰协调的思路大致有两种：基于多天线接收的空间干扰抑制技术和基于干扰重构的干扰消除技术。

基于多天线接收的空间干扰抑制技术又称为干扰抑制合并（IRC，Interference Rejection Combining）。这种技术不依赖于发送端的特殊设计，只通过接收端的双天线，利用两个相邻小区到终端的空间信道独立性，来区分来自服务小区和干扰小区的信号。

基于干扰重构的干扰消除技术，是对干扰信号解调/解码处理后，再对其进行重构，使其易于辨别和处理，再从接受信号中进行"精准去除"，干扰一去除，剩下的就是有用信号和噪声了。LTE采用的基于交织多址（IDMA）的干扰迭代重构消除技术就属于其中一种。

3. "宏基站 + 微基站" 和 "微基站 + 微基站"

根据3GPP的定义，无线基站按照功率和覆盖范围从大到小，可以分为宏基站、微基站、皮基站、飞基站（见表8-2）。形象地说，宏基站负责"挑大梁"，负责低速率、高移动性类业务；而微小站（包含微基站、皮基站、飞基站）则负责照顾重点区域或者覆盖边边角角。微基站常部署于人口密集的热点区域或室内，承载高带宽业务，增强网络覆盖质量。

表8-2 宏基站、微基站、皮基站、飞基站

类型			单载波发射功率（20MHz 带宽）	覆盖能力（覆盖半径）
名称	英文名	别称		
宏基站	Macro Site	宏站	10W 以上	200m 以上
微基站	Micro Site	微站	500mW ~ 10W	50 ~ 200m
皮基站	Pico Site	微微站 企业级小基站	100 ~ 500mW	20 ~ 50m
飞基站	Femto Site	毫微微站 家庭级小基站	100mW 以下	10 ~ 20m

"宏基站 + 微基站"部署模式，就像一个大家庭里有一个"大家长"宏基站，其他"小朋友"微基站乖乖听指挥，听大家长的调度，但也能一起帮忙干活。宏基站负责广域覆盖以及微基站的资源协同管理，而微基站负责承载容量。这样一来，既实现了基站的分布式灵活部署，也实现了控制与承载的分离，5G 可以单独优化覆盖和容量，提升了资源利用率和用户体验。

"微基站 + 微基站"部署模式，就像是"大家长"宏基站不在家，一群"小朋友"微基站（见图 8-18）自己操办活动。没有了主心骨，怎么办呢？"小朋友"们干脆群策群力，自己组建了一个团队，实现自治。

图 8-18　微基站

微基站组成的密集网络就是通过构建一个虚拟宏小区来实现资源协调功能。虚拟宏小区内的多个微基站共享部分信号、信道、载波资源，各微基站在共享资源上进行控制面传输，在剩余资源上单独进行用户面数据的传输，从而实现控制面与数据面的分离。

当网络负载低时，微基站组成虚拟宏基站，发送相同的数据，实现接收分集增益，提升信号质量。而当网络负载高时，每个微基站又各自归位，独当一面，负责各自独立小区，实现了小区分裂。

8.3.2　内容分发网络

很多业内人士对内容分发网络（CDN，Content Delivery Network）寄予厚望，认为内容分发网络有机会成为 5G 的杀手级应用。内容分发网络是何方神圣，为什么有这么大魅力呢？

我们知道，在未来的 5G 网络中，高速、低时延的业务越来越多，然而，带宽的增加已经快要达到瓶颈，只依靠增加带宽这一种办法是不能完全解决问题的。5G 网络拥塞问题，取决于路由时延、服务器处理能力、用户服务器距离等多种因素。CDN 可以说是剑走偏锋，从另一个角度为 5G 系统消除网络拥塞问题、提升用户体验提供了解决方案。

打个比方，相信大家都有网上购物的体验，假设你是一个大型电商平台的店主，你所有的商品都从北京发货，如果客户家在天津，很快就能收到，给你打五星好评，但如果客户家在海南，那可能就会等很久，怨声载道。客户少的时候，还能凑合接受，但店铺慢慢做大了，客户逐渐多了起来，你接到的投诉越来越多，你该怎么办呢？聪明的大家可能就会想到，我们只要在中国各区域的中心城市——武汉、广州、成都、上海等地再分别建几个小仓库就行了。先从北京的大仓库运一定数量的货物到这些小仓库，等客户订单一来，就可以直接从离客户最近的小仓库发货了。这样就能大大节省运输时间。

CDN 其实也是一样的思路（见图 8-19）。CDN 在传统网络中添加新的层次，即智能虚拟网络，在用户侧与源服务器（相当于大仓库）之间构建多个CDN代理服务器（相当于小仓库）。源服务器先将内容发给各个CDN代理服务器，等到用户需求一来，CDN系统就会综合考虑各节点连接状态、负载情况、用户距离等信息，让用户能够在就近的带宽充足的CDN代理服务器中获取所需信息，从而降低服务时延，提高服务质量（QoS，Quality of Service）。

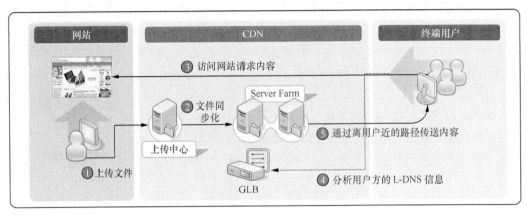

图8-19　CDN流程

8.3.3　D2D

D2D（见图8-20）指设备到设备通信（Device-to-Device Communication）。相信有朋友一看到这个词语，立刻会联想到我们"以电台组建通信网"的通信狂想，难道这真要实现了吗？当然不是，D2D也是建立在既有的蜂窝网络之上的一种短距离通信技术，是对蜂窝网络的一种补充。

D2D会话的数据直接在终端之间进行传输，而相关的控制信令，例如，会话的建立、维持、无线资源管理、计费、鉴权、移动性管理等通常仍然由蜂窝网络负责，这被称为"集中式D2D"。自主完成链路建立、维持的D2D叫作"分布式D2D"，也在研制之中。

蜂窝网络为什么要引入D2D通信？D2D相当于两个终端之间"说悄悄话"，能在特定的情景之下减轻基站负担、降低终端发射功率、降低传输时延、提升频谱效率。在某些特殊情况之下，如无线网络覆盖盲区之中，终端可通过D2D实现端到端通信甚至像"连接蜂窝热点"一样接入蜂窝网络。

看到这，可能又有朋友会想，D2D与蓝牙、无线局域网（WLAN）又有什么区别呢？区别在于，D2D使用的是通信运营商授权频段，信道可控、传输更稳定、速率更快；而蓝牙、WLAN则是基于ISM频段的，并且需要用户手动设置和匹配。

8.3.4　M2M

有了 D2D，我们还有机器对机器通信（M2M，Machine to Machine）（见图 8-21）。M2M 包含机器对机器、机器对移动终端（如用户远程监视）、移动终端对机器（如用户远程控制）3 种模式。

物联网的发展将是通信史的又一个浪潮，目前机器的数量已经超过人类数量的 4 倍，未来这一比例可能会达到几十倍乃至上百倍。根据相关预测，未来用于人与人之间通信的终端可能仅占 1/3，而其余 2/3 的终端都将用于机器与机器通信业务。M2M 的典型特征是交互式和智能化，未来的机器也能拥有"智慧"。

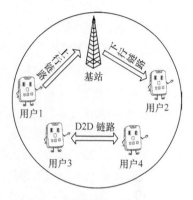

图 8-20　传统蜂窝通信和 D2D 通信

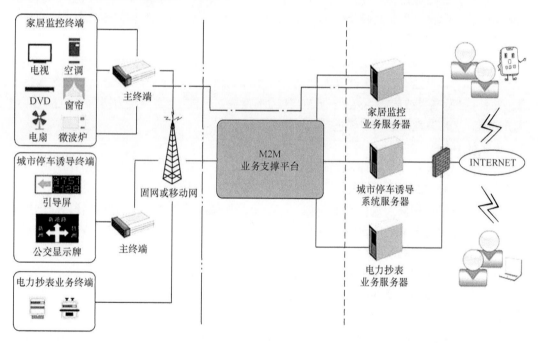

图 8-21　M2M 场景

8.3.5　毫米波通信

毫米波通常指频段在 30 ～ 300GHz，波长在 1 ～ 10mm 的介于微波与光波之间的电磁波。我们知道，获得更多频率资源其实无非两种思路，一种是提升现有频段的利用率；另一种则是开拓新频段。很明显，毫米波通信属于后者。

随着通信产业的高速发展，无线频谱资源越来越紧张，低频频段已趋饱和，即使使出浑身解数提高频谱利用率，也很难满足未来通信的需求了。所以，要想满足 5G 相关的应用场景，我们只能去"开垦荒地"，去高频频段开发新的频谱资源。

实际上，从 20 世纪 70 年代初开始，毫米波就被陆续应用于卫星通信和军事通信之中，后来，人们才将毫米波引入民用通信。我们之前在介绍不同频率的波的区别的时候，说过往往低频频段是"军家必争的黄金频段"，因为低频波绕射能力强，传输距离远。有朋友可能会有疑惑，那卫星通信不是超远距离通信嘛，为什么不用低频波而非要用毫米波呢？问题的关键倒不是因为传输距离远，而是因为宇宙空间没有遮挡，适合毫米波的传输，并且高频的毫米波能够提供足够的带宽。

在之前的通信制式中，毫米波这类高频波如同"鸡肋"一般，没有应用场景，而在 5G 超密集网络的背景之下，毫米波反而找到了"用武之地"，在短距离无线通信中一举拔得头筹。并且，虽然毫米波传输距离短，但 5G 比的不是"个人赛"，而是"接力赛"，通过接力（中继）通信，毫米波地面通信也能进行远距离传输。

毫米波有如下优点。

（1）带宽极宽：毫米波带宽高达 270GHz 左右，即使只考虑大气中传播能使用的 4 个主要窗口，也有 135GHz，是微波以下各频段带宽之和的 5 倍。

（2）波束窄：相同天线尺寸下，毫米波波束要比微波窄得多，方向性更好，探测角分辨率更高，定位精度更高（超越 GPS 与 LTE），将被应用于 5G 车联网业务（V2X）。

（3）安全性好：毫米波在大气中衰落很大，经一定距离传输后信号会很微弱，同时毫米波波束很窄，副瓣小，这都为截获、窃听毫米波信号增加了难度。

（4）传输质量高：毫米波处于高频段，其频段上的干扰源少，电磁频谱干净，毫米波信道因此非常稳定可靠，误码率甚至可以长时间保持在与光缆同等的量级。

（5）元件尺寸小：相比于微波，毫米波元器件的尺寸小（例如，天线），毫米波通信系统更易小型化。

毫米波最大的缺陷在于其路径损耗（Path-Loss）和雨衰（Rain-Attenuation）。而 5G 的另一关键技术大规模 MIMO，可以让毫米波传得更远。我们知道，天线尺寸与信号波长相近，所以毫米波天线很短，毫米波的 MIMO 天线阵列很轻松就能实现。由于毫米波波束很窄，所以天线阵列的信号能量可以集中于特定方向，实现定向传播，使得特定方向的传播距离尽可能增大。

2020 年 12 月 4 日，TIM、爱立信和高通公司将 5G 技术应用于 5G 固定无线接入（FWA），创造了超宽带远距离通信速率的全新世界纪录——基于 26GHz 毫米波频段，在距离基站 6.5 千米的距离，实现了 1Gbit/s 的通信速率。这证明了 5G 毫米波频段不仅适用于在城市等高密度地区部署，还适用于更广泛的 5G FWA 覆盖。毫米波通信是 5G 最具想象空间的技术之一。

8.3.6　新型双工技术

双工技术是指终端与网络间上下行链路协同工作的方式。我们已经在之前的章节里介绍过双工方式了，再来回顾一下，在 2G、3G 和 4G 中，我们主要采用频分双工（FDD）（通过频段区分上下行链路）和时分双工（TDD）（通过时间区分上下行链路），两种方式各有优劣（见图 8–22）。

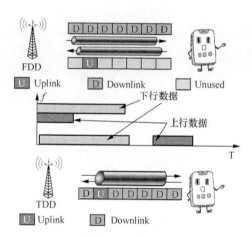

图 8-22　FDD 与 TDD

5G 将 FDD 与 TDD 双工结合了起来（见图 8–23），带动了 FDD 与 TDD 的演进和融合，并且 5G 支持同时同频全双工技术（CCFD）和灵活双工（Flexible Dulplex），以灵活应对不同的业务场景。

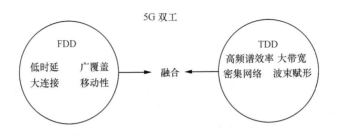

图 8-23　FDD 与 TDD 在 5G 中融合

1. 同时同频全双工技术（CCFD）

同时同频全双工（CCFD，Co-frequency Co-time Full Duplex），指的是无线通信设备在相同的时间、频率，同时发射和接收无线信号。CCFD 最大限度地提升了信号收发自由度，消除了 FDD 和 TDD 的差异性，适用于频谱紧缺、碎片化的多种通信场景。理论上，CCFD 能使无线通信频谱效率提高一倍。

应该有朋友会好奇，CCFD 同时又同频，那么本地设备发射一个信号，发射信号的一部分是否会被设备自身接收呢？这确实问到点子上了，这个问题就是著名的"自干扰"问题。自干扰消除技术（SIC）是实现 CCFD 的前提。

自干扰消除技术可以大致分为天线干扰消除、射频干扰消除、数字干扰消除 3 种，自干扰消除的流程通常也是按照这个顺序，先"粗筛"再"打磨"。

天线干扰消除的基本原理是采用两根发射天线 A 和 B，一根接收天线 C，其中 A 到 C 的距离比 B 到 C 的距离长半个波长的倍数，这样，A 和 B 发射的信号到达 C 时就可以抵消，抑制自干扰。

下一步，射频干扰消除是利用噪声消除芯片，构建与自干扰信号相反的对消信号，实现自干扰抑制。最后一步，数字干扰消除是针对残余的自干扰进行重建，再在原始接收信号中消除。

2. 灵活双工技术

灵活双工技术也是 5G 新型双工技术研究的重点之一。5G 应用场景丰富多变，这也为上下行业务需求带来了更高的不确定性。大家会发现，5G 的很多技术就是通过更高的灵活度、自由度、细粒度，实现资源利用率的提升。那么，双工能不能也灵活按照上下行链路负载情况动态分配资源呢？答案是肯定的。

可能有朋友见过"潮汐车道"（见图 8-24），交通早高峰和晚高峰时，同一个车道规定的车辆行驶方向是不同的，这是为了给车流更大的方向提供更宽的道路。实际上，灵活双工也有着异曲同工之妙。

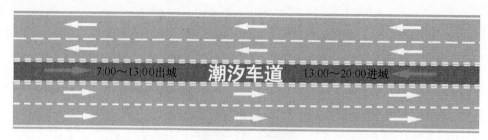

图 8-24 潮汐车道

对于 FDD 系统而言，灵活双工可以采用时域方案，即各小区根据上下行业务量，将上行链路频带动态配置成不同的上下行时隙配比；也可以采用频域方案，即各小区将上行链路频带配置为灵活频带，动态分配给上下行链路，适应上下行非对称的业务需求。

对于 TDD 系统而言，灵活双工意味着各小区可以根据上下行业务量动态分配上下行传输的时隙配比。

8.3.7　网络切片

网络切片是 5G 支撑不同行业应用场景的关键技术，也是 5G 较为抽象难懂的技术之一。5G 端到端网络切片的定义是：通过按需组网，灵活分配网络资源，虚拟出多个互相隔离、互不干扰的逻辑子网，即网络切片，每个网络切片由无线接入网、承载网、核心网子切片组合而成，并由切片管理系统统一管理。

5G 网络切片（见图 8-25）并不是单独为每一个应用场景构建一个网络，而是从逻辑层面对现实存在的物理网络进行切分，以满足相应的业务场景需求。主流的切片方式就是按照 5G 三大典型应用场景切分的。

这就像切生日蛋糕一样，从蛋糕上切一块，从纵向看，这一块既有底层的蛋糕，也有中层的奶油和上层的水果。但具体怎么切，切多大，是根据吃蛋糕的人的喜好而定的。5G 网络切片也一样，从纵向看，有无线接入网、承载网、核心网；从横向看，则是组成各个功能端到端的网络切片。

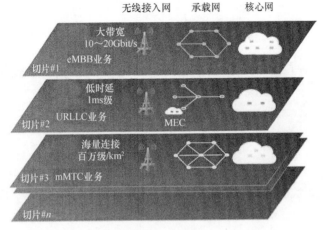

无线接入网　　承载网　　核心网

图 8-25　5G 切片

　　5G 时代，所有硬件可以抽象为计算、存储、网络这三类资源统一管理分配，而网络切片就是基于这样的资源重组的思想，给完全隔离、互不干扰的不同切片按需分配不同大小的资源，实现了逻辑上的统一管理和灵活切割。

　　网络功能虚拟化（NFV，Network Function Virtualization）是网络切片的基础。传统的网络架构是"堆栈式""烟囱式"的，即软件与硬件紧密结合、合为一体，而 NFV 实现了软硬件的分离，这被称为解耦，为网络切片提供了可能。

　　NFV（见图 8-26）就是将网络中的专用设备的软硬件功能（如核心网的 MME、S/P-GW、PCRF，无线接入网的数字单元（DU）等）部署到云平台上，云平台指将物理硬件虚拟化形成的虚拟主机（VM，Virtual Machines）平台，从而实现软硬件解耦合。

　　经过网络功能虚拟化后，无线接入网部分叫边缘云（Edge Cloud），而核心网部分叫核心云（Core Cloud）。边缘云和核心云中的 VM 通过软件定义网络 SDN 实现互联互通。

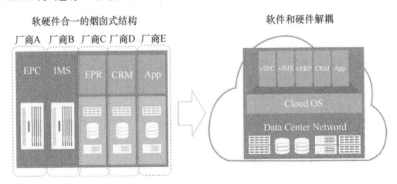

图 8-26　网络功能虚拟化（NFV）

准备工作做好以后，网络切片就很容易了，按不同业务场景的需求切片即可。这就有点像在一家公司内部按照任务重新组建临时工作小组，一般来说，一个小组必须要有管理者、会计、律师、文员等角色，但具体怎么编排，还得取决于具体工作任务。

网络切片是 5G 灵活性、自由性的极致体现，切片编排、部署的智能化也正在实现，有了网络切片技术，5G 更像是适应多样场景的变形金刚了！5G 将为我们的生活带来无限可能！

参考文献

[1] 丁奇.大话无线通信[M].北京:人民邮电出版社,2010.

[2] 丁奇,阳桢.大话移动通信[M].北京:人民邮电出版社,2011.

[3] 姜怡华,许慕鸿,习建德,等.3GPP系统架构演进(SAE)原理与设计[M].北京:人民邮电出版社,2013.

[4] 杨波,王元杰,周亚宁.大话通信(第2版)[M].北京:人民邮电出版社,2019.

[5] 张明和.深入浅出4G网络——LTE/EPC[M].北京:人民邮电出版社,2016.

[6] 小火车,好多鱼.大话5G[M].北京:电子工业出版社,2016.

[7] 沈嘉,索士强,全海洋,等.3GPP长期演进(LTE)技术原理与系统设计[M].北京:人民邮电出版社,2008.

[8] Holma,H.,Toskala,A..UMTS中的WCDMA——HSPA演进及LTE[M].杨大强,译.北京:机械工业出版社,2008.

[9] 庞韶敏,李亚波.3G UMTS与4G LTE核心网——CS,PS,EPC,IMS[M].北京:电子工业出版社,2011.

[10] 张海霞,袁东风,马艳波.无线通信跨层设计——从原理到应用[M].北京:人民邮电出版社,2010.

[11] 杨峰义,张建敏,王海宁.5G网络架构[M].北京:电子工业出版社,2017.

[12] 祝刚.果壳中的5G:新网络时代的技术内涵与商业思维[M].北京:人民邮电出版社,2020.

[13] 陈爱军.深入浅出通信原理[M].北京:清华大学出版社,2018.

[14] 罗发龙,张建中.5G权威指南——信号处理算法及实现[M].北京:机械工业出版社,2019.

[15] 西原浩.光与电磁波[M].北京:科学出版社,2003.

[16] Dahlman,E.,Parkvall,S.,Skold,J.5G NR标准下一代无线通信技术[M].北京:机械工业出版社,2019.

[17] Sesia,S.,Toufik,I.,Baker,M.LTE/LTE-Advanced——UMTS长期演进理论与实践[M].北京:人民邮电出版社,2012.

[18] 刘毅,刘红梅,张阳,等.深入浅出5G移动通信[M].北京:机械工业出版社,2019.

[19] 孙宇彤.LTE教程:结构与实施[M].北京:电子工业出版社,2018.

[20] Ludwig,R.,Bretchko,P. 射频电路设计——理论与应用 [M]. 北京：电子工业出版社 ,2011.

[21] 张晨璐 ,vivo 通信研究院 . 从局部到整体 :5G 系统观 [M]. 北京：人民邮电出版社 ,2020.

[22] J.Weisman,C. 射频和无线技术入门 [M]. 北京：清华大学出版社 ,2005.

[23] 宋铁成 , 宋晓勤 . 移动通信技术 [M]. 北京：人民邮电出版社 ,2018.

[24] 陈鹏 .5G 移动通信网络从标准到实践 [M]. 北京：机械工业出版社 ,2020.

[25] 朱明程 , 王霄峻 . 网络规划与优化技术 [M]. 北京：人民邮电出版社 ,2018.

[26] 樊昌信 , 曹丽娜 . 通信原理 [M]. 北京：国防工业出版社 ,2012

[27] Christopher Cox.LTE 完全指南 [M]. 北京：机械工业出版社 ,2017.

[28] Lee.W.C.Y. 无线蜂窝通信 [M]. 北京：清华大学出版社 ,2008.

[29] 张海军 , 郑伟 , 李杰 . 大话移动通信 [M]. 北京：清华大学出版社 ,2015.

[30] 朱晨鸣 , 王强 , 李新 , 等 .5G:2020 后的移动通信 [M]. 北京：人民邮电出版社 ,2016.

[31] 啜钢 , 王文博 , 常永宁 , 等 . 移动通信原理与系统 [M]. 北京：北京邮电出版社 ,2015.